Klassische Texte der Wissenschaft

Gründung Redakteure
Olaf Breidbach, Institut für Geschichte der Medizin, Universität Jena, Jena, Deutschland
Jürgen Jost, Max-Planck-Institut für Mathematik in den Naturwissenschaften, Leipzig, Deutschland

Reihe herausgegeben von

Jürgen Jost, Max-Planck-Institut für Mathematik in den Naturwissenschaften, Leipzig, Deutschland

Armin Stock, Zentrum für Geschichte der Psychologie, University of Würzburg, Würzburg, Deutschland

Die Reihe bietet zentrale Publikationen der Wissenschaftsentwicklung der Mathematik, Naturwissenschaften, Psychologie und Medizin in sorgfältig edierten, detailliert kommentierten und kompetent interpretierten Neuausgaben. In informativer und leicht lesbarer Form erschließen die von renommierten WissenschaftlerInnen stammenden Kommentare den historischen und wissenschaftlichen Hintergrund der Werke und schaffen so eine verlässliche Grundlage für Seminare an Universitäten, Fachhochschulen und Schulen wie auch zu einer ersten Orientierung für am Thema Interessierte.

Alexander S. Blum · Martin Jähnert

Die Anfänge der Quantenmechanik

Die grundlegenden Arbeiten zur Matrizenmechanik von Heisenberg, Born und Jordan

Springer Spektrum

Alexander S. Blum
MPI für Wissenschaftsgeschichte
Berlin, Deutschland

Martin Jähnert
Berlin, Deutschland

ISSN 2522-865X ISSN 2522-8668 (electronic)
Klassische Texte der Wissenschaft
ISBN 978-3-662-71204-7 ISBN 978-3-662-71205-4 (eBook)
https://doi.org/10.1007/978-3-662-71205-4

Die Deutsche Nationalbibliothek verzeichnet diese Publikation in der Deutschen Nationalbibliografie; detaillierte bibliografische Daten sind im Internet über https://portal.dnb.deabrufbar.

© Der/die Herausgeber bzw. der/die Autor(en), exklusiv lizenziert an Springer-Verlag GmbH, DE, ein Teil von Springer Nature 2025

Das Werk einschließlich aller seiner Teile ist urheberrechtlich geschützt. Jede Verwertung, die nicht ausdrücklich vom Urheberrechtsgesetz zugelassen ist, bedarf der vorherigen Zustimmung des Verlags. Das gilt insbesondere für Vervielfältigungen, Bearbeitungen, Übersetzungen, Mikroverfilmungen und die Einspeicherung und Verarbeitung in elektronischen Systemen.
Die Wiedergabe von allgemein beschreibenden Bezeichnungen, Marken, Unternehmensnamen etc. in diesem Werk bedeutet nicht, dass diese frei durch jede Person benutzt werden dürfen. Die Berechtigung zur Benutzung unterliegt, auch ohne gesonderten Hinweis hierzu, den Regeln des Markenrechts. Die Rechte des/der jeweiligen Zeicheninhaber*in sind zu beachten.
Der Verlag, die Autor*innen und die Herausgeber*innen gehen davon aus, dass die Angaben und Informationen in diesem Werk zum Zeitpunkt der Veröffentlichung vollständig und korrekt sind. Weder der Verlag noch die Autor*innen oder die Herausgeber*innen übernehmen, ausdrücklich oder implizit, Gewähr für den Inhalt des Werkes, etwaige Fehler oder Äußerungen. Der Verlag bleibt im Hinblick auf geografische Zuordnungen und Gebietsbezeichnungen in veröffentlichten Karten und Institutionsadressen neutral.

Planung/Lektorat: Veronika Erdmann
Springer Spektrum ist ein Imprint der eingetragenen Gesellschaft Springer-Verlag GmbH, DE und ist ein Teil von Springer Nature.
Die Anschrift der Gesellschaft ist: Heidelberger Platz 3, 14197 Berlin, Germany

Wenn Sie dieses Produkt entsorgen, geben Sie das Papier bitte zum Recycling.

Danksagung

Die frühesten Ursprünge dieses Buches liegen in dem Projekt „History and Foundations of Quantum Physics", welches von 2006 bis 2012 an den Max-Planck-Instituten für Wissenschaftsgeschichte und für Physikalische Chemie (Fritz-Haber-Institut) durchgeführt wurde. Hier wurde die erste Rohfassung der Arbeit verfasst, die wir dann schließlich 2017 – gemeinsam mit den Leitern des Projekts, Christoph Lehner und Jürgen Renn – als „Viermännerarbeit" unter dem Titel „Translation as Heuristics: Heisenberg's Turn to Matrix Mechanics" in den *Studies in History and Philosophy of Modern Physics* (heute Teil der *Studies in History and Philosophy of Science*) veröffentlichen.

Mehrere glückliche Umstände machten es uns möglich, uns noch einmal der Frage der Entstehung der Matrizenmechanik zuzuwenden und die 2017 gegebene Rekonstruktion zu erweitern, zu präzisieren, zu verbessern und vor allem einem weiteren Publikum zugänglich zu machen. Zuerst ist hier die (dankenswerterweise von Friedrich Steinle vermittelte) Anfrage von Jürgen Jost, dem Herausgeber dieser Reihe zu nennen. Er hat die Entstehung dieses Buches von Beginn an begleitet und uns durch detaillierte Textarbeit und zahlreiche wertvolle Hinweise geholfen. Zweitens möchten wir hier die Großzügigkeit unserer vormaligen Ko-Autoren erwähnen, die sich aus diesem Buch gänzlich und freundschaftlich herausgehalten haben, was die Koordination erheblich vereinfacht hat.

Schließlich sollte die Max-Planck-Gesellschaft erwähnt werden, die von Februar 2018 bis zum Ende dieses Monats die Forschungsgruppe *Historical Epistemology of the Final Theory Program* an den Max-Planck-Instituten für Gravitationsphysik (Albert-Einstein-Institute) und Wissenschaftsgeschichte finanziert hat, die einer von uns (ASB) geleitet hat und der der andere (MJ) als wissenschaftlicher Mitarbeiter angehörte. Im Rahmen dieser Forschungsgruppe wurde das vorliegende Buch recherchiert und verfasst.

Den fertigen Text haben dann letztlich nur wenige Menschen durchgesehen. Neben Jürgen Jost wollen wir uns auch bei Ricardo Karam bedanken, für eine sehr hilfreiche Rückfrage zu komplexen Matrixelementen, sowie bei Michel Janssen, für eine Handvoll wichtiger Verbesserungsvorschläge. Unser Dank gilt auch Verena Nörthen vom Springer-Verlag, die dieses Buchprojekt in seiner Schlussphase aufmerksam betreut hat.

Wir hoffen, dass der vorliegende Text jedem Menschen, der sich im Quantenjahr 2025 oder darüber hinaus mit den Ursprungstexten der Quantenmechanik beschäftigen möchte, den Zugang so gut es geht erleichtert.

Berlin
27.1.2025

Alexander S. Blum und Martin Jähnert

Interessenkonflikt

Die Autor*innen haben keine für den Inhalt dieses Manuskripts relevanten Interessenkonflikte.

Inhaltsverzeichnis

1 Einleitung 1
2 Quantentheorie bis 1924 5
3 Heisenbergs Weg zur *Umdeutung* 15
   3.1 Dispersionstheorie 19
   3.2 Multiplettintensitäten 22
   3.3 Der anharmonische Oszillator 27
4 Elemente der *Umdeutung* 35
   4.1 Beobachtbare Größen 35
   4.2 Die Multiplikationsregel 38
   4.3 Die neuen Bewegungsgleichungen 40
   4.4 Nächste Schritte: Quantenbedingung und Energieerhaltung 47
   4.5 Die Umdeutungs-Arbeit 51
5 Born, Jordan und die „Dreimännerarbeit" 55
   5.1 Max Born und Pascual Jordan 55
   5.2 Zur Quantenmechanik 59
   5.3 Die *Dreimännerarbeit* 62
6 Ausblick 67
7 Heisenberg: „Über quantentheoretische Umdeutung kinematischer und mechanischer Beziehungen" 71
8 Born/Jordan: „Zur Quantenmechanik" 87
9 Born/Heisenberg/Jordan: „Zur Quantenmechanik. II" 119
Literaturverzeichnis 179

Einleitung 1

Mit Werner Heisenbergs Arbeit „Über quantentheoretische Umdeutung kinematischer und mechanischer Beziehungen" (kurz: *Umdeutung*) begann „das goldene Zeitalter der theoretischen Physik" (Dirac 1989). Die Veröffentlichung von Heisenbergs Arbeit im Spätsommer 1925 löste eine wissenschaftliche Revolution aus, die, was ihre Radikalität aber vor allem was ihre Geschwindigkeit angeht, in der Wissenschaftsgeschichte singulär ist. So schnell und gründlich war diese Transformation, dass die von Heisenberg begründete Theorie, die Quantenmechanik, nur zwei Jahre später bereits in quasi-axiomatische Form gegossen war und im Grunde so aussah, wie die Theorie, die man heute noch in Lehrbüchern finden kann. Physiker und Physikerinnen von heute können eine Arbeit zur Quantenmechanik aus dem Jahre 1928 oder 1929 nehmen und werden mit den dort verwendeten Konzepten und Methoden keine nennenswerten Probleme haben. Für Heisenbergs Arbeit gilt das noch nicht. Nicht mehr der klassischen Physik oder den immer noch klassisch anmutenden Bahnen des Bohr-Atoms verhaftet, aber auch noch nicht in der quantenmechanischen Welt der Operatoren und Kommutatoren angekommen, stellt Heisenbergs Arbeit für moderne Lesende ein Rätsel dar, so auch für den Nobelpreisträger Steven Weinberg:

> If the reader is mystified at what Heisenberg was doing, he or she is not alone. I have tried several times to read the paper that Heisenberg wrote on returning from Helgoland, and, although I think I understand quantum mechanics, I have never understood Heisenberg's motivations for the mathematical steps in his paper. Theoretical physicists in their most successful work tend to play one of two roles: they are either sages or magicians. [...] Heisenberg's 1925 paper was pure magic. (Weinberg 1993, S. 53)

Diese Mystifizierung von Heisenbergs bahnbrechender Arbeit findet ihre Versinnbildlichung in dem auch von Weinberg erwähnten Helgoland-Aufenthalt. Im Sommersemester

1925 – Heisenberg hielt im Alter von 23 zum ersten Mal eine eigene Vorlesung – musste er sich wegen akutem Heuschnupfen beurlauben lassen. Sein ganzes Leben litt Heisenberg an Atemwegserkrankungen; mit fünf wäre er beinahe an einer Lungenentzündung gestorben. Auch an Heuschnupfen hatte er bereits zuvor gelitten, dieser war jedoch in dem (im Vergleich zu seiner Heimat München) niederschlagsärmeren Göttinger Klima schlimmer geworden. So brach er Anfang Juni nach Helgoland auf, wo es aufgrund der spärlichen Vegetation kaum Pollen gab. Der prägnanteste Bericht von den Ereignissen auf Helgoland stammt von dem Mathematiker und Historiker Bartel van der Waerden:

> Many years later [Heisenberg] told me: „In Helgoland war ein Augenblick, in dem es mir wie eine Erleuchtung kam, als ich sah, dass die Energie zeitlich konstant war. Es war ziemlich spät in der Nacht. Ich rechnete es mühsam aus, und es stimmte. Da bin ich auf einen Felsen gestiegen und habe den Sonnenaufgang gesehen und war glücklich." (Van der Waerden 1967, S. 25)

Die Unverständlichkeit von Heisenbergs Arbeit und die Rede von „Erleuchtung" haben zu einer Lesart geführt, nach der es bei der Heisenberg'schen *Umdeutung* nichts zu erklären gibt. „Helgoland" konnte so unter Physikern zu einer Chiffre werden für einen radikalen Neuanfang und einen Bruch mit bestehenden theoretischen Strukturen. Mit dieser Lesart von Heisenbergs Durchbruch — als eine Neuerfindung der Physik, die mit dem, was voranging, nichts mehr gemein hat – wird die Entstehung der Quantenmechanik auch zu einem Lehrbuchbeispiel einer wissenschaftlichen Revolution im Sinne Thomas Kuhns, bei der die neue Theorie und ihre Vorgängerin (in diesem Falle wohl die klassische Mechanik) vollständig inkommensurabel sind (Kuhn 1996).

Doch in den letzten Jahren hat die historische Forschung ein anderes und, so möchten wir darlegen, zunehmend klareres und verständliches Bild von Heisenbergs *Umdeutung* gewonnen.[1] Es soll im folgenden nicht eine umfassende Geschichte der Quantenmechanik gegeben werden; so werden wir zum Beispiel die Entwicklungen, die zu Schrödingers Parallelentdeckung der Wellenmechanik führten, fast ganz ausblenden. Und auch sonst wird unsere Darstellung nicht auf historische Vollständigkeit zielen, sondern ganz auf Heisenbergs Text: den Lesenden soll genug historischer Kontext an die Hand gegeben werden, damit die *Umdeutung* nicht als ein bloßes Zauberwerk bewundert werden muss. Heisenbergs Arbeit kann vielmehr als eine kühne, aber nachvollziehbare Weiterentwicklung der bestehenden Physik verstanden werden; aber auch als Ausdruck einer Vision der Physik, die in viel geringerem Maße in der späteren Quantenmechanik verwirklicht wurde als gemeinhin angenommen wird.

Um zu verstehen, wie aus der Heisenberg'schen Vision dann die Quantenmechanik geworden ist, muss man auch die unmittelbare Rezeptionsgeschichte kennen. Diese

---

[1] Viele der in dieser Einleitung dargestellten Einsichten stammen ursprünglich aus (Blum et al. 2017). In (Duncan und Janssen 2023) findet man detaillierte mathematische Analysen der drei in diesem Buch reproduzierten Arbeiten.

1 Einleitung

unmittelbare Rezeption besteht aus zwei Arbeiten, beide noch 1925 in Heisenbergs direktem Umfeld verfasst: die erste von dem Göttinger Physik-Professor Max Born und seinem Habilitanden Pascual Jordan, die zweite, als „Dreimännerarbeit" bekannt geworden, von Born, Heisenberg und Jordan gemeinsam. In diesen Arbeiten erkennen auch heutige Lesende die Quantenmechanik wieder. Der Kontrast zwischen Heisenbergs Umdeutung und diesen zwei Arbeiten – „Zur Quantenmechanik", Teil 1 und 2 – wird uns auch besser verstehen helfen, was von Heisenbergs ursprünglicher Vision in der Quantenmechanik überlebt hat und was halbgedachte Idee blieb.

Wir beginnen also in Abschn. 2 mit einem kurzen Abriss der Geschichte der Quantentheorie bis 1924, wobei wir uns nur auf die Elemente konzentrieren, die für ein Verständnis der *Umdeutung* zentral sind. In Abschn. 3 fokussieren wir unseren Blick auf Heisenberg, um uns dann in Abschn. 4 der unmittelbaren Entstehungsgeschichte der *Umdeutung* zuzuwenden. Dieser Abschnitt kann gleichzeitig als ein direkter Quellenkommentar gelesen werden. Denn es besteht eine sehr enge Verbindung zwischen dem Entstehungsprozess und der Struktur der *Umdeutung* selbst – wer das versteht, sieht die Heisenberg'sche Arbeit und ihre Magie in einem neuen Licht. In Abschn. 5 wenden wir uns der Wirkungsgeschichte zu, mit einer detaillierteren Analyse der Arbeiten von (bzw. mit) Born und Jordan und einem Ausblick auf die weitere Entwicklung, wobei wir uns hier vornehmlich auf die Teile der *Umdeutung* konzentrieren, die *nicht* in der späteren Quantenmechanik aufgegangen sind. Danach kommt dann endlich Heisenberg selbst zu Wort und es besteht die Hoffnung, dass die Lesenden nach dieser langen Vorrede sich von seinen Zaubertricks nicht mehr verschrecken lassen.

Quantentheorie bis 1924

Die Quantenphysik entstand um 1900 an der Schnittstelle von Thermodynamik und klassischer Elektrodynamik und entwickelte sich bis in die 1910er Jahre hinein vornehmlich als eine Erweiterung der klassischen Thermodynamik. Ihren Ausgang nahm sie in den Arbeiten Max Plancks zum Entropiebegriff und zur Strahlung des schwarzen Körpers (Kuhn 1978). Wie Planck widerwillig eingestand, ließ sich die Energieverteilung des Hohlraumspektrums nur dann mit seinen thermodynamischen Grundannahmen und den experimentellen Messungen in Einklang bringen, wenn er eine neue Hypothese über das Verhältnis von Energie und Frequenz einführte: Ein mechanischer Resonator, welcher mit der Hohlraumstrahlung im thermischen Gleichgewicht war, konnte nur diskrete Energiewerte annehmen; die Energie des Resonators war proportional zu einem ganzzahligen Vielfachen seiner Eigenfrequenz ν.

Diese Planck'sche Hypothese ließ sich auf verschiedene Arten und Weisen interpretieren und wurde in der Folge von Experten der statistischen Mechanik, wie Planck, Lorentz, Einstein, Ehrenfest und anderen, heftig diskutiert. Sie stritten darüber, ob die Planck'sche Relation $E = nh\nu$ als Aussage über die Energie der Strahlung oder über das Absorptions- oder Emissionsverhalten der Resonatoren zu verstehen sei; ob die Relation auf die diskrete Natur der Strahlung hinwies oder im Rahmen klassischer Wellenvorstellungen des Lichts interpretierbar war; und ob die Planck'sche Quantentheorie mit der statistischen Mechanik und der Strahlungstheorie der klassischen Elektrodynamik in Einklang zu bringen war oder ob es eine völlig neue Quantentheorie brauchte.

Dabei blieb die Quantenhypothese zunächst auf das lokale Phänomen der Schwarzköperstrahlung begrenzt, bevor sie 1907 – noch immer im Bereich der statistischen Mechanik – auf neue Probleme wie das der spezifischen Wärme der Festkörper und Gase angewandt wurde. Darüber hinaus fand die Quantenhypothese Eingang in andere Bereiche der Physik, etwa der Röntgenstrahlung, und wurde schließlich mit den Phänomenen der atomaren und molekularen Spektroskopie in Verbindung gebracht. Dabei wurde die Quantenhypothese mit den Konzepten und Formalismen der klassischen Mechanik, Elektrodynamik und Thermodynamik verbunden und in unterschiedliche Richtungen entwickelt.

Eine dieser Erweiterungen der Quantenhypothese war das Atommodell des jungen dänischen Physikers Niels Bohr, welches dieser 1913 entwickelte und bis 1918 schrittweise zu einer Quantentheorie des Atombaus ausbaute. Mit dem Bohr-Atom entstand eine neue Konzeption eines physikalischen Systems, das Quantensystem, welches nach und nach zur Grundlage der gesamten Quantenphysik und damit auch der Heisenberg'schen *Umdeutung* wurde (Kragh 2022).

Im Kern beruhte diese Konzeption auf zwei Annahmen, die Bohr schon 1913 an den Anfang seiner Überlegungen stellte und ab 1918 als Postulate jeder Quantentheorie verstand. Das erste Bohr'sche Postulat besagte, dass ein Quantensystem eine Reihe von stationären Zuständen besitzt, in denen das System keine Energie durch Strahlung verliert. Diese Zustände sollten prinzipiell der klassischen Mechanik und Elektrostatik gehorchen, sodass etwa ein Elektron auf einer elliptischen Bahn um den Atomkern kreisen würde und sich das Atom damit als mikroskopisches Planetensystem verstehen ließ. Dabei sollten jedoch, der Planck'schen Quantenhypothese folgend, nur Zustände oder Bahnen mit bestimmten Energiewerten realisiert sein. Zusätzlich zur klassischen Mechanik bedurfte es folglich einer weiteren Annahme, um diese Zustände zu konstruieren. Solche Quantenbedingungen, wie sie in der Folge bezeichnet wurden, wurden im Laufe der 1910er und 1920er Jahre als einschränkende Bedingungen für das mechanische System formuliert, welche aus den unendlich vielen möglichen Zuständen der klassischen Mechanik eine bestimmte Reihe von Quantenzuständen auswählen. Die wichtigste dieser Bedingungen wurde von Sommerfeld formuliert und besagte, dass das Phasenintegral einer bestimmten verallgemeinerten Koordinate nur bestimmte ganzzahlige Werte annehmen konnte:

$$J_i = \oint p_i dq_i = n_i h \tag{2.1}$$

wobei J_i die Wirkungsvariable ist, die zu dem mechanischen Freiheitsgrad q_i (und dem kanonisch konjugierten Impuls p_i) gehört. n_i ist die Quantenzahl, eine natürliche Zahl.

Ausdrücke dieser Art erlaubten es nicht nur, die Quantenzustände eines bestimmten mechanischen Systems zu identifizieren, sondern auch und vor allem, die Energie des Quantensystems als Funktion einer oder mehrerer Quantenzahlen zu beschreiben.

Das erste Postulat beschränkte sich damit vollständig auf die Beschreibung der stationären Zustände und zielte auf die Bestimmung von Energiewerten ab. Diese waren nicht direkt beobachtbar. Um zu einer Beschreibung atomarer und molekularen Spektren zu gelangen, welche die experimentelle Basis des Bohr'schen Programms darstellten, führte Bohr ein zweites Postulat ein. Die Energie eines Quantensystems sollte sich nur dann ändern, wenn das System von einem stationären Zustand in einen anderen überginge. Solche Übergänge und Energieänderungen waren im allgemeinen mit der

2 Quantentheorie bis 1924

Emission und Absorption von Strahlung verbunden. Um die Frequenz dieser Strahlung zu bestimmen, adaptierte Bohr die Planck'sche Relation $E = h\nu$ und postulierte, dass die Strahlungsfrequenz der Energieänderung proportional sei:

$$\nu = \frac{1}{h}(E_{n_2} - E_{n_1})$$

Auf der Grundlage dieser Annahmen gelang es Bohr 1913 zunächst die Balmerformel für das Spektrum des Wasserstoffatoms herzuleiten. Auch das sogenannte Kombinationsprinzip, das Walter Ritz im Jahr 1908 aufgestellt hatte, konnte so erklärt werden. Das Prinzip besagte, dass unter bestimmten formalen Bedingungen die Summe (Kombination) von zwei Spektralfrequenzen wieder eine Spektralfrequenz ergibt. Bei Bohr bekamen diese Bedingungen nun einen physikalischen Sinn: zwei Spektralfrequenzen addieren sich zu einer weiteren Spektralfrequenz, wenn der Endzustand des ersten Übergangs dem Anfangszustand des zweiten entspricht. Bei Bohr war die Aufklärung des Ritz'schen Kombinationsprinzips nur eine Randnotiz. Doch in der *Umdeutung* würde es eine zentrale Rolle spielen.

Mit seinem Atommodell hatte Bohr ein Programm zur Entschlüsselung der Atomspektren formuliert. Die Spektroskopie trat damit ins Zentrum der Quantenphysik. Neben Bohr stellten Physiker wie Arnold Sommerfeld, Paul Epstein, Karl Schwarzschild oder Peter Debye Modelle für verschiedene mechanische Systeme auf, berechneten aus ihnen die quantisierten Energieniveaus sowie deren Spektren. Hierzu gehörten das Hantelmodell, welches die Grundlage der Physik zweiatomiger Moleküle darstellte; das relativistische Zweikörperproblem, welches die Feinstruktur des Wasserstoffs erklärte; sowie der Einfluss statischer elektrischer und magnetischer Felder auf das Atom (Stark- und Zeemaneffekt); und schließlich das Helium-Atom. Bis auf das Heliumatom und den anomalen Zeemaneffekt konnten die genannten Systeme im Wesentlichen erfolgreich beschrieben werden und machten Bohrs Atom damit zu dem zentralen Forschungsfeld der Quantenphysik.[1]

Die rasante Forschungsdynamik, die zu diesen Resultaten führte, lässt zunächst vergessen, dass das Bohr-Atom keine in sich konsistente oder geschlossene Theorie darstellte, wie es durch die zeitgenössische Bezeichnung „Quantentheorie mehrfach periodischer Systeme" oder dem historiographischen Konzept der „alten Quantentheorie" lange impliziert wurde. Vielmehr handelte es sich um ein provisorisches Modell, in dem Techniken der klassischen Mechanik mit zusätzlichen Quantenannahmen (Frequenzbedingung, Quantenbedingungen) situativ und ohne festen logischen Rahmen kombiniert wurden.

Dieser provisorische Charakter, sowie das ambivalente Verhältnis zwischen klassischer Physik und Quantenhypothesen, wurde von Bohr schon 1913 hervorgehoben und war in den 1910er- und 1920er-Jahren immer wieder Gegenstand seiner Überlegungen. Im Zentrum stand dabei zum einen die Frage, wie weit man mit der Verwendung der

---

[1] Für einen detaillierteren Überblick über diesen Teil der Geschichte, sowie für Verweise auf weiterführende Literatur, siehe Blum und Jähnert (2022).

klassischen Mechanik in der Beschreibung der stationären Zustände kommen konnte und ob eine grundlegendere Abänderung der Mechanik nötig sein würde. Andererseits stellte sich die Frage, wie sich das neue Modell der Strahlungsübergänge zur klassischen Strahlungstheorie verhielt. Im Gegensatz zur Mechanik, so stellte Bohr schon 1913 klar, konnte von einer Anwendbarkeit der klassischen *Elektrodynamik* keine Rede sein. Nach der klassischen Elektrodynamik wurde Strahlung durch die beschleunigte Bewegung eines Ladungsträgers hervorgerufen und war damit in seiner Frequenz und Intensität durch eben jene Bewegung bestimmt. Dies war im Bohr'schen Atommodell nicht der Fall. Die Definition der stationären Zustände als strahlungsfrei setzte die kausale Verbindung zwischen Strahlung und Bewegung außer Kraft. Gleichzeitig war das zweite Bohr'sche Postulat gleichbedeutend mit der Einführung eines völlig neuen Strahlungsmechanismus. Dieser Mechanismus war zwar noch weitgehend unbestimmt und keinen dynamischen Gleichungen unterworfen, die man in Beziehung zu denen der Elektrodynamik hätte setzen können. Dennoch stand er im offenen Widerspruch zur klassischen Strahlungstheorie, da die Frequenz der Strahlung nicht durch die Bewegung des Elektrons in einem Zustand, sondern durch den Übergang zwischen zwei Zuständen bestimmt war. Damit brach die neue Beschreibung des atomaren Geschehens entscheidend und – wie Bohr schon früh betonte – unhintergehbar mit der klassischen Elektrodynamik. Es schien ausgeschlossen, dass sich eine Beschreibung des Strahlungsprozesses durch eine Adaption der klassischen Elektrodynamik würde erreichen lassen.

Bohr war sich dieser konzeptuellen und theoretischen Brüche bewusst und war gleichzeitig davon überzeugt, dass es eine grundlegende formale Analogie zwischen klassischer Strahlungstheorie und einer noch zu entwickelnden Quantentheorie der Übergangsprozesse geben musste. Diese Überlegung hatte jedoch zunächst wenig Einfluss auf die rasant fortschreitenden Anwendungen und Erweiterungen seines Modells, welche von Sommerfeld und anderen Physikern entwickelt wurden.[2] Diese Erweiterungen zielten vor allem auf eine Bestimmung der stationären Zustände ab und griffen hierzu auf die ausgeklügelten Techniken der Himmelsmechanik zurück, die im Laufe des 19. Jahrhunderts von Hamilton und Jacobi entwickelt worden waren. Damit wurde es möglich das Bohr'sche Atommodell und seine Erklärung des Serienspektrums zu einer Theorie mehrfach periodischer Systeme zu entwickeln, welche in der Lage war die Feinstruktur des Wasserstoffs sowie die Komplexstruktur der Serienspektren, also die Aufspaltung einer Spektrallinie in verschiedene Komponenten bei höheren Auflösungen oder beim Anlegen externer Felder, in ihren wesentlichen Zügen zu beschreiben. Da all diese Feinheiten der hochauflösenden Spektroskopie auch in der *Umdeutung* noch eine entscheidende Rolle spielen werden, befassen wir uns im folgenden etwas näher mit dem Thema.

Das zentrale empirische Phänomen, um welches es bei diesen Erweiterungen des Bohrmodells ging, war die Aufspaltung einer Spektrallinie in mehrere Komponenten, darunter eine oder mehrere Hauptlinien sowie die sogenannten Satelliten, die sich in ihrer

---

[2] Eckert (2013b).

Frequenz geringfügig unterschieden. Im Fall der Feinstruktur des Wasserstoffs (oder der Multiplettstruktur höherer Elemente) ließen sich diese Komponenten beobachten, wenn die optische Auflösung hoch genug war. Im Fall des Stark- oder Zeemaneffekts hingegen reichte eine große optische Auflösung nicht aus; hier ließen sich die verschiedenen Komponenten nur durch das Anlegen eines externen Feldes beobachten. In beiden Fällen wurde die Aufspaltung der Komponenten durch mehrere verwandte Übergänge beschrieben, bei denen die Energiewerte von Anfangs- und/oder Endzustand sich nur wenig von einander unterschieden. Der Umstand, dass die Aufspaltung in der Feinstruktur bei genügender Auflösung zu beobachten war, deute an, dass diese Energiewerte hier von Natur aus getrennt waren, während dies im Fall des Stark- und Zeemaneffekts nicht der Fall war. Hier fielen die unterschiedlichen Energiewerte zusammen, solange kein externes Feld anlag, und waren damit, um es in der Sprache der Mechanik auszudrücken, entartet. Erst das externe Feld hob diese Entartung auf und spaltete die Energieniveaus auf.

Im Rahmen der Hamilton-Jacobi Theorie war es möglich, diese Situation mithilfe eines mechanischen Modells zu beschreiben. Wenn man das Bohr-Atom als vollgültiges mechanisches System mit drei Freiheitsgraden beschrieb und ihm einen Gesamtdrehimpuls im Raum zuschrieb, war aus der klassischen Himmelsmechanik unmittelbar klar, dass es zusätzlich zu der ursprünglichen Bahn des Elektrons um den Kern weitere Bewegungen geben musste, wie etwa die Präzession der Ellipse innerhalb der Bahnebene oder die Präzession der Bahnebene um die Achse eines äußeren Magnetfeldes. Wie Sommerfeld zeigte, waren diese verschiedenen Bewegungen für die Trennung der Energieniveaus verantwortlich und erlaubten es damit, die Aufspaltung der Spektrallinien zu erklären. Diese Bewegungen ließen sich in wichtigen Fällen unabhängig voneinander behandeln und quantisieren. Es konnten zusätzlich zu Bohrs ursprünglicher Quantenzahl n weitere Quantenzahlen eingeführt werden, die es erlaubten die aufgespaltenen Energieniveaus vollständig zu beschreiben.

Neben Bohrs Hauptquantenzahl n trat zunächst die azimutale Quantenzahl k, welche der Präzession der elliptischen Umlaufbahn zugeordnet und für die Feinstruktur verantwortlich war. Weiterhin wurde für die Beschreibung der Multipletts die innere Quantenzahl j eingeführt, die nach einiger Debatte mit dem Gesamtdrehimpuls des Atoms identifiziert wurde.[3] Schließlich wurde der Zeemaneffekt durch die sogenannte magnetische Quantenzahl m beschrieben, welche mit der Projektion des Gesamtdrehimpulses auf die Achse des Magnetfeldes identifiziert wurde.

Damit war der begriffliche Rahmen geschaffen, um die spektroskopische Beschreibung vollständig in die Sprache von Zuständen und Übergängen zu übersetzen.[4] Jeder Spektrallinie entsprach ein Übergang von einem durch die Quantenzahlen (n,k,j,m) bestimmten Zustand zu einem anderen durch die Quantenzahlen (n',k',j',m') bestimmten

---

[3] Cassidy (1979) and (Jähnert 2019, S. 75–88).
[4] Für diese „Sprache" hat einer von uns in (Jähnert 2019) den Begriff „state-transition model" eingeführt, eine weitere begriffliche Ausarbeitung wird in (Blum und Jähnert 2022, S. 127) gegeben.

Zustand. Die Serienspektren entsprachen dann Gruppen von Übergängen mit der gleichen Hauptquantenzahl n' im Endzustand (bei der Balmer-Serie beispielsweise $n' = 2$) aber verschiedener Hauptquantenzahl n im Anfangszustand. Die Feinstruktur-Komponenten einer bestimmten Spektrallinie entsprachen Gruppen von Übergängen mit gleichem n' und n aber unterschiedlichen azimutalen Quantenzahlen k und k'. Gleiches galt für die Multiplettstruktur: Hier war der Übergang der Hauptquantenzahl und der azimutalen Quantenzahl gegeben, während die Übergänge der inneren Quantenzahl verschieden waren. Die Zeemankomponenten schließlich waren durch unterschiedliche Übergänge in der magnetischen Quantenzahl charakterisiert, während der Übergang der Hauptquantenzahl, azimutalen und inneren Quantenzahl gegeben war.

Damit schien es grundsätzlich möglich spektroskopische Phänomene in die Sprache von Zuständen und Übergängen zu übersetzen und die Zustände durch ein mechanisches Modell zu erklären. Doch es zeigte sich bald, dass es spektroskopische Phänomene gab, die in diesem Rahmen nicht abgedeckt werden konnten. Dies wurde vor allem am Problem der „verbotenen" Übergänge und der Auswahlregeln deutlich. Im ursprünglichen Bohr-Modell waren alle Übergänge zwischen zwei beliebigen Zuständen erlaubt, solange dabei Energie frei wurde. Wenn also, wie es bei der Erweiterung des Bohr'schen Modells auf den Zeeman- oder Starkeffekt geschah, die Energieniveaus in verschiedene Unterniveaus aufgespalten wurden, hätte man eigentlich erwarten müssen, dass jeder Kombination von Anfangs- und Endzuständen ein Übergang und damit eine Spektrallinie entsprechen würde. Das war aber nicht der Fall, was man in den Linienstrukturen des Stark- und Zeemaneffekts beobachtete, denn dort zeigten sich wesentlich weniger Spektrallinien. Ähnliche fehlende Linien gab es auch in den molekularen Bandenspektren.

Aus Sicht des Bohr-Modells wurde es damit nötig, die Übergangsmöglichkeiten des Atoms einzuschränken. Hierzu wurden sogenannte Auswahlregeln formuliert. Diese Regeln stellten den Versuch dar, „verbotene" Übergänge systematisch zu identifizieren. Oft ging das mit physikalischen Spekulationen über einen Mechanismus einher, der für das Nichtauftreten eines Übergangs verantwortlich war (Borrelli 2009).

In diese Reihe von Spekulationen fallen auch die Überlegungen Bohrs, welche schließlich zur Etablierung des Korrespondenzprinzips führten.[5] In den Jahren 1916 bis 1918, stellte Bohr einen Zusammenhang her zwischen rein harmonischer Bewegung und verbotenen Übergängen. Während bei anharmonischen Bewegungen, wie dem anharmonischen Oszillator oder der elliptischen Bewegung eines Elektrons, alle Übergänge zwischen den verschiedenen Zuständen auftraten, schien dies bei strikt harmonischen Bewegungen, wie dem harmonischen Oszillator, dem Rotator oder den Präzessionsbewegungen des Stark- oder Zeemaneffekts, nicht der Fall zu sein. Für diese Bewegungstypen traten nur Übergänge zwischen benachbarten Zuständen auf. Den Grund hierfür erblickte Bohr darin, dass harmonische Bewegungen nur eine Frequenz, die Grundfrequenz, besitzen während

---

[5] Für eine Darstellung des Korrespondenzprinzips: (Jähnert 2019; Blum und Jähnert 2022) sowie (Darrigol 1992).

die Obertöne dieser Frequenz, also die Vielfachen dieser Grundfrequenz, nicht auftreten. Das Auftreten der Grundfrequenz ω, so spekulierte er, war mit der Möglichkeit eines Überangs von einem Zustand n zu einem benachbarten Zustand $n-1$ (oder $n+1$) verknüpft, die Vielfachen dieser Grundfrequenz (2ω, 3ω) wiederum mit den Übergängen zwischen n und $n-2, n-3$ etc.

Damit hatte Bohr eine Möglichkeit gefunden, Auswahlregeln zu formulieren und zu begründen. Darüber hinaus bedeutete dies die Formulierung einer neuen Beziehung zwischen Strahlungsprozess und Bewegung und damit eine wesentliche Erweiterung des ursprünglichen Bohr'schen Modells. Die Bewegung des Elektrons bestimmte nun nicht mehr nur die Energie des Quantenzustands, sondern auch, durch ihre Fourierzerlegung, ob ein bestimmter Übergang möglich war oder nicht.

Bohr schlug nun vor, Aussagen des Typs „Der Übergang ist unmöglich" zu deuten als „Die zu dem Übergang gehörende Spektrallinie hat eine verschwindende Intensität." Die Frage nach den Auswahlregeln wurde so zu einem Spezialfall eines allgemeineren Problems, der Bestimmung der Linienintensität. Intensität war neben der Frequenz (und der Polarisation, mit der sich Bohr auch zunehmend beschäftigte) das andere definierende Charakteristikum jeder elektromagnetischen Strahlung. In der klassischen Strahlungstheorie waren die Intensitäten durch die Fourier-Koeffizienten der Bewegung bestimmt. Eine solche Bestimmung war auf Grundlage des neuen, auf Übergängen basierenden Strahlungsmechanismus nicht mehr gegeben. Die Verbindung zwischen Auswahlregeln und Harmonizität suggerierte jedoch, dass die Verknüpfung von Intensitäten und Fourier-Koeffizienten zu einem gewissen Grad erhalten blieb: das Verschwinden der Fourier-Koeffizienten für die Obertöne der Bewegung entsprach schließlich dem Verschwinden der Intensität für die Übergänge zwischen nicht-benachbarten Zuständen.

Wie jedoch war eine *nicht*-verschwindende Strahlungsintensität innerhalb des neuen begrifflichen Schemas zu fassen? Bei der Beantwortung dieser Frage griff Bohr die Arbeiten Albert Einsteins zur Quantentheorie der Emissions- und Absorptionprozesse auf. 1916 hatte Einstein eine statistische Herleitung des Planckschen Strahlungsgesetzes gegeben. In dieser Herleitung hatte Einstein ein minimalistisches Bild der am thermischen Gleichgewicht beteiligten Atome verwendet. Die Atome erschienen als Systeme, die einzig durch ihre diskreten Energieniveaus beschrieben wurden und in Wechselwirkung mit der Strahlung von einem Zustand zum anderen übergehen, ohne jeden Rückgriff auf die Bohr'schen Umlaufbahnen. In diesem Zusammenhang führte Einstein eine Reihe neuer Begriffe in die Quantentheorie der Strahlung ein. Zum einen die Unterscheidung zwischen spontanen und induzierten Übergängen und zum anderen den Begriff der Übergangswahrscheinlichkeit, welche angab, wie häufig ein bestimmter Übergang auftreten würde.

Bei induzierten Prozessen hing diese Übergangswahrscheinlichkeit von der Dichte der umgebenden Strahlung ab, bei spontanen Übergängen war sie hingegen eine fixe Zahl. Obwohl die Übergangswahrscheinlichkeiten für Einstein mehr ein mathematisches Hilfsmittel gewesen waren, konnte Bohr so die spontanen Übergangswahrscheinlichkeiten als physikalische Eigenschaften des Quantensystems selbst deuten. Dies erlaubte eine mathematische Einbettung der Intensitäten: Die Häufigkeit eines Übergangs bestimmte die Intensität der zugehörigen Spektrallinie in maßgeblicher Weise.

Im Jahre 1918, konsolidierte Bohr diese Überlegungen und postulierte eine enge Verbindung zwischen den Fourier-Koeffizienten der Bewegung in den stationären Zuständen und den Übergangswahrscheinlichkeiten. Dieses Postulat wurde in den folgenden Jahren als das Korrespondenzprinzip bekannt und zu einem der Grundpfeiler der Bohr'schen Theorie mehrfach-periodischer Systeme.

Trotz seiner postulierten Allgemeinheit war die Aussagekraft des Korrespondenzprinzip jedoch zunächst auf wenige Einzelfälle beschränkt. Jenseits der Erklärung der Auswahlregeln machte das Prinzip keine quantitativen Aussagen über die Übergangswahrscheinlichkeiten und entbehrte überhaupt einer expliziten mathematischen Formulierung: Es war zunächst nicht möglich, die Beziehung zwischen Intensität/Übergangswahrscheinlichkeit und Fourier-Koeffizienten im Allgemeinen, d. h. für beliebige Übergänge, explizit zu formulieren. Fernerhin war nicht einmal klar, ob man hierfür die Fourier-Entwicklung der Bewegung im Anfangszustand, im Endzustand, oder in einem irgendwie konstruierten Zwischenzustand hernehmen sollte.

Trotz dieser Limitierung gewann das Korrespondenzprinzip im weiteren Verlauf der 1920er Jahre zunehmend an Bedeutung für die Forschung zur Quantentheorie und fand Anwendungen auf diverse Probleme der Spektroskopie sowie der Dispersion, der Röntgenstrahlung u. v. m.[6] Hierbei wurden notwendigerweise mathematische Ausformulierungen des Korrespondenzprinzips entwickelt und an die jeweiligen Probleme angepasst. Dies begann mit der Dissertation von Bohrs langjährigem Assistenten Hans Kramers im Jahre 1919. Kramers entwickelte eine mathematische Formulierung des Bohr'schen Korrespondenzgedankens. Durch Mittelung über die Fourier-Koeffizietnen von Anfangs-, End- und interpolierten Zwischenzuständen suchte er eine Größe zu bestimmen, die direkt mit der Strahlungsintensität des Überganges verknüpft sein sollte: die Amplitude eines formalen Ersatzstrahlers. Dieser Ersatzstrahler war ein einfacher harmonischer Oszillator, der nach den Gesetzen der klassischen Elektrodynamik strahlte und zwar mit einer Intensität (und einer Frequenz), die der der beobachteten Strahlung entsprach. Kramers' genaue Rechenvorschriften waren nur von kurzem Bestand und die frühen 1920er Jahre sahen eine Vielzahl von weiteren unvollständigen Versuchen das Korrespondenzprinzip quantitativ zu formulieren; doch die Methode des Ersatzstrahlers – der nach den Gesetzen der klassischen Elektrodynamik strahlt, dessen Amplitude und Frequenz aber aus der Quantentheorie konstruiert werden – blieb bestehen, manchmal nur implizit verwendet, manchmal in den Mittelpunkt gerückt, wie in den „virtuellen Oszillatoren" der gescheiterten Strahlungstheorie von Bohr, Kramers und John Slater.

Damit haben wir den allgemeinen konzeptuellen Rahmen sowie die Problemlage umrissen, in der Heisenbergs Umdeutung vollzogen wurde. Die Matrizenmechanik nahm

---

[6] Zu einer breiteren Diskussion dieser Anwendungen in der alten Quantentheorie siehe (Jähnert 2019).

ihre Anfänge genau hier: in der Suche nach einer quantitativen Formulierung des Korrespondenzprinzips. Der Vorschlag, den sie dabei unterbreitete, war jedoch völlig neu. Vor Heisenberg wurde das Korrespondenzprinzip als eine *Ergänzung* zum Bohr-Modell gesehen. Es erlaubte, Aussagen über die Übergangsprozesse aus der klassischen Kinematik von Elektronenort und -bahn abzuleiten. Heisenbergs *Umdeutung* hingegen suchte und entwickelte einen *Ersatz* für die klassische Kinematik der Bohr-Orbitale und erblickte die Möglichkeit hierfür im Korrespondenzprinzip. Um diesen radikalen Schritt zu verstehen, müssen wir selbst einen Schritt zurückgehen und Heisenbergs eigenen Weg, innerhalb der eben beschriebenen Großwetterlage, nachvollziehen.

Heisenbergs Weg zur *Umdeutung* 3

Beginnen wir zunächst mit einigen Worten zu Heisenbergs Herkunft.[1] Er wurde am 5.12.1901 in Würzburg geboren. Dorthin war seine Familie erst wenige Monate zuvor aus München gezogen, da Heisenbergs Vater August dabei war, sich an an der dortigen Universität für Mittel- und Neugriechische Philologie zu habilitieren. Akademisch lag die Tradition auf beiden Seiten von Heisenbergs Familie fernab der Physik: sein Vater und sein Großvater mütterlicherseits, Nikolaus Wecklein, waren Altphilologen. Seine Mutter Annie war „eine eher intellektuelle Frau, die [...] die Hausaufgaben der Studenten ihres Mannes korrigierte" und Russisch lernte, „um ihrem Mann bei seiner russischen Korrespondenz und der Übersetzung russischer Quellen zu helfen" (Heisenberg 2001, S. 13). August und Annie hatten sich kennengelernt, als August als Lehrer am Münchner Maximilians-Gymnasium arbeitete, dem Nikolaus Wecklein als Rektor vorstand. August stammte ursprünglich aus Osnabrück und war als Student nach München, weil er, „wie alle seine Kommilitonen, Süddeutschland kennen lernen" wollte (Heisenberg 1913, S. 157).

In diesem bildungsbürgerlichen Milieu wuchs Werner Heisenberg auf.[2] Er war der jüngere von zwei Kindern; sein Bruder Erwin war knapp zwei Jahre älter. Im Januar 1910 wurde August nach München auf den Lehrstuhl für Byzantinistik berufen und die Familie verließ Würzburg; München wurde für Heisenberg Heimat und später (während seiner langen Abwesenheit von 1922 bis 1958) Sehnsuchtsort. Dort besuchte Heisenberg das von seinem Großvater geleitete Maximilians-Gymnasium. Er war ein talentierter Klavierspieler, doch auch seine mathematische Gabe zeigte sich früh.

---

[1] Das hier skizzierte Gerüst von Heisenbergs erstem Lebensdrittel enstammt den Biographien von Cassidy (1992) und Rechenberg (2009).

[2] Zu Heisenberg als Vertreter des deutschen Bildungsbürgertums, siehe Carson (2010, speziell Kapitel 2 und 3).

© Der/die Autor(en), exklusiv lizenziert an Springer-Verlag GmbH, DE, ein Teil von Springer Nature 2025
A. S. Blum, M. Jähnert, *Die Anfänge der Quantenmechanik*, Klassische Texte der Wissenschaft, https://doi.org/10.1007/978-3-662-71205-4_3

Für den Militärdienst im 1. Weltkrieg war Heisenberg (im Gegensatz zu seinem Bruder) zu jung, doch arbeitete er im Sommer 1918 als Erntehelfer im Münchner Umland. Unmittelbar nach dem Krieg beteiligte er sich als Freiwilliger an der Niederschlagung der Münchner Räterepublik, ohne dabei allerdings an Kampfhandlungen beteiligt gewesen zu sein. Die ersten Nachkriegsjahre waren für Heisenberg eine wichtige Zeit, auch und vor allem aufgrund seiner Aktivität in der Jugendbewegung, wo er von 1919 bis 1922 eine Gruppe der neugegründeten Jung-Bayern leitete.

Im Sommer 1920 machte Heisenberg sein Abitur mit sehr guten Leistungen und wurde in die 1852 gegründete bayerische Studienstiftung aufgenommen. Dies hätte ihn zu freier Kost und Logis im Münchner Maximilianeum berechtigt, doch blieb er im Elternhaus wohnen. Zum Wintersemester 1920/21 nahm er das Studium der Physik an der Münchner Universität auf. Den Lehrstuhl für theoretische Physik hatte dort Arnold Sommerfeld inne, einer der Hauptvertreter der neuen Quantentheorie und ein begnadeter Pädagoge, der in seinem Seminar eine erstaunliche Gruppe von Talenten um sich versammelt hatte. Diese enthielt, neben Kriegsheimkehrern wie Gregor Wentzel und Adolf Kratzer, den jungen Österreicher Wolfgang Pauli, der ein Jahr vor Heisenberg, auch direkt aus dem Gymnasium kommend, sein Studium in München begonnen hatte. Mit Pauli stand Heisenberg nicht nur während seiner Studientage in München in engem wissenschaftlichen Austausch; zwischen 1921 und Paulis Tod im Jahr 1958 tauschten Pauli und Heisenberg unzählige Briefe aus, von denen viele erhalten und – in Paulis von Karl von Meyenn herausgegebenen wissenschaftlichem Briefwechsel (Hermann et al. 1979; von Meyenn 2005) – veröffentlicht worden sind.[3]

Eine Besonderheit des Sommerfeld'schen Seminars war, dass die Studenten direkt an aktuelle Forschungsfragen herangeführt wurden. So reichte Heisenberg bereits kurz nach seinem zwanzigsten Geburtstag, im dritten Studiensemester, seine erste Arbeit bei der Zeitschrift für Physik ein. Es folgten zwei weitere Arbeiten gemeinsam mit Sommerfeld, zum Ende des vierten Semesters im Sommer 1922 bei derselben Zeitschrift eingereicht, sowie eine Einladung zusammen mit Sommerfeld nach Göttingen zu reisen, um eine Reihe von Vorträgen Niels Bohrs zu hören. Diese Vortragsreihe sollte bald als „Bohr-Festspiele" einen festen Platz in der Erinnerungskultur der deutschen Quantentheoretiker einnehmen (Cassidy 1992, S. 127 f.).

In diesem Kontext – genauer: mit den beiden Arbeiten mit Sommerfeld – beginnt nun auch auf wissenschaftlicher Ebene die unmittelbare Vorgeschichte der *Umdeutung*. Die Arbeiten mit Sommerfeld beschäftigten sich mit der Multiplettstruktur der Atome und mit dem Zeemaneffekt. Sie stellen Heisenbergs erste Hinwendung zum Problem der Bestimmung der relativen Linienintensitäten mithilfe des Korrespondenzprinzips dar. Wie wir später sehen werden, würde dieses Problem (mit all seinen formal-mathematischen

---

[3] Siehe Eckert (2013a, 2020) zu Sommerfeld und seiner Schule. Zum Neuanfang der Sommerfeld-Schule nach dem erstem Weltkrieg siehe (Eckert 2013a, S. 328–330) sowie (Kojevnikov 2020, S. 31–34).

Details) 1925 für Heisenbergs *Umdeutung* eine zentrale Rolle spielen. So waren bereits seine ersten Arbeiten wegweisend für seinen späteren Durchbruch.

Von alle dem ahnten 1922 der junge Student und sein Lehrer noch nichts. Für sie ging es konkret darum, die relativen Intensitäten der Multipletts zu bestimmen. Dabei griffen sie auf das Bohr-Kramers'sche Korrespondenzprinzip zurück, welches sich als einziges theoretisches Werkzeug zur Intensitätsbestimmung herauskristallisiert hatte.

Der erste Schritt in jeder korrespondenzmäßigen Rechnung war es, eine Fourier-Darstellung der Bewegung des Elektrons aufzustellen. Hierfür bauten Sommerfeld und Heisenberg auf den bestehenden kinematischen Darstellungen der Spektralmultipletts und des Zeeman-Effekts auf, die innerhalb der alten Quantentheorie entwickelt worden waren. Die Bewegung des Valenzelektrons um den Atomkern, die für die Serienstruktur der Spektren verantwortlich und mit der Hauptquantenzahl n und der Azimuthalquantenzahl k verbunden war, spielte hier nur eine Nebenrolle. Heisenberg und Sommerfeld waren nicht an den absoluten Linienintensitäten der Serien interessiert, sondern zielten nur auf die relativen Intensitäten innerhalb eines Multipletts ab. Die Multipletts bilden die Feinstruktur der Linien im Serienspektrum. Kinematisch entsprachen sie der Präzession des Drehimpulses der Elektronenbahn um den Gesamtdrehimpuls des Atoms (Spektralmultipletts) oder der Präzession des Gesamtdrehimpulses um das äußere Magnetfeld (Zeeman-Multipletts).

Sommerfeld und Heisenberg stellten also eine Fourier-Darstellung dieser Präzessionsbewegung auf und ordneten die Fourier-Koeffizienten den entsprechenden Übergängen zu. Der nächste Schritt wäre es nun gewesen, Kramers folgend, das Korrespondenzprinzip quantitativ zu implementieren, zum Beispiel durch das Mitteln über Anfangs-, End- und Zwischenzustände. Dabei waren sich Sommerfeld und Heisenberg jedoch der offenen Fragen beim Kramers'schen Mittelungsverfahren sehr bewusst. In der unübersichtlichen Gemengelage von experimentellen Befunden und theoretischen Überlegungen begnügten sich Heisenberg und Sommerfeld damit, dass ihre Ergebnisse „mehr qualitativer Art" waren.[4]

Trotzdem gaben sie explizite Ausdrücke für die Intensitäten an, die sie einfach durch ein direktes Gleichsetzen (bis auf gewisse Proportionalitätskonstanten) von Fourier-Koeffizient und Übergangsamplitude erhielten. Dabei war die Bewegung des Valenzelektrons um den Kern für alle Komponenten des Multipletts die gleiche und blieb daher für das Intensitätsverhältnis irrelevant. Die Intensitätsverhältnisse waren damit nur eine Funktion des Präzessionswinkels Θ. Wir geben die Intensitätsformeln hier exemplarisch für den spezifischen Fall eines normalen Zeeman-Tripletts an, welches einem Übergang der inneren Quantenzahl j (Gesamtdrehimpuls des Atoms) um $+1$ und Übergängen der magnetischen Quantenzahl um $+1, 0,$ oder -1 entspricht:[5]

---

[4] Sommerfeld und Heisenberg (1922, S. 140). Siehe auch: Jähnert (2019, S. 75–95).
[5] Da die Präzessionsbewegung eine einfache harmonische Drehung ist, bestimmt das Korrespondenzprinzip – wie beim harmonischen Oszillator – eine Auswahlregel: m kann sich nicht um mehr als eine Einheit ändern, so dass nur drei Intensitäten zu bestimmen sind.

$$J_{\Delta m=+1} : J_{\Delta m=0} : J_{\Delta m=-1} = \frac{1}{4}(1+\cos\theta)^2 : \sin^2\theta : \frac{1}{4}(1-\cos\theta)^2 \qquad (3.1)$$

wobei $J_{\Delta m}$ die Intensität für den Übergang ist, der der jeweiligen Änderung Δm der magnetischen Quantenzahl m entspricht. Im Rahmen der Theorie des normalen Zeemaneffekt wurde allgemein angenommen, dass die Projektion des Gesamtdrehimpulses auf die Magnetfeldachse nur ganzzahlige Werte von $+j$ bis $-j$ annehmen konnte. So ließen sich diese Formeln auch durch die Quantenzahlen j und m ausdrücken. Durch Ersetzen von $\cos\theta = m/j$ erhält man

$$J_{\Delta m=+1} : J_{\Delta m=0} : J_{\Delta m=-1} = \frac{1}{4}\left(1+\frac{m}{j}\right)^2 : 1-\frac{m^2}{j^2} : \frac{1}{4}\left(1-\frac{m}{j}\right)^2 \qquad (3.2)$$

Es sei noch mal betont, dass Heisenberg und Sommerfeld zum Aufstellen dieser Formeln keine Mittelung im Stile der Kramers'schen Zwischenbahnen verwendet hatten. Setzte man für die Quantenzahlen m und j die Werte im Anfangszustand ein, so hatte man hier einfach die (quadrierten) Fourier-Amplituden der Bewegung im Anfangszustand. Heisenbergs und Sommerfelds Intensitätsformeln ließen also schon 1922 einige Fragen offen. Doch, wie wir später sehen werden, war gerade diese Offenheit der Formeln später wichtig: sie konnten als Startpunkt für Versuche dienen, das Korrespondenzprinzip ganz neu zu denken, jenseits von aufwändig konstruierten Zwischenbahnen.

Dies war im Jahr 1922 jedoch noch Zukunftsmusik. Im Wintersemester 1922/23 begann Heisenberg – im 5. Semester und damit selbst für damalige Verhältnisse recht früh – mit der Arbeit an seiner Dissertation. Das Thema hatte mit Multipletts, oder überhaupt mit Quantentheorie, nichts zu tun. Stattdessen beschäftigte sich Heisenberg mit einem anderen Interessengebiet Sommerfelds, der klassischen Hydrodynamik. Das spezifische Problem war die Bestimmung des kritischen Wertes der Reynold'schen Zahl, jenseits dessen Turbulenzen auftreten. Da Sommerfeld im Herbst 1922 zu einer Vortragsreise in die USA aufbrach, wurde Heisenberg nach Göttingen vermittelt, wo Ludwig Prandtl seine bahnbrechende Forschung zur Strömungsmechanik betrieb. Für die Behandlung der hydrodynamischen Gleichungen entwickelte Heisenberg in seiner Dissertation Methoden, die weiten Anklang finden würden (Chandrasekhar 1985, S. 21). Doch schloss er seine Promotion nur „cum laude" ab, nachdem Willy Wien ihn nach schlechten Leistungen in der Experimentalphysik-Prüfung eigentlich durchfallen lassen wollte.

Während seines Aufenthaltes in Göttingen arbeitete Heisenberg auch mit Max Born und wurde schließlich, nach der abgeschlossenen Promotion, im Herbst 1923 dessen Assistent. Mit Born und dem Experimentalphysiker James Franck war Göttingen in den frühen Zwanzigern — aufbauend auf der langen mathematischen Tradition und mit direkter Förderung durch den Doyen der Göttinger Mathematik, David Hilbert – zu einem Zentrum der Quantentheorie geworden (Schirrmacher 2019). Mit Born arbeitete Heisenberg an der Entwicklung einer quantentheoretischen Störungstheorie, die auf eine systematische Erforschung des Heliumatoms abzielte. Durch ihre Untersuchung gelangten Born und Heisenberg zu der Erkenntnis, dass die bisherige Theorie nicht in der Lage war, die

Ionisierungsenergie des Heliumatoms oder die Existenz der unterschiedlichen Spektren des Ortho- und Paraheliums zu erklären. Born bezeichnete diesen Umstand als „Heliumkatastrophe" und nahm sie zum Anlass nach einer gänzlich neuen – und grundlegend diskontinuierlichen – „Quantenmechanik" zu suchen, bei der die Differentialgleichungen der klassischen Mechanik durch Differenzengleichungen ersetzt werden sollten.

Heisenbergs Trajektorie führte ihn jedoch in eine andere Richtung. Zum einen zurück zum Themenfeld seiner Münchner Arbeiten, dem Zeeman-Effekt, zu dem er sich im Sommer 1924 in Göttingen habilitierte. Zum anderen erhielt Heisenberg, nach einem kurzen Besuch in Kopenhagen im Frühjahr 1924, von Niels Bohr das Angebot, mit einem Rockefeller-Stipendium für einen längeren Aufenthalt dorthin zu kommen. Heisenberg, als frisch gebackener Privatdozent, wurde von Born freigestellt, auch weil dieser ohnehin plante einige Zeit in den USA am MIT zu verbringen (was er dann aber erst im Herbst 1925 tat). Heisenberg blieb von September 1924 bis April 1925 an Bohrs Institut in Kopenhagen, welches sich gerade zu einer der weltweit bedeutendsten Forschungseinrichtungen der theoretischen Physik entwickelte.

In Kopenhagen beschäftigte Heisenberg sich vermehrt mit der Frage der Strahlung in der Quantenphysik. Hier waren, neben dem altbekannten Phänomen der Dispersion, auch neuentdeckte Phänomene wie der Comptoneffekt, der Hanleeffekt und die Polarisation der Fluoreszenzstrahlung ins Zentrum gerückt. Bei diesen Prozessen ging es weniger um die Beschreibung der stationären Zustände und dafür mehr um die Wechselwirkung zwischen Atomen und Strahlungsfeld. Heisenberg schrieb einen Artikel zur Polarisierung der Fluoreszenzstrahlung (Heisenberg 1925) und trug als Zweitautor zu der von Bohrs Assistenten Hans Kramers entwickelten Quantentheorie der Dispersion bei (Kramers und Heisenberg 1925). Die letztere Arbeit enthält bereits Methoden, die Heisenberg dann später in der Umdeutung verwenden würde, weswegen wir sie etwas genauer betrachten müssen.

3.1 Dispersionstheorie

In ihrer Arbeit konstruierten Kramers und Heisenberg einen quantentheoretischen Ausdruck für das durch einfallende (primäre) elektromagnetische Strahlung induzierte elektrische Dipolmoment eines Atoms. Dieses induzierte oszillierende Dipolmoment wiederum ist die Quelle einer sekundären elektromagnetischen Strahlung, der Streustrahlung. In der klassischen Theorie war diese Rechnung bekannt, vgl. Duncan und Janssen (2007, Abschnitt 5.1). Das ungestörte Dipolmoment $\vec{M}_0$ des Atoms, also ohne Berücksichtigung der einfallenden Strahlung, ist dabei gegeben durch die Fourierreihe[6]

---

[6] Wir betrachten der Einfachheit halber, wie auch Kramers und Heisenberg in Teilen, den Fall, wo alle vorkommenden Vektoren parallel sind und wir deshalb gar keine Vektoren einführen müssen. So können wir uns dann auch der Übersichtlichkeit halber auf ein System mit einem Freiheitsgrad beschränken.

$$M_0(t) = \frac{1}{2} \sum_{\tau=-\infty}^{\infty} C_\tau(J) e^{i\tau\omega_0 t}, \qquad (3.3)$$

wobei ω_0 die Grundfrequenz und C_τ die zum Oberton $\tau\omega_0$ gehörige Fourier-Amplitude ist; da das Dipolmoment eine reelle Größe ist, gilt $C_\tau = C_{-\tau}^*$. J ist die Wirkungsvariable des Systems, also die Größe, die in der Quantentheorie gleich nh gesetzt wird. Das primäre elektrische Feld E ist wiederum gegeben durch

$$E(t) = \Re\left(E_0 e^{i\omega t}\right) \qquad (3.4)$$

wobei ω die Frequenz der einfallenden Strahlung und E_0 eine konstante Feldstärke ist, die also nicht von t abhängt. Das induzierte Dipolmoment M_1 ist dann, in erster störungstheoretischer Näherung, gegeben durch

$$M_1(t) = \frac{E_0}{4} \Re\left(\sum_{\tau,\tau'} \left[\tau' \frac{\partial C_\tau}{\partial J} \frac{C_{\tau'}}{\tau'\omega_0 + \omega} - \tau C_\tau \frac{\partial}{\partial J}\left(\frac{C_{\tau'}}{\tau'\omega_0 + \omega}\right)\right] e^{i((\tau+\tau')\omega_0 + \omega)t}\right) \qquad (3.5)$$

Zu diesem Zeitpunkt verfügten Kramers und Heisenberg im Rahmen des Korrespondenzprinzips bereits über ein umfangreiches Instrumentarium um aus diesem klassischen Ausdruck einen quantentheoretischen zu machen. Der klassische Oberton $\tau\omega_0$ entsprach der quantentheoretischen Übergangsfrequenz von einem Zustand n zu einem Zustand $n - \tau$, kurz: $\omega(n, n - \tau)$. Die klassische Fourier-Amplitude C_τ entsprach der Wahrscheinlichkeitsamplitude $A(n, n - \tau)$ für den entsprechenden Übergang; für negative τ war dies die Amplitude für einen Übergang *in* den Zustand n, also $A(n + |\tau|, n)$. Die Übergangswahrscheinlichkeit war in jedem Fall proportional dem Quadrat der Amplitude, AA^*.

Für kompliziertere Ausdrücke, wie das induzierte Dipolmoment, welches Produkte und Ableitungen verschiedener Amplituden und Frequenzen enthielt, brauchte es aber neue Werkzeuge. Hier verwendeten Heisenberg und Kramers eine von Kramers speziell mit Blick auf die Dispersionstheorie neu entwickelte Methode: Die *Ableitung* eines gegebenen Ausdrucks F nach der in der klassischen Theorie kontinuierlichen Größe der Wirkung, $\tau(\partial F/\partial J)$, entsprach in der Quantentheorie einer *Differenz* zwischen den Werten von F im Zustand $n + \tau$ und im Zustand n (geteilt durch das Wirkungsquantum h). Diese letzte Korrespondenzregel schien gleichzeitig intuitiv – Differentiale werden in der Quantentheorie zu Differenzen – und mächtig: für das Aufstellen eines quantentheoretischen Ausdrucks für das induzierte Dipolmoment war sie unerlässlich. Aber die genaue Anwendung musste erst noch herausgearbeitet werden, denn nicht immer war klar, was unter dem Wert einer gegebenen Größe *in einem Zustand* zu verstehen war. Relativ einfach standen die Dinge bei der Ableitung einer Frequenz; hier galt

3.1 Dispersionstheorie

$$\tau \frac{\partial}{\partial J}(\tau \omega_0) \to (\omega(n+\tau, n) - \omega(n, n-\tau))/h \tag{3.6}$$

Analog, galt für die Ableitung einer Fourier-Amplitude:

$$\tau \frac{\partial}{\partial J} C_\tau \to (A(n+\tau, n) - A(n, n-\tau))/h \tag{3.7}$$

Dies genügte für den einfachen Fall der kohärenten Streustrahlung, den Kramers (1924) bereits Anfang 1924 verhandelt hatte. Kohärente Streustrahlung zeichnet sich dadurch aus, dass sie mit der einfallenden Strahlung phasengleich ist. Man erhielt also die Beiträge zur kohärenten Streustrahlung, indem man in Gl. 3.5 die Terme betrachtet bei denen der Phasenfaktor gleich ist wie in Gl. 3.4, also gleich $e^{i\omega t}$. Dies sind die Terme mit $\tau = -\tau'$. Durch Anwendung der Korrespondenzregeln erhielt Kramers erstmals einen quantentheoretischen Ausdruck für die kohärente Streustrahlung, der im Grenzfall hoher Quantenzahlen den klassischen Ausdruck reproduzierte.

In ihrer Arbeit gaben Kramers und Heisenberg eine detailliertere Herleitung von Kramers' Ausdruck für die kohärente Streustrahlung und wandten sich dann erstmals dem Problem der inkohärenten Streustrahlung zu, also den Termen in Gl. 3.5 bei denen $\tau \neq -\tau'$. Hier ist die Streustrahlung (a) um die relative Phase zwischen C_τ und $C_{\tau'}$ verschoben und hat (b) auch eine andere Frequenz als die einfallende Strahlung. Klassisch wird die Frequenz um den Oberton $\tau \omega_0$ verschoben; in der Quantentheorie entsteht eine Verschiebung um eine Übergangsfrequenz des Atoms. Diese Verschiebung um eine Übergangsfrequenz (sowohl nach oben, als auch nach unten) war bereits 1923 von Adolf Smekal vorhergesagt worden, jedoch ohne detaillierte mathematische Herleitung; experimentell nachgewiesen wurde sie im Jahre 1928 durch C.V. Raman. Heute ist sie unter dem Namen Raman-Effekt bekannt.

Diese Frequenzverschiebung folgte direkt aus den etablierten Methoden des Korrespondenzprinzips. Etwas komplizierter gestaltete sich die Situation beim Übersetzen der Übergangswahrscheinlichkeiten. In dem Ausdruck für das induzierte Dipolmoment, Gl. 3.5, stand nur *eine* aufsummierte Frequenzverschiebung (um den Oberton $(\tau + \tau')\omega$), aber *zwei separate* Amplituden C_τ und $C_{\tau'}$. Klassisch war dies unproblematisch: die Indizes der Fourier-Amplituden addieren sich zur Ordnung des Obertons, der in der Frequenzverschiebung auftaucht. In der Quantentheorie aber[7] entsprechen die Fourier-Amplituden den Wahrscheinlichkeitsamplituden $A(n, n-\tau)$ und $A(n, n-\tau')$. Und diese beiden Übergänge ergeben zusammen *nicht* den Übergang $(n, n-\tau-\tau')$, der in der Frequenzverschiebung vorkommt.

---

[7] Der Einfachheit halber betrachten wir hier nur den Fall $\tau, \tau' > 0$. Das Argument gilt aber auch wenn einer der Indizes oder beide negativ sind.

Um dieser Merkwürdigkeit gerecht zu werden, veränderten Kramers und Heisenberg ihre Korrespondenzregeln für den Fall der inkohärenten Streustrahlung. Der Fourier-Koeffizient C_τ wurde im quantentheoretischen Ausdruck nun durch eine *Kombination* der Wahrscheinlichkeitsamplituden $A(n, n - \tau)$ und $A(n - \tau', n - \tau' - \tau)$ ersetzt – und analog für $C_{\tau'}$ und die Frequenz $\tau'\omega_0$. Diese Veränderung ergab sich, so Kramers und Heisenberg, „in scheinbar eindeutiger Weise". Denn sie war so gewählt, dass in dem quantentheoretischen Ausdruck immer entweder $A(n, n - \tau)$ und $A(n - \tau, n - \tau - \tau')$ *oder* $A(n, n - \tau')$ und $A(n - \tau', n - \tau' - \tau)$ steht, d. h. also zwei Übergänge, die kombiniert den gewünschten Übergang $(n, n - \tau - \tau')$ ergeben. Die *Addition* der Obertöne wurde ersetzt durch die *Kombination* der Übergänge, gemäß dem Ritz'schen Kombinationsprinzip. Der genaue Ausdruck, den Kramers und Heisenberg dann für die inkohärente Streustrahlung erhielten, wird für uns im folgenden nicht mehr wichtig sein; der Rückgriff auf das Kombinationsprinzip hingegen schon. Wir werden sehen, wie Heisenberg in der *Umdeutung* erstmals systematisch auf das Kombinationsprinzip zurückgriff, um seine neue Multiplikationsregel zu erhalten.

Die Arbeit mit Kramers ist Heisenbergs letzte Veröffentlichung vor der *Umdeutung*. Es lag daher, für frühere historische Rekonstruktionen der Quantenmechanik, oft nahe eine unmittelbare Verbindung zwischen Dispersion und Matrizenmechanik herzustellen. Man erblickte in den Ausdrücken von Kramers und Heisenberg bereits die Matrizenmultiplikation und die Kommutationsrelationen. Wir werden jedoch im folgenden sehen, dass es noch bedeutender Zwischenschritte bedurfte.

Im folgenden besprechen wir die unmittelbaren Vorarbeiten zur *Umdeutung*. Hierbei werden zwei Dinge entscheidend sein. Erstens, der Rückgriff auf ein einfaches und konkretes Modell, den anharmonischen Oszillator, mit dem das Arbeiten mit Fourierreihen in der Quantentheorie systematisch entwickelt werden konnte. Und zweitens, die Rückkehr zum Kerngeschäft der alten Quantentheorie, den spektralen Emissionslinien. Die *Umdeutung* wurde, wie wir sehen werden, als Theorie der spektralen Frequenzen und Intensitäten konstruiert; der Dispersion werden wir erst später wieder begegnen, in der Dreimännerarbeit. Deshalb wenden wir uns nun dem physikalischen Problemkreis zu, aus dem die *Umdeutung* unmittelbar erwuchs: den spektralen Intensitäten von Mutlipletts.

3.2   Multiplettintensitäten

Seit Heisenbergs Arbeit mit Sommerfeld aus dem Jahr 1922 hatte sich die Situation im Bereich der Multiplettintensitäten grundlegend verändert: Neben die Theorie des Korrespondenzprinzips waren nun tatsächliche Messungen getreten sowie eine neue Art die relativen Intensitäten darzustellen.

Erste photometrische Messungen der relativen Intensitäten für spektrale Multipletts wurden 1923/24 in Utrecht unter der Leitung Leonard Ornsteins durchgeführt. Ornsteins Doktorand Henk Dorgelo und sein Assistent Hermann C. Burger hatten zunächst die Intensitätsverhältnisse für einfache Dublett- und Triplettlinien bestimmt, wie sie bei den

3.2 Multiplettintensitäten

Elementen der ersten und zweiten Hauptgruppe (Alkali- und Erdalkalimetalle) auftreten. Ihre Messungen zeigten, dass die Intensitäten in einem Multiplett in bestimmten ganzzahligen Verhältnissen zueinander stehen. Sommerfeld erblickte in der Ganzzahligkeit der Intensitätsverhältnisse einen Hinweis darauf, dass diese durch das statistische Gewicht der am Übergang beteiligten Zustände bestimmt wurden Jähnert (2025).

Das statistische Gewicht eines Zustands entstammt begrifflich eigentlich der statistischen Mechanik. Im Kontext der Spektroskopie bedeutet er letztlich nur die Anzahl von Zuständen, in die man einen gegebenen Zustand (durch eine externe Störung) aufspalten kann. Bei einem einfachen spektralen Multiplett gibt es zwei oder drei eng beieinander liegende Zustände (die Anfangs- oder Endzustände), die sich durch den Wert der inneren Quantenzahl j unterscheiden. Bei Anlegen eines Magnetfelds würde sich ein Zustand mit innerer Quantenzahl j weiter aufspalten, und zwar in $2j + 1$ Zustände mit unterschiedlicher magnetischer Quantenzahl m. Sommerfeld nahm nun also an, dass die relative Intensität eines Übergangs nur durch das statistische Gewicht des End-(oder Anfangs-)zustandes bestimmt ist – bei gleichem Anfangs-(oder End-)zustand. Die relative Intensität zweier Übergänge mit Quantenzahlen j und j' im End-(oder Anfangs-)zustand sollte also durch $(2j + 1)/(2j' + 1)$ gegeben sein. Als diese Vermutung experimentell bestätigt wurde, wurden die Multiplettintensitäten zum Gegenstand weitergehender theoretischer Überlegungen.

Es zeigte sich, dass solche Relationen nicht nur für die Intensitäten der einfachen Multipletts angegeben werden konnten, sondern auch für die Intensitäten der sogenannten zusammengesetzten Multipletts, bei denen sowohl der Anfangs- als auch der Endzustand aufgespalten ist. In diesem komplizierteren Fall musste man die Intensitäten mehrerer Linien mit gleichem Anfangs- oder Endzustand aufsummieren, um eine Größe zu erhalten, die zum statistischen Gewicht proportional war. Diese Beobachtung wurde in der Folge als Utrechter Summenregel bekannt. Eine ähnliche Regel konnte auch, zumindest auf theoretischer Ebene, bei den Zeeman-Multipletts formuliert werden. Hier waren die Zustände mit verschiedenen magnetischen Quantenzahlen m bereits durch das magnetische Feld aufgespalten und konnten nicht weiter aufgespalten werden; sie hatten also ein statistisches Gewicht von 1. Im Gegensatz zu den spektralen Multipletts sollte beim Zeemaneffekt also gelten: die Summe der Intensitäten mehrerer Linien mit gleichem Anfangs- oder Endzustand sollte eine Konstante sein, unabhängig von m.

Im Rahmen dieser Arbeiten entwickelten Sommerfeld und die Utrechter Forscher um Ornstein die bereits angesprochene neue Darstellung der Intensitäten: die sogenannten Intensitätsschemata, die in Abb. 3.1 dargestellt sind. Diese waren eine Erweiterung der spektroskopischen Termschemata und zeigten die Intensitäten aller Linien eines einzelnen Multipletts. Die Spalten und Zeilen entsprechen dabei den Anfangs- bzw. Endzuständen der verschiedenen Multiplett-Komponenten, die durch den Wert der inneren Quantenzahl bezeichnet werden. Die einzelnen Felder entsprechen je einer Spektrallinie und geben deren relative Intensität an Jähnert (2025).

Diese Intensitätsschemata dienten zunächst dazu, das empirische Material zu ordnen und die Summenregeln zu *überprüfen*. In einem nächsten Schritt entstand die Idee, die

Tabelle 2.

$1\,p_1\left(\dfrac{5}{2}\right)$	1	18	100
$1\,p_2\left(\dfrac{3}{2}\right)$	19	54	0
$1\,p_3\left(\dfrac{1}{2}\right)$	25	0	0
	$2\,d_3\left(\dfrac{3}{2}\right)$	$2\,d_2\left(\dfrac{5}{2}\right)$	$2\,d_1\left(\dfrac{7}{2}\right)$

Abb. 3.1 Intensitätsschema für das $1p - 2d$-Multiplett in Calcium (Burger und Dorgelo 1924)

Intensitätsschemata und die Summenregeln zu nutzen, um die Intensitäten zu *berechnen*. Zu jeder Reihe und Spalte des Schemas ließ sich aus den Summenregeln je eine Gleichung ableiten und so ein Gleichungssystem für die fortan als unbekannt angenommenen Intensitäten aufstellen. Dieses Gleichungssystem genügte für den einfachsten Fall der zusammengesetzten Dubletts ohne weiteres zur Bestimmung der Intensitäten und bildete die experimentell beobachteten Intensitäten gut ab. Für kompliziertere Fälle blieb das Gleichungssystem jedoch unterbestimmt und erforderte zusätzliche Annahmen.[8]

Dieses Verfahren war noch unausgereift, stellte jedoch einen neuen Ansatz zur Bestimmung der Intensitäten dar, der vom Korrespondenzprinzip unabhängig war. Im Herbst 1924 entspann sich aus dieser Konstellation zwischen Sommerfeld in München und Bohr, Kramers und Heisenberg in Kopenhagen eine Diskussion über die Vereinbarkeit und die Vorzüge der beiden Ansätze. Während Sommerfeld das Korrespondenzprinzip dabei scharf attackierte und für unbrauchbar erklärte, verteidigten Bohr, Kramers und Heisenberg das Prinzip Siehe Jähnert (2019, 213–221).

Die beiden Ansätze standen sich hier also zunächst unversöhnlich gegenüber. Erst in einem weiteren Schritt entwickelten Ralph de Laer Kronig und Samuel Goudsmit, sowie unabhängig davon auch Sommerfeld und sein Schüler Helmut Hönl, einen weitaus prag-

---

[8] Jähnert (2019, 99–101) und Jähnert (2025). Für zusammengesetzte Dubletts mit zwei Anfangs- und zwei Endzuständen gab es vier Gleichungen (drei davon unabhängig) für drei unbekannte Intensitäten (eine der vier Intensitäten im Schema kann aufgrund der Auswahlregel $\Delta j = 0, \pm 1$ direkt gleich Null gesetzt werden). Für zusammengesetzte Tripletts mit drei Anfangs- und drei Endzuständen gab es jedoch nur 5 unabhängige Gleichungen für 6 unbekannte Intensitäten.

3.2 Multiplettintensitäten

matischeren und letztlich produktiveren Ansatz. Im Winter 1924/25 unternahmen beide den Versuch, das Korrespondenzprinzip auf formaler Ebene in die Intensitätsschemata zu integrieren, um die Unbestimmtheit des ursprünglichen Ansatzes der Summenregeln zu überwinden. Dies gelang sowohl für die spektralen (Sommerfeld und Hönl) als auch für die Zeeman-Multipletts (Kronig und Goudsmit).[9] Wir werden diesen neuen Ansatz anhand der letzteren Arbeit diskutieren, da hier die Intensitätsformeln eine einfachere Form haben. In der Tat haben wir die Vorläufer dieser Intensitätsformeln bereits kennengelernt: es handelt sich um Gl. 3.9, die Heisenberg in seinen frühen Arbeiten gemeinsam mit Sommerfeld hergeleitet hatte und die wir hier der Einfachheit halber noch einmal wiedergeben:

$$J_{\Delta m=+1} : J_{\Delta m=0} : J_{\Delta m=-1} = \frac{1}{4}\left(1 + \frac{m}{j}\right)^2 : 1 - \frac{m^2}{j^2} : \frac{1}{4}\left(1 - \frac{m}{j}\right)^2. \tag{3.8}$$

Wie oben bereits erwähnt, galten die von Heisenberg und Sommerfeld errechneten Intensitäten selbst für die lautstärksten Verfechter des Korrespondenzprinzips als nur näherungsweise richtig. Sie waren direkt aus den Fourierkoeffizienten der Bewegung berechnet, ohne eine weitergehende Implementierung des Korrespondenzprinzips, wie es zum Beispiel die Einführung von Zwischenbahnen gewesen wäre. Wie bei den Frequenzen konnten solche Ausdrücke nur für große Quantenzahlen exakt gültig sein.

Es galt also die aus den Fourier-Koeffizienten der Bewegung gewonnenen Ausdrücke zu „verschärfen." Goudsmit und Kronig schlugen hierfür die folgenden Ausdrücke vor:

$$J_{\Delta m=+1} : J_{\Delta m=0} : J_{\Delta m=-1} =$$
$$\frac{1}{4j^2}(m+j+1)(m+j+2) : -\frac{1}{j^2}\left(m^2 - (j+1)^2\right) : \frac{1}{4j^2}(m-j-1)(m-j-2) \tag{3.9}$$

Strukturell waren die Ausdrücke von Goudsmit und Kronig denen von Heisenberg und Sommerfeld sehr ähnlich. Wie man sich durch ausmultiplizieren leicht überzeugen kann, sind sie auch Polynome zweiten Grades in m und der m^2-Term hat in allen Fällen den gleichen Koeffizienten. Diese Beibehaltung zentraler struktureller Elemente der noch ganz klassischen Ausdrücke von Sommerfeld und Heisenberg übernahmen Goudsmit und Kronig vom Korrespondenzprinzip.

Was sich bei Goudsmit und Kronig jedoch geändert hatte, war die Lage der Nullstellen. Diese erhielten sie aus der Struktur der Intensitätsschemata. Zuerst einmal sollten die weiteren Koeffizienten der Polynome so gewählt werden, dass die Summenregeln erfüllt

---

[9] Jähnert (2019, 109–122 und 222–227).

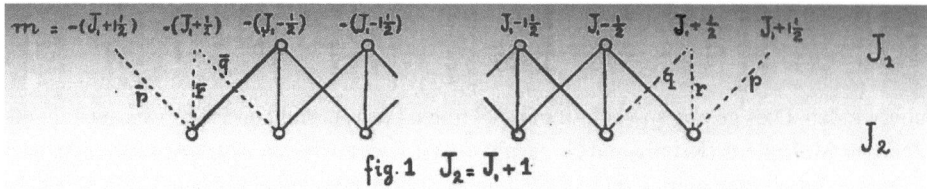

Abb. 3.2 Übergänge im $j \to j+1$ Zeeman-Multiplett, inklusive der unphysikalischen Übergänge am Rand (Goudsmit und Kronig 1925)

waren. Doch dadurch waren sie noch nicht vollständig bestimmt.[10] Goudsmit und Kronig machten sich deshalb die Tatsache zunutze, dass die Schemata begrenzt sind und Ränder haben. Von diesen Rändern war in den Intensitätsausdrücken zuerst einmal nichts zu sehen; sie waren für beliebige Werte von m definiert. Doch eigentlich konnte m nur Werte zwischen $-j$ und j annehmen.

Kronig und Goudsmit betrachteten nun unphysikalische Übergange zwischen einem existierenden Zustand und einem nicht existierenden Zustand (Abb. 3.2) und forderten, dass die betreffende Intensität verschwindet. Dieses „Verschwinden am Rand" (des Intensitätsschemas) war die entscheidende Bedingung, um die Nullstellen der Polynome in den verschärften Intensitätsausdrücken explizit festzulegen.[11]

Wir wollen das Verfahren des „Verschwindens am Rand" kurz veranschaulichen. Bei der Anwendung musste man sich entscheiden (was Heisenberg und Sommerfeld noch vermieden hatten), auf welchen Zustand sich die verwendeten Quantenzahlen beziehen, den Anfangs-, den End-, oder einen eigens konstruierten Zwischenzustand. Der Wahl von Kronig und Goudsmit folgend nehmen wir die Quantenzahl des Anfangszustands. Mit dieser Wahl kann man die Übergangswahrscheinlichkeiten[12] als Eigenschaften des

---

[10] Auch die ursprünglichen Ausdrücke von Heisenberg und Sommerfeld hätten die Summenregeln erfüllt. Hierzu müssen zwei Dinge bemerkt werden. (i) Man muss bei der Aufsummierung die Komponenten mit $\Delta m = \pm 1$ doppelt nehmen, weil die beobachteten Intensitäten (um die es bei den Heisenberg-Sommerfeld-Formeln ging) nur der halben ausgestrahlten Energie (um die es bei den Summenregeln geht) entsprechen (Sommerfeld 1922, S. 270). (ii) Die Summenregeln sind nur erfüllt, wenn man für m den Wert im Anfangs- oder Endzustand einsetzt, nicht aber für einen gemittelten Zwischenwert.

[11] Es bestand im Prinzip noch eine gewisse Freiheit, welche Intensitäten am Rand genau Null zu setzen waren. Diese Freiheit wurde jedoch durch das Zusammenspiel mit den Summenregeln aufgehoben.

[12] Wir trennen hier nicht sonderlich scharf zwischen den Übergangswahrscheinlichkeiten und den Intensitäten. Es kann neben den Übergangswahrscheinlichkeiten natürlich auch andere Faktoren geben, die in die beobachteten Intensitäten einfließen, insbesondere die relativen Besetzungszahlen der angeregten Zustände. In der *Umdeutung* spielten diese Aspekte aber keine Rolle, weswegen wir hier (bis auf diese Fußnote) stillschweigend über die möglichen Komplikationen und die historischen Diskussionen dazu hinweg gehen.

Systems im Anfangszustand interpretieren, eine Interpretation, die, wie wir sehen werden, auch in der *Umdeutung* zu finden ist.

Nehmen wir nun zum Beispiel die relative Intensität für den Übergang $\Delta m = -1$. Diese soll durch ein Polynom zweiten Grades in m gegeben sein. Die beiden Übergänge „am Rand", die eine verschwindende Intensität haben sollen (siehe Abb. 3.2, wo die betreffenden Übergänge mit p und q bezeichnet sind),[13] führen vom fiktiven Anfangszustand $m = j+2$ zum vorhandenen Endzustand $m = j+1$ (p) und vom fiktiven Anfangszustand $m = j+1$ zum vorhandenen Endzustand $m = j$ (q). Damit diese Intensitäten am Rand verschwinden, muss das Polynom für diese Werte Nullstellen haben, womit es dann eindeutig bestimmt ist.

Durch die soeben skizzierte Lösung des Intensitätsproblems veränderte sich die Beziehung zwischen den Intensitätsschemata und dem Korrespondenzprinzip. Während sie zuvor unverbundene Alternativen gewesen waren, wurden sie nun miteinander verschmolzen und boten einen neuen Zugang zur Bestimmung der Intensitäten. Doch die Verbindung zwischen der Kinematik des Atoms und der emittierten Strahlung, die ja eigentlich die Kernidee des Korrespondenzprinzips war, ging dabei zunächst verloren. Zu was für einer Bewegung sollten die Intensitäten der verschärften Korrespondenzausdrücke gehören? Waren sie überhaupt noch kinematisch zu interpretieren?

3.3 Der anharmonische Oszillator

Nachdem Kronig diesen neuen Ansatz zur Lösung des Intensitätsproblems entwickelt hatte, kam er im Januar 1925 als Postdoc nach Kopenhagen und traf hier auf Heisenberg.[14] Während der Osterferien im April kam auch Heisenbergs ehemaliger Kommilitone Pauli zu Besuch, der inzwischen Professor in Hamburg war. Die drei Männer diskutierten die im letzten Abschnitt besprochenen Fragen, über das Verhältnis von Korrespondenzprinzip und Kinematik.[15] Dabei gelangten sie schließlich zu der Überzeugung, dass die Bestimmung der Übergangswahrscheinlichkeiten nicht auf der Basis des klassischen Bewegungsbegriffs zu erreichen sein würde. Stattdessen, so die Schlussfolgerung, wäre eine neue „noch unbekannte allgemeine Quantenkinematik" (Pauli 1925, 68), also ein neuer quantentheoretischer Bewegungsbegriff, notwendig. Dies war der zentrale Schritt zwischen Heisenbergs Arbeiten zur Dispersion und der *Umdeutung*.

---

[13] Man beachte (bzw. beachte nicht), dass die Quantenzahlen m bei Kronig und Goudsmit um 1/2 verschoben sind.

[14] Interview von John L. Heilbron mit Kronig, 12.11.1962. https://www.aip.org/history-programs/niels-bohr-library/oral-histories/4721.

[15] Zur Rekonstruktion dieser Diskussionen aus Briefen und anderen Quellen, siehe Jähnert (2019, section 7.3).

Auf der Suche nach diesem neuen Bewegungsbegriff verblieben Heisenberg, Kronig und Pauli nicht auf der rein konzeptuellen Ebene, sondern diskutierten en detail Kronigs neue Rechenmethode zur Bestimmung von Übergangswahrscheinlichkeiten durch das „Verschwinden am Rand". Diese neuen Methode galt es zu erweitern und auf komplexere Probleme anzuwenden. Diese Erweiterung ging über die Multiplettintensitäten hinaus, bei denen es sich nur um rein harmonischen Bewegungen (die Präzession des Drehimpulses) gehandelt hatte. Bei so einer rein harmonischen Bewegung besteht die Fourierdarstellung nur aus einer Handvoll von Termen (Grundtönen); nach dem Korrespondenzprinzip gab es dementsprechend nur eine geringe Anzahl von erlaubten Übergängen. Solche Bewegungen konnten letztlich nur als Spezialfall gelten. In einer allgemeinen Quantenkinematik würde es notwendig sein, Bewegungen zu betrachten, deren Fourierreihen nicht nur die Grundtöne, sondern auch die (prinzipiell unendlich vielen) Obertöne enthielten.

Im Frühjahr 1925 – kurz vor Heisenbergs Rückkehr nach Göttingen – wandten sich Heisenberg, Pauli und Kronig deshalb dem einfachsten mechanischen Modell einer solchen nicht-harmonischen Bewegung zu: dem anharmonischen Oszillator. Dieser Wahl lag kein besonderes spektroskopisches Interesse zugrunde. Es gab keine atomares oder molekulares System, das durch den anharmonischen Oszillator modelliert werden sollte. Kurz nach seiner Abreise aus Kopenhagen schrieb Pauli an Kronig, ihn „selbst interessier[t]en die Multipletts und der anomale Zeemaneffekt momentan gar nicht mehr", sondern nur noch „das allgemeine formale Problem der Bestimmung der Übergangswahrscheinlichkeiten" (Hermann et al. 1979, S. 215). Der anharmonische Oszillator war ein formales Modell, von dem man sich keine phänomenologischen Erkenntnisse erhoffte, sondern Rückschlüsse auf die neue Kinematik.

Wie wir sehen werden, spielten diese Rechnungen, die Anwendung des „Verschwindens am Rand" auf den anharmonischen Oszillator, dann auch in der Entstehung von Heisenbergs *Umdeutung* eine entscheidende Rolle. Es ist deshalb notwendig sie genauer zu verfolgen.[16] Die Rechnungen beginnen mit der klassischen Bewegungsgleichung:

$$\ddot{x} + \omega_0^2 x + \lambda x^2 = 0. \tag{3.10}$$

Zur Lösung dieser Gleichung setzt man für $x(t)$ eine Fourier-Reihe mit noch unbestimmten Koeffizienten ein:

---

[16] Leider sind die Rechnungen zum anharmonischen Oszillator nicht direkt überliefert. Sie lassen sich aber teilweise aus dem späteren Briefwechsel zwischen Pauli, Heisenberg und Kronig rekonstruieren. Wie wir später sehen werden, können bei dieser Rechnung auch scheinbar harmlose Konventionen, z. B. bei der Konstruktion der Fourier-Reihe, konzeptuell wichtig sein. Diese Konventionen lassen sich aus den Briefen leider nicht vollständig rekonstruieren. Wir wählen hier zur Darstellung möglichst allgemeine Konventionen, mit deren Hilfe wir dann die Feinheiten von Heisenbergs Rechnung zum anharmonischen Oszillator in der *Umdeutung* am besten verstehen werden können.

3.3 Der anharmonische Oszillator

$$x = \lambda a_0 + \frac{1}{2}\left(a_1 e^{i\omega t} + \lambda a_2 e^{2i\omega t} + \lambda^2 a_3 e^{3i\omega t} + \ldots + \text{c.c.}\right). \tag{3.11}$$

Die Potenzen von λ zeigen an, in welcher Ordnung der Störungstheorie die jeweiligen Koeffizienten zuerst erscheinen.[17] Da $x(t)$ als ganzes reell sein soll, wird am Schluss der komplex konjugierte Ausdruck addiert (bis auf den bereits reellen konstanten Term). Neben der Auslenkung x selbst braucht man in der Bewegungsgleichung auch noch die leicht zu berechnende zweite Zeitableitung,

$$\ddot{x} = -\frac{1}{2}\left[\omega^2 a_1 e^{i\omega t} + 4\omega^2 \lambda a_2 e^{2i\omega t} + 9\omega^2 \lambda^2 a_3 e^{3i\omega t} + \ldots + \text{c.c.}\right],$$

sowie den etwas komplizierteren Ausdruck für x^2:

$$\begin{aligned} x(t)^2 = &\frac{1}{2}|a_1|^2 + \ldots \\ &+ \left[\lambda(a_0 a_1 + \frac{1}{2}a_2 a_1^*) + \ldots\right] e^{i\omega t} + \text{c.c.} \\ &+ \left[\frac{1}{4}a_1^2 + \ldots\right] e^{2i\omega t} + \text{c.c.} \\ &+ \left[\frac{1}{2}\lambda a_1 a_2 e^{3i\omega t} + \ldots\right] e^{3i\omega t} + \text{c.c.} \end{aligned} \tag{3.12}$$

Auch hier geben wir für jeden Oberton wieder nur die Terme niedrigster Ordnung in λ an. Im folgenden beschränken wir uns ganz auf diese; hierin besteht die eigentliche Anwendung der Störungstheorie. Setzt man all diese Ausdrücke in die Bewegungsgleichung ein, kann man die Bewegungsgleichung dann aufspalten in einzelne Gleichungen, jeweils eine für die linear unabhängigen Schwingungen 1, $e^{i\omega t}$, $e^{2i\omega t}$ und $e^{3i\omega t}$.[18]

$$\lambda(\omega_0^2 a_0 + \frac{1}{2}|a_1|^2) = 0$$

$$a_1(\omega_0^2 - \omega^2)e^{i\omega t} = 0$$

$$\lambda(a_2(\omega_0^2 - 4\omega^2) + \frac{1}{2}a_1^2)e^{2i\omega t} = 0$$

$$\lambda^2(a_3(\omega_0^2 - 9\omega^2) + a_1 a_2)e^{3i\omega t} = 0$$

---

[17] Anders ausgedrückt, bzw. so wie Heisenberg in der *Umdeutung* auf S. 888: die a_τ sind Potenzreihen in λ, die mit einem Term nullter Ordnung (proportional zu λ^0) beginnen.
[18] Die Gleichungen für $e^{-i\omega t}$, $e^{-2i\omega t}$, ... sind einfach die komplex konjugierten und geben keine neuen Informationen.

Die erste Gleichung können wir im folgenden größtenteils außer Acht lassen; selbst in der *Umdeutung* wurde nicht vollständig klar, wie der Koeffizient a_0, der dem „Übergang" $n \to n$ entsprechen würde zu interpretieren war. Die erste Gleichung ist auch algebraisch unabhängig von den anderen. Die zu $e^{i\omega t}$ gehörige Gleichung wird trivial gelöst, indem die Grundfrequenz ω in der Fourier-Entwicklung gleich der Grundfrequenz ω_0 des anharmonischen Oszillators gesetzt wird. Die weiteren Gleichungen liefern dann Relationen zwischen den Fourier-Koeffizienten:

$$6a_2\omega_0^2 - \frac{1}{2}a_1^2 = 0 \tag{3.13}$$

$$8a_3\omega_0^2 - a_1 a_2 = 0 \tag{3.14}$$

$$\ldots$$

Wie man sieht, sorgt die Anwendung der Störungstheorie dafür, dass die Gleichung für den Oberton $\tau\omega_0$ nur die Fourierkoeffizienten a_i mit $i \leq \tau$ enthält. Das Gleichungssystem ließ sich deshalb rekursiv lösen (auch in höheren Ordnungen) und führte zu einer Rekursionsformel der Form

$$a_\tau = \kappa(\tau) a_1^\tau, \tag{3.15}$$

wobei $\kappa(\tau)$ ein von a_1 und λ unabhängiger Faktor ist.

Bis hierher war die Rechnung noch vollkommen klassisch. In einem letzten, entscheidenden Schritt wird nun der Fourierkoeffizient a_1, welcher zur Grundfrequenz ω_0 gehört, durch eine Quantenzahl ausgedrückt. Hierzu nahmen Heisenberg, Pauli und Kronig an, dass a_1 in erster Näherung gleich dem entsprechenden Fourierkoeffizienten im *ungestörten* System war. Dieser Fourierkoeffizient ist nichts weiter als die Amplitude des harmonischen Oszillators und ließ sich daher innerhalb der alten Quantentheorie mit Hilfe der Quantenbedingung bestimmen:

$$\frac{1}{2}m\omega_0^2|a_1(n)|^2 = E = nh\frac{\omega_0}{2\pi}, \tag{3.16}$$

wobei m die Masse und n eine ganzzahlige Quantenzahl ist. Man erhält aus der Quantenbedingung direkt

$$|a_1(n)| = \sqrt{\frac{h}{m\omega_0\pi}}\sqrt{n}. \tag{3.17}$$

Durch Einsetzen in Gl. 3.15 ergeben sich die Fourier-Koeffizienten a_τ proportional zu $\sqrt{n^\tau}$. Bis zu diesem Punkt bestand die Strategie Paulis, Heisenbergs und Kronigs darin, die klassischen Bewegungsgleichungen für den anharmonischen Oszillator zu lösen

3.3 Der anharmonische Oszillator

und diese Lösung mit Hilfe der alten Quantentheorie zu quantisieren. Dies entsprach dem Vorgehen von Heisenberg und Sommerfeld beim Zeeman-Effekt im Jahre 1922 – mit dem Unterschied, dass Heisenberg, Kronig und Pauli erst einmal auf der Ebene der Amplituden verblieben und nicht direkt zu den Intensitäten (also den quadrierten Amplituden) übergingen.

Der nächste Schritt war es nun, Kronigs neuer Methode folgend, den Ausdruck für die Fourierreihe mit Hilfe des „Verschwindens am Rand" in einen „verschärften" quantentheoretischen Ausdruck zu verwandeln und so neue Einblicke in die erhoffte „Quantenkinematik"[19] zu gewinnen. Zunächst konnte man auf Grundlage des Korrespondenzprinzips einem Fourier-Koeffizienten $a_\tau(n)$ die Amplitude $a(n, n - \tau)$ zuordnen, welche dem Übergang vom Zustand n zum Zustand $n - \tau$ entspricht. So erhielt man (wie schon bei Sommerfeld und Heisenberg) erst einmal nicht-verschwindende Amplituden für unphysikalische Übergänge mit $n < \tau$. So ist zum Beispiel die Amplitude $a(2, -1)$ proportional zu $\sqrt{2^3}$. Doch ließ sich die Methode des „Verschwindens am Rand" direkt anwenden, um das zu verhindern. Denn auch hier war die Amplitude wieder durch ein Polynom (wenn auch unter der Wurzel) gegeben, genauer gesagt durch das Monom n^τ. Dieses konnte nun wieder durch ein Polynom gleicher (τ-ter) Ordnung ersetzt werden, welches nun aber die Nullstellen an den richtigen Punkten hatte, nämlich für alle $n < \tau$. Dadurch waren die Übergangsamplituden eindeutig bestimmt:

$$a_\tau(n, n - \tau) = \kappa(\tau) \left(\frac{h}{m\omega_0 \pi} \right)^{\tau/2} \sqrt{n(n-1)(n-2)\ldots(n-\tau+1)}. \tag{3.18}$$

Dieses Ergebnis lieferte noch nicht die erhofften Einsichten in die Quantenkinematik. Letztlich blieb die Verschärfung des Korrespondenzprinzips durch das Verschwinden am Rand rein formal. Dennoch spielte das erhaltene Ergebnis wenig später bei der Entwicklung der Matrizenmechanik eine entscheidende Rolle. Auf seinem Weg zur *Umdeutung* versuchte Heisenberg nicht nur das allgemeine Programm einer neuen Kinematik zu vollenden, sondern auch und zuvorderst die konkreten Kopenhagener Ergebnisse zum anharmonischen Oszillator zu reproduzieren.

Doch zuerst einmal kehrte Heisenberg nach Göttingen zurück. Dort begann das neue Semester und Heisenberg hielt zum ersten Mal eine eigene Vorlesung, zum Thema *Elektro- und Magnetooptik*, welche auch den Zeeman-Effekt abdeckte. Parallel dazu versuchte er das neue Schema zum Berechnen der Übergangswahrscheinlichkeiten (Verschwinden am Rand) auf einen weiteren Fall zu verallgemeinern; nicht irgendeinen Fall, sondern das paradigmatische Modell der alten Quantentheorie: das Wasserstoffatom. Hier war die Situation noch einmal bedeutend komplizierter: die Fourier-Koeffizienten der Bewegung waren nicht einfach Polynome der Quantenzahlen. Stattdessen hatte man es hier mit

---

[19] Pauli (1925, 68) sowie Jähnert (2019, 229).

Besselfunktionen zu tun, deren Argument eine irrationale Funktion der (in diesem Fall gab es mehrere) Quantenzahlen war. In dieser Gemengelage gelang es Heisenberg nicht, das Prinzip des Verschwindens am Rand zu implementieren. Er war in eine Sackgasse geraten.

Nur einen Monat später formulierte Heisenberg einen ganz anderen Ansatz, der schließlich in die *Umdeutung* mündete. Die Entwicklung dieses neuen Ansatzes lässt sich anhand einer Reihe von Briefen rekonstruieren, die Heisenberg an Kronig in Kopenhagen und an Pauli in Hamburg schrieb. Wir werden den Inhalt dieser Briefe im nächsten Abschnitt besprechen. Zunächst sei jedoch die Chronologie umrissen.

Ende Mai 1925 verabschiedete sich Heisenberg von dem Versuch den Wasserstoff mittels des „Verschwindens am Rand" zu behandeln. Wenig später entwarf er das Programm und die rechnerischen Grundlagen der *Umdeutung*; hierbei griff er wieder auf das Modell des anharmonischen Oszillators zurück. Diese Entwicklung kommunizierte er am 5. Juni in einem zentralen Brief an Kronig. Das hier entworfene Schema beinhaltete bereits Heisenbergs Fokus auf beobachtbare Größen sowie seine Formulierung der neuen Quantenkinematik, inklusive der Multiplikationsregel. Zentrale Elemente der *Umdeutung* fehlten hier jedoch noch, so zum Beispiel die Quantenbedingung oder eine Betrachtung der Energie eines Systems. Diese Elemente entwickelte Heisenberg, wenn wir seiner späteren Erzählung folgen, während seines Helgoland-Aufenthaltes vom 8. bis zum 18. Juni. Historisch nachvollziehbar sind diese Schritte jedoch erst mit einem Brief an Pauli vom 24. Juni, in dem er sowohl die Quantenbedingung als auch die Berechnung der Energie vorstellte. Diese Ergebnisse und einige weiterführende Rechnungen fanden dann Eingang in Heisenbergs *Umdeutung*, die er Anfang Juli fertigstellte.

Der Prozess der Fertigstellung beinhaltete dabei mehr als nur eine Zusammenfassung der bisherigen Ergebnisse. Während die Briefe sich primär mit rechnerischen Methoden beschäftigten, unternahm Heisenberg in der *Umdeutung* den Versuch seine gesammelten Ergebnisse zu einer neuen *Theorie* zu formen. Er begann mit seinem berühmten Postulat einer Theorie, die nur Beziehungen zwischen beobachtbare Größen enthält; entwickelte darauf aufbauend die allgemeine Kinematik dieser Theorie und anschließend die Quantenbedingung. Erst danach kamen die rechnerischen Anwendungen, darunter der anharmonische Oszillator, der ihm in der Konstruktion seiner Theorie solch gute Dienste geleistet hatte. Sein fertiges Manuskript übergab Heisenberg dann an Born, mit der Bitte um Prüfung und Einreichung bei der Zeitschrift für Physik.

Einen guten Monat dauerte es also, die „Magie" der *Umdeutung* zu schaffen. Und zu einem gewissen Grad begann Heisenberg Ende Mai 1925 etwas gänzlich neues. Allerdings sind wir, nach dieser eingehenden Besprechung der Vorgeschichte, auch in der Lage klare Kontinuitäten zu erkennen, Kontinuitäten, die uns erlauben werden, gerade die rätselhaftesten Aspekte des nun folgenden Neuanfangs besser zu verstehen. Drei Elemente der bisher besprochenen Vorarbeiten waren für Heisenbergs nächsten Schritt besonders wichtig:

3.3 Der anharmonische Oszillator

- Die Suche nach einer – aus der Berechnung der spektralen Intensitäten erwachsenden – neuen Quantenkinematik
- Die Schwierigkeit, die komplizierten Fourierkoeffizienten des Wasserstoffs in die Quantentheorie zu überführen
- Die Wahl des anharmonischen Oszillators als zentralem Testfall und die bestehende Lösung dieses Systems durch das *Verschwinden am Rand*

Wir werden all diese Elemente im nächsten Kapitel wiedertreffen, mit dem nun die direkte Besprechung der *Umdeutung* selbst beginnt.

5.7 Der anharmonische Oszillator

Elemente der *Umdeutung* 4

4.1 Beobachtbare Größen

Die *Umdeutung* beginnt mit der berühmten Vorrede, in der Heisenberg ankündigt, eine „quantentheoretische Mechanik auszubilden, in welcher nur Beziehungen zwischen beobachtbaren Größen vorkommen." Lange herrschte Uneinigkeit, wie man diese philosophische Einordnung der eigenen Arbeit bei Heisenberg zu deuten habe. Manche haben es als bloße Staffage abgetan, andere als Ausdruck einer tiefen philosophischen Überzeugung gelesen. Wir schlagen hier einen Mittelweg vor: es handelt sich hier um eine etwas ausgeschmückte, aber doch wiedererkennbare, Darstellung des Gedankengangs, der ursprünglich zur *Umdeutung* führte. Diese Lesart legen wir im folgenden dar.

Die wichtigste historische Quelle für Heisenbergs Durchbruch, der schließlich zur *Umdeutung* führte, ist ein Brief vom 5. Juni 1925 an den in Kopenhagen verbliebenen Kronig.[1] Schon zwei Tage zuvor hatte Heisenberg auf einer Postkarte angekündigt, dass er glaube „prinzipiell etwas weiter zu sein." Heisenbergs Brief an Kronig ist eine einzigartige Quelle: er stellt nicht das fertige Produkt einer Überlegung dar, sondern begleitet und dokumentiert Heisenbergs Denkprozess. Der Kronig-Brief stellt somit, obwohl es sich um ein einzelnes historisches Dokument handelt, auch bereits ein historisches Narrativ dar. Und dieses Narrativ beginnt mit einer neuen Überlegung Heisenbergs.

Wie wir gesehen haben, hatte es im vorangegangenen halben Jahr einige Fortschritte bei der Berechnung der Intensitäten gegeben. Beim Wasserstoff war Heisenberg ins Stocken geraten, aber für einige Quantensysteme, insbesondere den anharmonischen Oszillator, hatte man nun vollständige und überzeugende Ausdrücke für die Übergangsamplituden.

---

[1] Die entscheidenden letzten drei Seiten dieses Briefes sind hier als Abb. 4.4, 4.5 und 4.6 reproduziert.

Heisenberg stellte sich nun die Frage, was denn eigentlich überhaupt noch fehle zur vollständigen Beschreibung dieses Systems. Denn für die *klassische* Kinematik hätte man schon alles was man braucht: wenn man hier die Frequenzen der Bewegung und die zugehörigen Fourier-Koeffizienten kennt, bzw. die Frequenzen und Intensitäten der durch diese Bewegung verursachten Strahlung, dann ist das mechanische Problem vollständig gelöst. Man kann dann insbesondere, so betonte Heisenberg, alle anderen Kenngrößen des Systems *berechnen*, „nicht etwa nur das Dipolmoment (u. die Ausstrahlung), sondern auch das Quadrupolmoment, höhere Pole, usw."

Gleiches sollte nun auch in der Quantentheorie gelten: aus den spektralen Frequenzen und Intensitäten (die dann später zu den einzigen beobachtbaren Größen überhöht wurden) sollte man alle anderen (quantentheoretischen) Größen im Atom konstruieren können. Als Testfall nahm Heisenberg den anharmonischen Oszillator; er untersuchte, wie sich hier in der klassischen Theorie andere physikalische Größen aus der Fourierreihe der Bewegung konstruieren lassen – und versuchte diese Konstruktion dann in die Quantentheorie zu übersetzen.

Als zu berechnendes Beispiel wählte Heisenberg dann etwas überraschenderweise nicht die angekündigten höheren Multipolmomente, sondern eine etwas ausgefallenere Größe. Er ging aus von einem positiv geladenen Teilchen, welches eindimensionale (Auslenkung x) anharmonische Schwingungen um den Ursprung ausführt. Am Ursprung ruht ein negativ geladenes Teilchen, welches wohl als Ursprung des Potentials angesehen werden kann, in dem das andere Teilchen schwingt. Heisenberg berechnete nun die (zeitlich variierende) Coulomb-Kraft K, die dieses System als Ganzes an einem Punkt P in einem Abstand a vom Ursprung (senkrecht zur Schwingungsrichtung) ausübt. Der Abstand a wird dabei als groß gegen die Auslenkung des Teilchens angenommen (Abb. 4.1).

Klassisch ließ sich diese Kraft sehr einfach aus den Fourier-Koeffizienten der Bewegung bestimmen: Heisenberg entwickelte K als Potenzreihe in den kleinen Auslenkungen x des Oszillators. Dann setzte er die Fourier-Reihe des Oszillators in diese Potenzreihe ein. So erhielt man eine Fourier-Reihe für K, bei der die Fourier-Koeffizienten der Kraft durch die Fourier-Koeffizienten des Oszillators ausgedrückt wurden.

Diese Rechnung versuchte Heisenberg nun in die Quantentheorie zu überführen. Die Motivation hierfür scheint nicht einem unmittelbaren empirischen Problem entsprungen zu sein. In der alten Quantentheorie stellte die Kraft keine wichtige Größe dar und Heisenberg äußerte sich in keiner Weise dazu, warum er sie untersuchte oder wie sie zu interpretieren sei. Das oszillierende System selbst kann man sich als vereinfachtes Modell eines Wasserstoffatoms denken (bei dem das Potential ein Coulomb- und kein anharmonisches Oszillatorpotential wäre). Man könnte sich dann verschiedene Interpretationen der Kraft K zurecht legen: als Modell der Ausstrahlung, möglicherweise einschließlich Nahfeldeffekte; als Modell von durch das erste System in anderen Systemen induzierte Übergänge; oder als Restkraft eines Systems mit verschwindender Gesamtladung. Doch das sind nur vage Mutmaßungen und Heisenberg machte in dem Brief an Kronig keine Andeutungen in irgendeiner dieser Richtungen.

4.1 Beobachtbare Größen

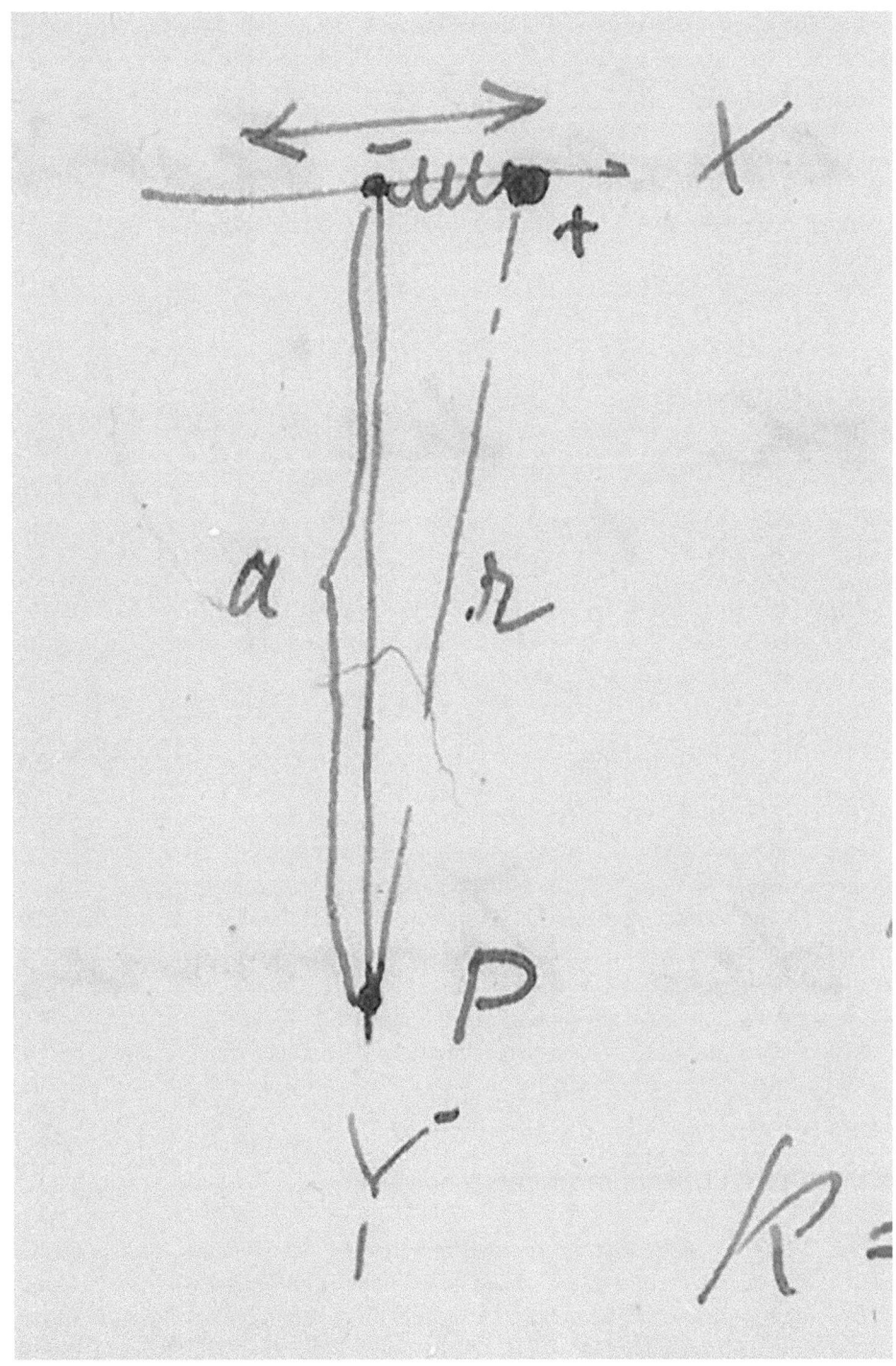

Abb. 4.1 Ausschnitt aus Heisenbergs Brief an Kronig mit Skizze der Kraft K. Bibliothek der ETH Zürich, Hochschularchiv, Hs 1045: 132

Mit Blick auf diese unklare Interpretation muss man schließen, dass Heisenberg mit seiner Berechnung ein anderes Ziel verfolgte. Die Kraft ist dann einfach nur eine relativ einfache Größe, die in der klassischen Theorie aus den Fourier-Koeffizienten der Bewegung berechnet werden kann. Insbesondere zeigte die Rechnung, wie die Fourier-Koeffizienten der zu berechnenden Größe sich als Funktionen der Fourier-Koeffizienten der Bewegung ergaben. Der entscheidende Schritt hierbei war die Konstruktion von Potenzen der Fourier-Reihe $x(t)$. Im klassischen Fall, für eine Fourier-Reihe mit der Grundfrequenz ω_0

$$x(t) = \sum_{\tau=-\infty}^{\infty} a_\tau e^{i\tau\omega_0 t} \tag{4.1}$$

ist das Quadrat der Fourier-Reihe

$$x(t)^2 = \left(\sum_{\tau=-\infty}^{\infty} a_\tau e^{i\tau\omega_0}\right)^2 = \sum_{\tau_1,\tau_2} a_{\tau_1} a_{\tau_2} e^{i(\tau_1\omega_0+\tau_2\omega_0)t} \equiv \sum_{\tau=-\infty}^{\infty} b_\tau e^{i\tau\omega_0}. \tag{4.2}$$

Dieser Ausdruck enthält wieder nur solche Frequenzen, die Vielfache der Grundfrequenz (also Obertöne) sind, und ist somit selbst eine Fourier-Reihe mit der Grundfrequenz ω_0. Die Fourier-Koeffizienten dieser Reihe sind:

$$b_\tau = \sum_{\alpha=-\infty}^{\infty} a_\alpha a_{\tau-\alpha}. \tag{4.3}$$

Hier sieht man direkt das Hauptproblem bei der Übertragung dieser Rechnung in die Quantentheorie: dort sind die Übergangsfrequenzen des Systems nämlich *keine* Vielfachen einer bestimmten Grundfrequenz (mit Ausnahme des einfachen Falls des harmonischen Oszillators). Folglich sind also auch die *Summen* von Übergangsfrequenzen im allgemeinen keine Übergangsfrequenzen des Systems. Das ist der Grund warum Größen wie x^2 nicht, wie in der klassischen Rechnung, durch normale Multiplikation konstruiert werden können. Stattdessen, schloss Heisenberg, bedurfte es einer neuen Multiplikationsregel für die Quantentheorie.

4.2 Die Multiplikationsregel

In der *Umdeutung* folgt Heisenberg auch in Paragraph 1 weiter der chronologischen Entwicklung seiner Theorie und stellt die neue Multiplikationsregel vor. Dies war auch im Brief an Kronig der nächste Schritt. Die neue Multiplikationsregel sollte dafür sorgen,

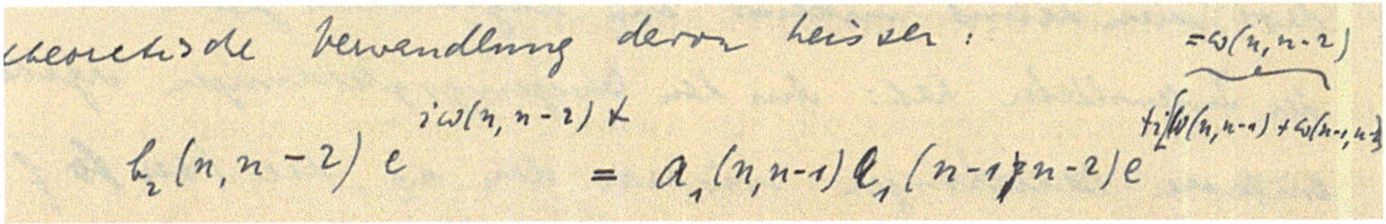

4.2 Die Multiplikationsregel

Abb. 4.2 Ausschnitt aus Heisenbergs Brief an Kronig mit Herleitung der Multiplikationsregel anhand komplexer Fourier-Reihen und des Ritz'schen Kombinationsprinzips. Bibliothek der ETH Zürich, Hochschularchiv, Hs 1045: 132. Man beachte, dass Heisenberg hier nur den spezifischen Fourier-Koeffizienten b_2 betrachtet

dass in der Fourier-Reihe des Produkts auch wieder nur Übergangsfrequenzen auftreten. Ein verwandtes Problem hatte sich Heisenberg ja erst einige Monate zuvor gestellt, bei seiner Arbeit zur inkohärenten Streustrahlung mit Kramers. Damals hatte er die Addition von Frequenzen mit der Kombination von Frequenzen nach dem Ritz'schen Prinzip ersetzt. Diese Lösung wandte er er nun bei der Konstruktion seiner Multiplikationsregel erstmals systematisch an.

Das Ritz'sche Kombinationsprinzip besagt, dass jede Übergangsfrequenz als Differenz zweier Terme geschrieben werden kann, die dem Anfangs- und Endzustand entsprechen. Deshalb kann jede Übergangsfrequenz $\omega(n, n - \tau)$ auch geschrieben werden als Summer zweier Übergangsfrequenzen $\omega(n, n - \alpha)$ und $\omega(n - \alpha, n - \tau)$, da sich die dem Zwischenzustand $n - \alpha$ entsprechenden Terme wegheben.

Heisenberg ersetzte nun also in der Quantentheorie das Produkt $a_\alpha a_{\tau-\alpha}$ aus der klassischen Rechnung mit dem Produkt $a(n, n-\alpha)a(n-\alpha, n-\tau)$, welches einem zweistufigen Übergang entsprach – eine Erweiterung des Kombinationsprinzips auf Amplituden. Der Ausdruck für die in x^2 vorkommenden Amplituden b lautete somit in der Quantentheorie (siehe auch Abb. 4.2):

$$b(n, n - \tau)e^{i\omega(n,n-\tau)t} = \sum_{\alpha=-\infty}^{\infty} a(n, n - \alpha)a(n - \alpha, n - \tau)e^{i(\omega(n,n-\alpha)+\omega(n-\alpha,n-\tau))t}$$

(4.4)

Mit dieser neuen Rechenregel konnte er die quantentheoretischen Amplituden der Kraft K konstruieren. Wie bereits erwähnt ist die Interpretation dieser Amplituden unklar – den Übergängen welches Systems sollen sie entsprechen? Heisenberg erörterte sein Ergebnis für K in dem Brief an Kronig auch nicht weiter. Wäre es hierbei geblieben, hätte Heisenbergs neue Multiplikationsregel kaum Bedeutung gehabt. Die Kraft K mit ihrer unklaren Interpretation hatte keine weitere empirische Bedeutung und gab somit keinen Anreiz, Heisenbergs neue Multiplikationsregel weiterzuverfolgen. Doch dann, auf der nächsten Seite des Briefes an Kronig, stellte Heisenberg fest, dass die neue Multiplikationsregel weitaus mehr konnte als nur unbedeutende physikalische Größen zu bestimmen.

4.3 Die neuen Bewegungsgleichungen

Heisenbergs zentrale Erkenntnis war: der Ausdruck x^2 tauchte nicht nur in der Berechnung ausgefallener physikalischer Größen auf; er erschien auch sehr prominent in der ursprünglichen Bewegungsgleichung des anharmonischen Oszillators. Setzte man nun die quantentheoretischen Ausdrücke für x und x^2 in die Bewegungsgleichung ein, erhielt man ein unendliches Gleichungssystem, wobei jede Gleichung einer möglichen Übergangsfrequenz entsprach. Das Gleichungssystem war analog dem System aus dem Heisenberg, Pauli und Kronig im April die Rekursionsgleichung für die klassischen Fourierkoeffizienten des anharmonischen Oszillators erhalten hatten.

Diese klassischen Fourierkoeffizienten hatten sie dann mithilfe des Verschwindens am Rand in quantentheoretische Übergangsamplituden umgewandelt. Heisenbergs umgedeutete Bewegungsgleichungen eröffneten nun die Möglichkeit, diese quantentheoretischen Übergangsamplituden direkt zu berechnen, ohne den Umweg über die klassischen Ausdrücke. Dies schien eine attraktive Möglichkeit, auch angesichts von Heisenbergs Scheitern beim Wasserstoff. Dort waren die klassischen Fourierkoeffizienten mit den Besselfunktionen zu kompliziert gewesen für die Anwendung der Methode des Verschwindens am Rand. Die *Bewegungsgleichungen* des Wasserstoffs hingegen enthielten nur elementare Funktionen.

Nun hing alles daran, ob die umgedeuteten Bewegungsgleichungen sich überhaupt lösen lassen würden – und was das Ergebnis sein würde. An dieser Stelle verlässt der Kronig-Brief den vollen Parallelismus zur publizierten *Umdeutung*. Dort findet sich die allgemeine Einführung der klassischen Bewegungsgleichungen in Paragraph 2, die Berechnung des anharmonischen Oszillators in Paragraph 3. In beiden Fällen nahm Heisenberg dort aber auch direkt die umgedeutete Quantenbedingung mit; die Methode hierfür fand er aber erst, wie wir sehen werden, nach dem Brief an Kronig. Im Folgenden werden wir hier das Aufstellen und Lösen der quantentheoretischen Bewegungsgleichungen ohne Quantenbedingung, also auf dem Stand des Kronig-Briefs besprechen. So können wir sehen, welches Ergebnis Heisenberg damals erhielt und warum es ihn überzeugte, auf dem richtigen Weg zu sein. Der Quantenbedingung wenden wir uns dann etwas später zu.

Heisenberg begann also wieder mit der Bewegungsgleichung des anharmonischen Oszillators:

$$\ddot{x} + \omega_0^2 x + \lambda x^2 = 0 \tag{4.5}$$

Für die Auslenkung x setzte er zunächst klassisch an

$$x = \lambda a_0 + a_1 \cos \omega t + \lambda a_2 \cos 2\omega t + \lambda^2 a_3 \cos 3\omega t + \ldots \tag{4.6}$$

Dieser Ansatz unterscheidet sich etwas von dem allgemeineren, komplexen Ansatz, den wir bei unserer ersten Besprechung des anharmonischen Oszillators verwendet haben (Gl. 3.11). Wieder zeigen die Potenzen von λ an, in welcher Ordnung der klassischen

4.3 Die neuen Bewegungsgleichungen

Störungstheorie die jeweiligen Koeffizienten zuerst erscheinen. Doch Heisenbergs Ansatz im Kronig-Brief und in der *Umdeutung* enthält nur Cosinus-, keine Sinus-Terme. Man erhält Heisenbergs Ansatz aus dem allgemeineren, indem man alle Fourier-Koeffizienten a_τ als reell ansetzt, bzw. $a_\tau = a_{-\tau}$ (statt nur $a_\tau = a_{-\tau}^*$) setzt, wobei die Koeffizienten in Heisenbergs Ansatz sich dann auch (bis auf a_0) um einen Faktor 2 von den Koeffizienten in unserer ursprünglichen Fourier-Reihe unterscheiden. Heisenberg ließ hier also die Phasen der Übergangsamplituden weg. Wie ist das zu verstehen?

Wir haben schon bei der Dispersionstheorie von Kramers und Heisenberg gesehen, dass die Phase der Fourierkoeffizienten keine sonderlich große Rolle gespielt hat. Sie bestimmte lediglich die Phase der Streustrahlung. Max Born hatte nun unlängst argumentiert, dass die Phase der Streustrahlung aber nie würde beobachtet werden können (Born und Jordan 1925, S. 49): die von einem bestimmten Atom kommende Streustrahlung habe ja immer die gleiche Phase, sodass es keine beobachtbaren Phasendifferenzen gab; und die Streustrahlung von zwei verschiedenen Atomen sei immer inkohärent, sodass man den Phasenunterschied zwischen den zwei Wellenzügen nicht durch Interferenz messen konnte. Nur die Intensität, nicht die Phase der von Atomen ausgesandten Strahlung war also messbar; deshalb sollte man auch die Phase der Elektronenbewegung im Korrespondenzprinzip weglassen, bzw. es sollte darüber gemittelt werden. Born untermauerte diese Argument rhetorisch durch Anrufung des Grundsatzes „dass in die wahren Naturgesetze nur solche Größen eingehen, die prinzipiell beobachtbar, feststellbar sind." Der Verweis auf beobachtbare Größen, wie er sich dann auch in der Einleitung zur *Umdeutung* findet, war zu dieser Zeit durchaus gebräuchlich (Heilbron und Rovelli 2023, S. 4).

Es ist also davon auszugehen, dass Heisenberg die Phasen sehr bewusst wegließ. Sie waren überflüssige Struktur, denen keine unmittelbare spektroskopische Bedeutung zukam. Seine spezielle Wahl der Fourier-Reihe war also kein unreflektierter Zufall, denn er machte seine Rechnungen damit bewusst komplizierter. In Heisenbergs Ansatz gab es nun nämlich keinen Parameter α (vgl. die Gl. 4.3 und 4.4), der die möglichen Übergangssequenzen kennzeichnet. In der allgemeinen Fourier-Reihe setzt sich der Term $\lambda a_{-1} a_2 e^{i\omega t}$ aus den zwei Termen mit $\alpha = -1$ und $\alpha = 2$ zusammen; das entspricht den Übergängen $n \rightarrow n+1 \rightarrow n-1$, bzw. $n \rightarrow n-2 \rightarrow n-1$. In Heisenbergs Ansatz war es nicht so offensichtlich, wie man den entsprechenden Term $\lambda a_1 a_2 \cos \omega t$ in Übergänge zu übersetzen hatte. In seinem Brief an Kronig vergaß Heisenberg beim Umdeuten seiner Fourierreihe prompt einen der Übergänge (und den dazugehörigen Faktor 1/2) und musste ihn dann nachher einfügen (Abb. 4.3).[2]

---

[2] Der korrigierte Ausdruck tritt in der Berechnung der Kraft K auf, wo Heisenberg ebenfalls den quantentheoretischen Ausdruck für x^2 mithilfe seines Ansatzes für die Fourierreihe berechnen musste.

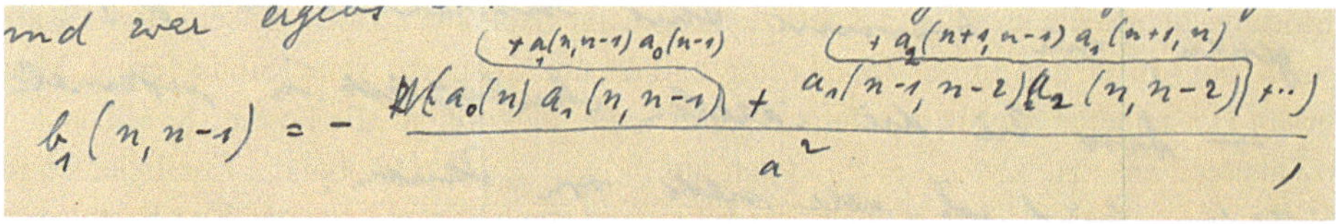

Abb. 4.3 Ausschnitt aus Heisenbergs Brief an Kronig mit dem nachträglich korrigierten Ausdruck für den Fourierkoeffizienten b_1. Bibliothek der ETH Zürich, Hochschularchiv, Hs 1045: 132

Doch dies waren nur kleinere Komplikationen. Mit seinem Ausdruck für die Fourierreihe konnte Heisenberg dann genauso fortfahren wie in der oben dargelegten Behandlung des anharmonischen Oszillators. Anstatt jedoch die aus der Bewegungsgleichung hergeleiteten klassischen Gleichungen für die Fourier-Amplituden (Gl. 3.13) zu lösen, benutzte Heisenberg die neue Multiplikationsregel, um die Gleichungen selbst in die Quantentheorie zu überführen. Sie lauteten dann:

$$3a_2(n, n-2)\omega_0^2 - \frac{1}{2}a_1(n, n-1)a_1(n-1, n-2) = 0$$

$$8a_3(n, n-3)\omega_0^2 - \frac{1}{2}(a_1(n, n-1)a_2(n-1, n-3) + a_2(n, n-2)a_1(n-2, n-3)) = 0$$

$$\ldots$$

Man beachte erneut, dass, zum Beispiel, dem klassischen Ausdruck a_1a_2 *zwei* Terme in den quantentheoretischen Gleichungen entsprechen, die jeweils mit 1/2 multipliziert werden müssen. Dieses Ergebnis wäre mit der komplexen Fourierreihe trivial gewesen; bei Heisenbergs Kosinus-Fourierreihe bedurfte es des physikalischen Arguments, dass sich der Übergang von n zu $n-3$ auf zwei verschiedene Arten aufspalten lässt (Abb. 4.4, 4.5 und 4.6).

Aus den quantentheoretisch umgedeuteten Bewegungsgleichugen erhielt Heisenberg dann einen rekursiven Ausdruck für $a_\tau(n, n-\tau)$:

$$a_\tau(n, n-\tau) = \kappa(\tau)a_1(n, n-1)a_1(n-1, n-2)\cdots a_1(n-\tau+1, n-\tau) \qquad (4.7)$$

wobei κ, wie in der klassischen Lösung, ein von den Übergangsamplituden unabhängiger Faktor ist. Heisenberg musste nun noch den Wert aller Übergangsamplituden $a_1(m, m-1)$ festlegen. Wie in der ursprünglichen Rechnung mit Pauli und Kronig berief sich Heisenberg hier auf die Quantenbedingung für den harmonischen Oszillator. Das Ergebnis entsprach dann genau dem, das Pauli, Kronig und Heisenberg in Kopenhagen auf anderem Wege erhalten hatten. In dem Brief an Kronig verwies er dann auch direkt auf diese „Diskussionen mit Pauli". In Heisenbergs neuer Herleitung entstand die charakteristische Produktstruktur jedoch nicht mehr als letzter Schritt, durch die letztlich formale Bedingung des Verschwindens am Rand. Sie ergab sich vielmehr als direkte Konsequenz der

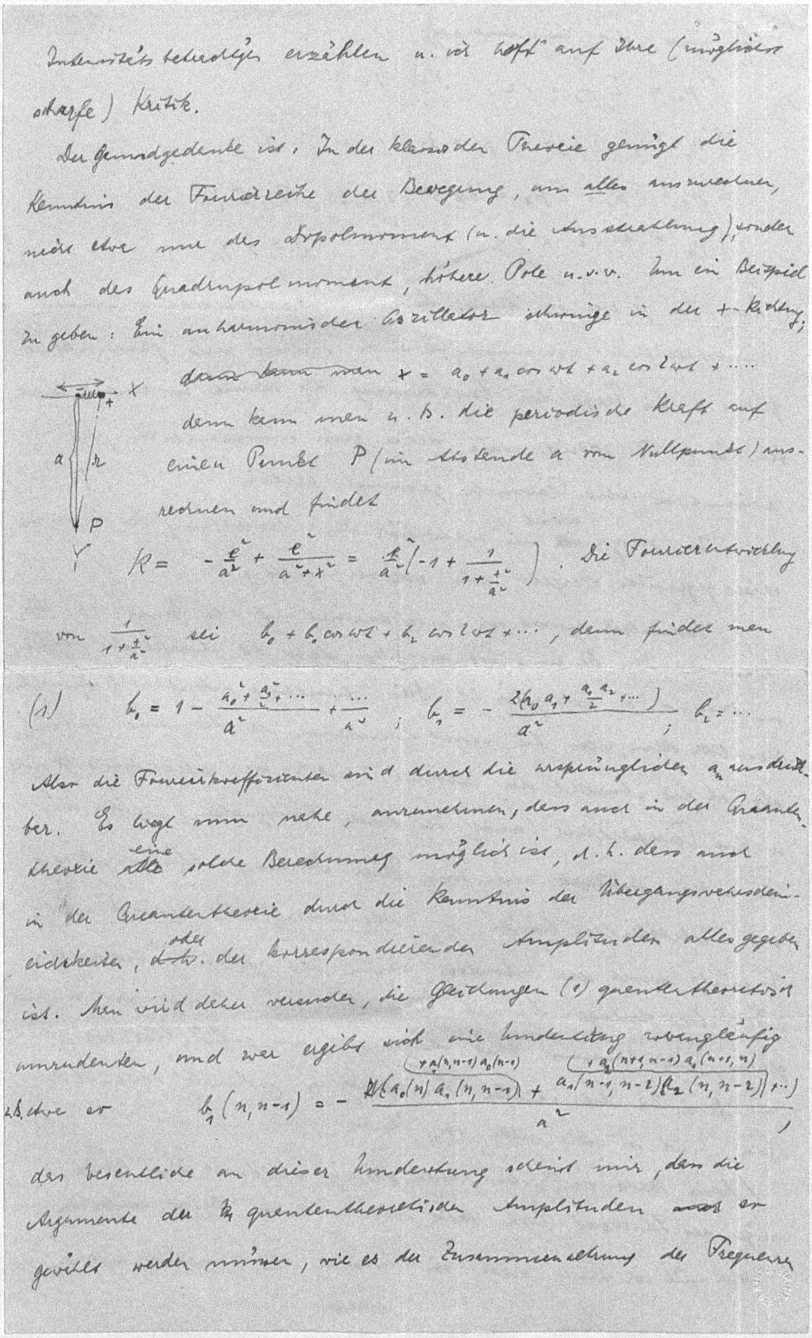

Intensitäts beliebigen erzählen u. ich hoff' auf Ihre (möglichst scharfe) Kritik.

Der Grundgedanke ist: In der klassischen Theorie genügt die Kenntnis der Fourierreihe der Bewegung, um alles auszurechnen, nicht etwa nur das Dipolmoment (u. die Ausstrahlung), sondern auch das Quadrupolmoment, höhere Pole u.s.w. Um ein Beispiel zu geben: Ein anharmonischer Oszillator schwinge in der x-Richtung;

~~dann kann man~~ $x = a_0 + a_1 \cos \omega t + a_2 \cos 2\omega t + \ldots$

dann kann man z.B. die periodische Kraft auf einen Punkt P (im Abstande a vom Nullpunkt) ausrechnen und findet

$$K = -\frac{e^2}{a^2} + \frac{e^2}{a^2+x^2} = \frac{e^2}{a^2}\left(-1 + \frac{1}{1+\frac{x^2}{a^2}}\right).$$

Die Fourierentwicklung von $\frac{1}{1+\frac{x^2}{a^2}}$ sei $b_0 + b_1 \cos \omega t + b_2 \cos 2\omega t + \ldots$, dann findet man

$$(1) \quad b_0 = 1 - \frac{a_0^2 + \frac{a_1^2}{2} + \ldots}{a^2} + \frac{\ldots}{a^4}; \quad b_1 = -\frac{2(a_0 a_1 + \frac{a_1 a_2}{2} + \ldots)}{a^2}; \quad b_2 = \ldots$$

Also die Fourierkoeffizienten sind durch die ursprünglichen a_n ausdrückbar. Es liegt nun nahe, anzunehmen, dass auch in der Quantentheorie eine ~~alle~~ solche Berechnung möglich ist, d.h. dass auch in der Quantentheorie durch die Kenntnis der Übergangswahrscheinlichkeiten, ~~d.h.~~ oder der korrespondierenden Amplituden alles gegeben ist. Man wird daher versuchen, die Gleichungen (1) quantentheoretisch umzudeuten, und zwar ergibt sich eine Umdeutung zwangläufig z.B. etwa so

$$b_1(n, n-1) = -\frac{2\left(a_0(n)\, a_1(n, n-1) + a_1(n, n-1)\, a_0(n-1) + a_1(n-1, n-2)\, a_2(n, n-2) + a_2(n+1, n-1)\, a_1(n+1, n) + \ldots\right)}{a^2},$$

das Wesentliche an dieser Umdeutung scheint mir, dass die Argumente der ~~k~~ quantentheoretischen Amplituden ~~so~~ so gewählt werden müssen, wie es die Zusammensetzung der Frequenzen

Abb. 4.4 Heisenberg an Kronig, 5. Juni 1925, Seite 4. Bibliothek der ETH Zürich, Hochschularchiv, Hs 1045: 132

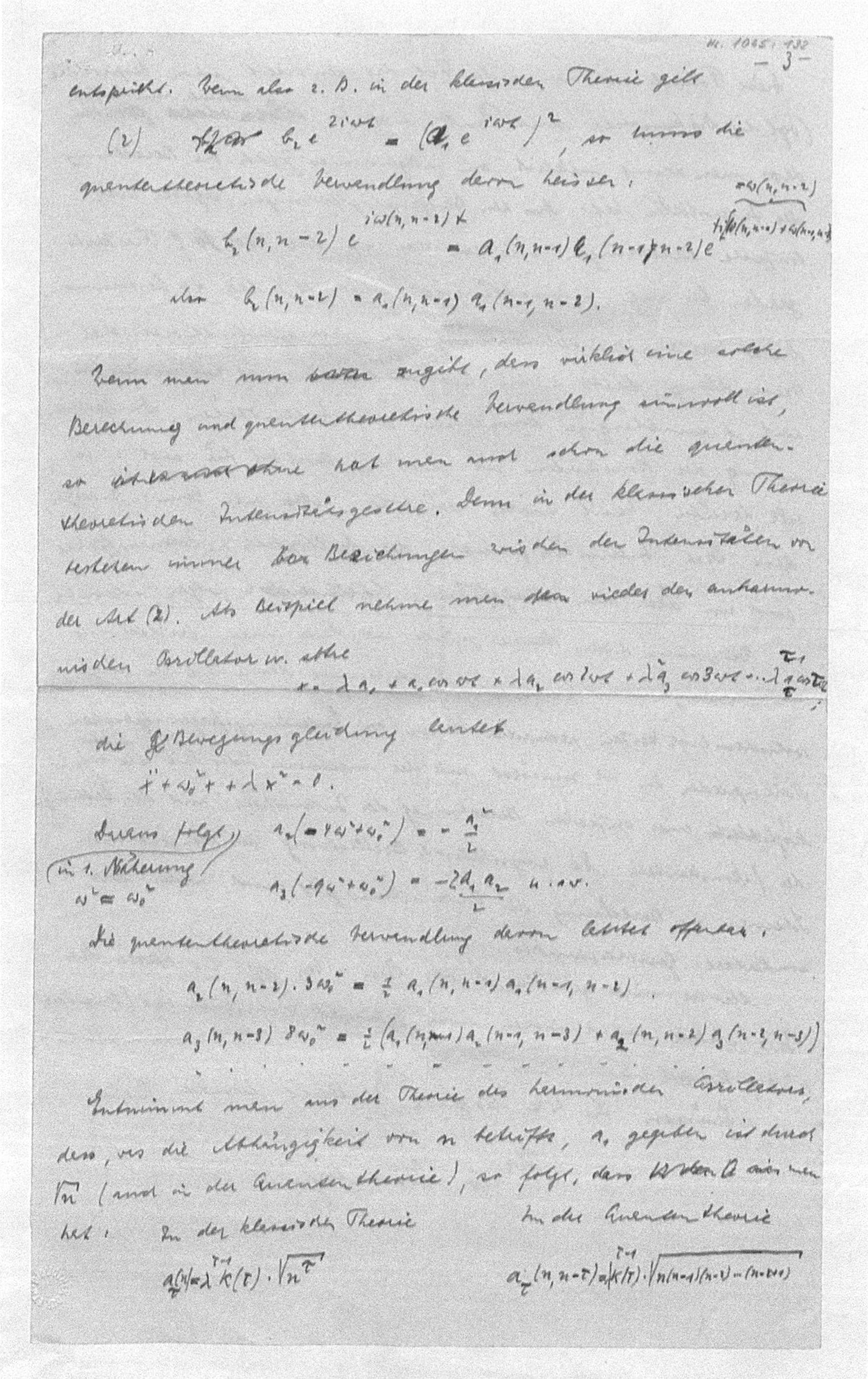

Hs. 1045: 132

– 3 –

entspricht. Wenn also z. B. in der klassischen Theorie gilt

(2) $b_2 e^{2i\omega t} = (a_1 e^{i\omega t})^2$, so muss die

quantentheoretische Verwendung davon heissen:

$$b_2(n,n-2)\, e^{i\omega(n,n-2)t} = a_1(n,n-1)\, a_1(n-1,n-2)\, e^{i[\omega(n,n-1)+\omega(n-1,n-2)]t}$$

also $b_2(n,n-2) = a_1(n,n-1)\, a_1(n-1,n-2)$.

Wenn man nun zugibt, dass wirklich eine solche Verwendung sinnvoll ist, so hat man auch schon die quantentheoretischen Intensitätsgesetze. Denn in der klassischen Theorie bestehen immer Beziehungen zwischen den Intensitäten von der Art (2). Als Beispiel nehme man etwa wieder den anharmonischen Oszillator u. setze

$$x = \lambda a_0 + a_1 \cos\omega t + \lambda a_2 \cos 2\omega t + \lambda^2 a_3 \cos 3\omega t \ldots \lambda^{\tau-1} a_\tau \cos\tau\omega t;$$

die Bewegungsgleichung lautet

$$\ddot{x} + \omega_0^2 x + \lambda x^2 = 0.$$

Daraus folgt (in 1. Näherung $\omega^2 = \omega_0^2$)

$$a_2(-4\omega^2+\omega_0^2) = -\frac{a_1^2}{2}$$

$$a_3(-9\omega^2+\omega_0^2) = -\frac{2a_1 a_2}{2} \text{ u.s.w.}$$

Die quantentheoretische Verwendung davon lautet offenbar:

$$a_2(n,n-2)\cdot 3\omega_0^2 = \frac{1}{2}\, a_1(n,n-1)\, a_1(n-1,n-2)$$

$$a_3(n,n-3)\, 8\omega_0^2 = \frac{1}{2}\left(a_1(n,n-1)\, a_2(n-1,n-3) + a_2(n,n-2)\, a_1(n-2,n-3)\right)$$

. . . .

Entnimmt man aus der Theorie des harmonischen Oszillators, dass, was die Abhängigkeit von n betrifft, a_1 gegeben ist durch $\sqrt{n}$ (auch in der Quantentheorie), so folgt, dass a_τ die Form hat: In der klassischen Theorie

$$a_\tau(n) = \lambda^{\tau-1} k(\tau)\cdot\sqrt{n^\tau}$$

In der Quantentheorie

$$a_\tau(n,n-\tau) = \lambda^{\tau-1} k(\tau)\cdot\sqrt{n(n-1)(n-2)\ldots(n-\tau+1)}$$

Abb. 4.5 Heisenberg an Kronig, 5. Juni 1925, Seite 5. Bibliothek der ETH Zürich, Hochschularchiv, Hs 1045: 132

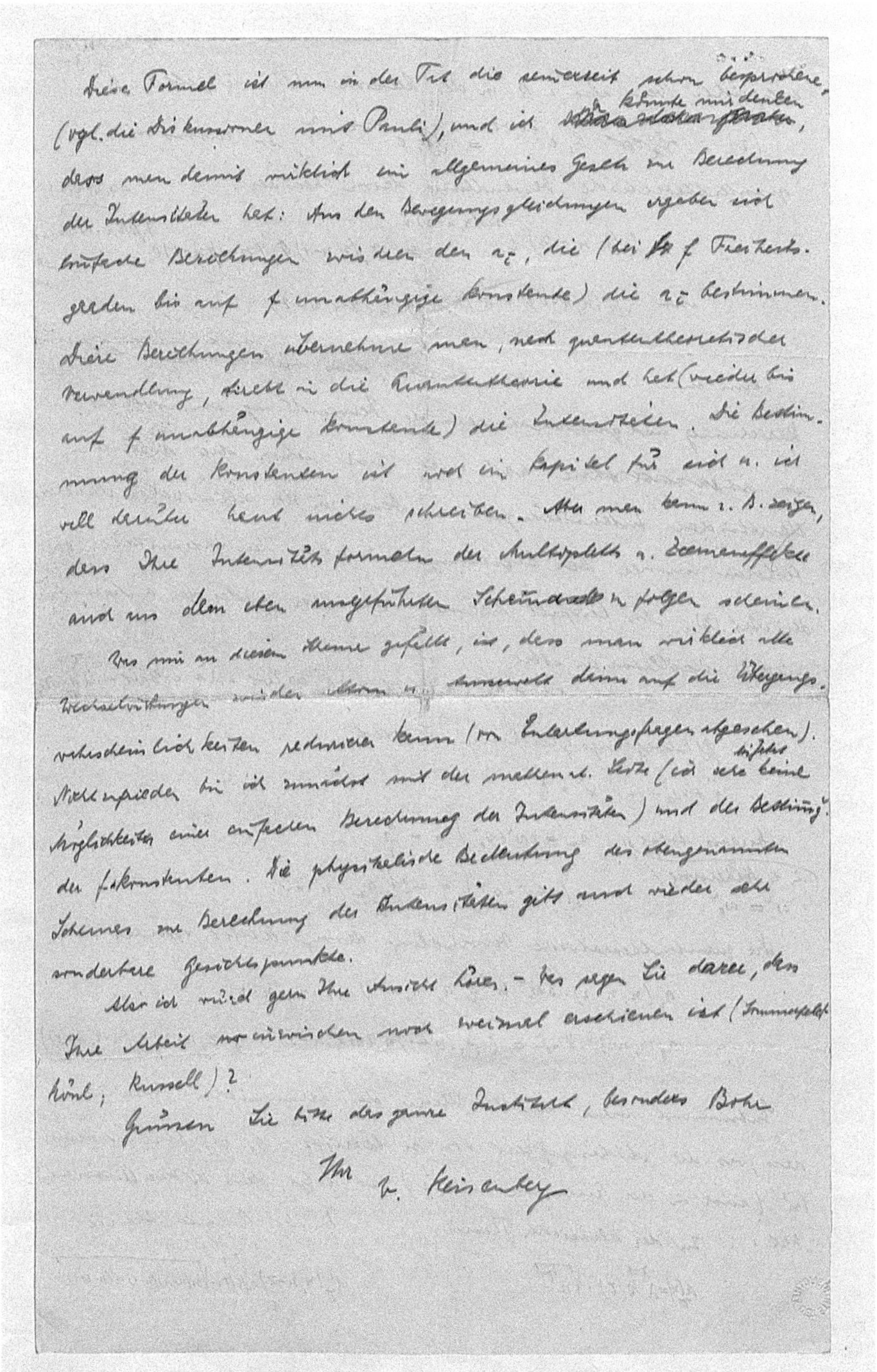

4.3 Die neuen Bewegungsgleichungen

Abb. 4.6 Heisenberg an Kronig, 5. Juni 1925, Seite 6. Bibliothek der ETH Zürich, Hochschularchiv, Hs 1045: 132

Multiplikationsregel und damit aus der Auflösung des Übergangs $n \to n - \tau$ im Sinne des Ritz'schen Kombinationsprinzips, welches sich als Grundlage einer neuen Kinematik zeigte. Im Gegensatz zu der ursprünglichen formalen Herangehensweise versprach der neue Ansatz auch verallgemeinerbar zu sein. Heisenberg schrieb:

> [U]nd ich könnte mir denken, dass man damit wirklich ein allgemeines Gesetz zur Berechnung der Intensitäten hat: Aus den Bewegungsgleichungen ergeben sich einfache Beziehungen zwischen den a_τ, die (bei f Freiheitsgraden bis auf f unabhängige Konstante) die a_τ bestimmen. Diese Beziehungen übernehme man, nach quantentheoretischer Verwandlung, direkt in die Quantentheorie und hat (wieder bis auf f unabhängige Konstante) die Intensitäten. Die Bestimmung der Konstanten ist noch ein Kapitel für sich und ich will darüber heut nichts schreiben.

Wie Heisenberg betonte, war sein Schema ohne eine allgemeine Regel zur Bestimmung der Integrationskonstanten noch unvollständig. Diese Konstanten wurden in der klassischen Theorie durch die Anfangsbedingungen und in der alten Quantentheorie durch die Quantenzahlen bestimmt. Um den anharmonischen Oszillator in seinem neuen Schema vollständig zu lösen, hatte Heisenberg die Quantenbedingung für den harmonischen Oszillator aus der alten Quantentheorie übernehmen müssen.

So weit war Heisenberg gekommen, als er seinen Brief an Kronig abschickte. Damit waren entscheidende Elemente der *Umdeutung* etabliert: die Idee, dass ein physikalisches System vollständig durch seine Übergangsamplituden definiert ist (und nicht noch zusätzlich durch mechanische Größen); die mathematische Methode, um aus diesen Übergangsamplituden kompliziertere Ausdrücke zu konstruieren, d. h. die neue Multiplikationsregel; und die Umwandlung der klassischen Bewegungsgleichungen in Beziehungen zwischen Übergangsamplituden. Dies entspricht in etwa dem ersten Paragraphen und dem ersten Teil des dritten Paragraphen der *Umdeutung*.

Hierbei ist es wirklich die Umdeutung der Bewegungsgleichung, die den zentralen Wendepunkt des Kronig-Briefes darstellt. Sie führte Heisenberg weg von der Berechnung anderer physikalischer Größen und hin zur direkten Berechnung der Intensitäten selbst. Die Wichtigkeit dieses Schritts wurde in der historischen Literatur lange übersehen. Nur Thomas Kuhn wies in einem Interview, das er 1963 mit Heisenberg führte, auf den Umstand hin, dass dieser Schritt keineswegs unmittelbar aus den vorherigen Arbeiten zur Disperision, der neuen Multiplikationsregel oder der Implementierung des Kombinationsprinzips folgt:

> May I interrupt. There's perhaps a missing element here. One could certainly investigate and get an important suggestion from the dispersion formula — how do I multiply the X's or an X with a Y? But there's still the step that's involved in the stage in which you come out of treating this whole array of X's as a dynamical variable, applying Newton's law to X considered now as an array. That the dispersion formula certainly does not do.[3]

---

[3] Interview mit Werner Heisenberg, geführt von Thomas S. Kuhn am 22. Februar 1963. www.aip.org/history-programs/niels-bohr-library/oral-histories/4661-7.

Kuhn wies zu Recht auf die wesentliche Neuheit von Heisenbergs Wende hin, die für ihn darin bestand die „Array of X's" als *dynamische* Variablen zu interpretieren. Doch so richtig dynamisch ist in der *Umdeutung* eigentlich nichts. Denn die umgedeuteten Bewegungsgleichungen enthalten keine Zeitableitungen mehr und auch sonst gab Heisenberg keine Hinweise auf irgendeine zeitliche Entwicklung. Bewegungsgleichungen ohne Dynamik – das ist eigentlich ein Widerspruch. In seiner Frage nahm Kuhn wie selbstverständlich an, dass auch die umgedeuteten Bewegungsgleichungen eine dynamische Interpretation hatten. Wir werden Heisenberg im nächsten Abschnitt mit der nunmehr fehlenden dynamischen Interpretation seiner „Bewegungsgleichungen" ringen sehen.

Was wir hier eindrücklich sehen ist, dass die Matrizenmechanik sicherlich nicht in einem einzigen Moment der Erleuchtung auf Helgoland konzipiert wurde. Der Kronig-Brief wurde am 5. Juni verfasst; Heisenberg brach erst einige Tage später zu seiner berühmten Reise auf. Als Kronig Heisenberg den Brief vom 5. Juni viele Jahre später zeigte, schloss dieser sofort, dass der Brief kurz nach seinem Helgoland-Aufenthalt geschrieben worden sein müsse. So verdichten sich komplizierte Entwicklungen in der Erinnerung zu Schlüsselmomenten. Denn die Entstehung der Matrizenmechanik war in der Tat eine kompliziertere Entwicklung mit zahlreichen Einzelschritten, die mit dem Brief an Kronig noch keineswegs abgeschlossen war.

Den nächsten Schritt tat Heisenberg dann tatsächlich auf Helgoland (oder kurz danach). Nachdem er sich wegen akutem Heuschnupfen hatte beurlauben lassen, brach er am 8. Juni zu seiner Helgoland-Reise auf. Er blieb dort bis zum 18. Juni. Im nächsten Abschnitt werden wir die neuen Elemente besprechen, die nach Heisenbergs Helogland-Reise hinzukamen.

4.4 Nächste Schritte: Quantenbedingung und Energieerhaltung

Die Fortschritte, die Heisenberg auf Helgoland machte, kann man einem Brief entnehmen, den er, wieder zurück in Göttingen, am 24. Juni an Pauli schrieb. In dem Brief schreibt er, ihm sei „selbst alles noch unklar" und dass er „nur ungefähr ahne, wie es werden wird." Doch man kann gegenüber dem Brief an Kronig zwei wesentliche Fortschritte ausmachen.

Zunächst hatte Heisenberg das am Ende des Kronig-Briefes angesprochene Hauptproblem gelöst, die Bestimmung der Konstanten bei der Lösung der umgedeuteten Bewegungsgleichungen. Er hatte einen Weg gefunden, die Quantenbedingung in sein neues Schema zu übersetzen. Dies lieferte ihm die notwendige zusätzliche Bedingung für eine eindeutige Lösung der Bewegungsgleichungen, analog zu den Anfangswerten in der klassischen Mechanik. Um das Problem zu verstehen, schauen wir uns erst einmal an, warum die Übersetzungsvorschrift, mit der Heisenberg die Bewegungsgleichungen umgedeutet hatte, bei der Quantenbedingung nicht anwendbar war. Hierzu setzen wir in die Quantenbedingung (Gl. 2.1) die klassische Fourier-Entwicklung der Koordinate x ein (Gl. 4.1):[4]

$$nh = \oint m\dot{x}dx = 2\pi m \sum_{\tau=-\infty}^{\infty} |a_\tau|^2 \tau^2 \omega \qquad (4.8)$$

Diese Gleichung widersetzte sich Heisenbergs Übersetzungsvorschrift: wenn man das Produkt der Fourier-Koeffizienten durch Übergangsamplituden ersetzt und die Schwingungsfrequenz $\tau\omega$ durch die Übergangsfrequenz $\omega(n, n-\tau)$, bleibt immer noch ein Faktor von τ übrig. Dieser Faktor, die „Ordnung des Obertons", hatte im Korrespondenzprinzip kein quantentheoretisches Pendant.

Hier fiel Heisenberg nun Kramers' Methode zur Übersetzung von Ableitungen ein, denn diese enthielt auch einen Faktor von τ (siehe die Gl. 3.6 und 3.7). Um diese anzuwenden, musste man noch eine Ableitung nach der Wirkungsvariable J, also nach nh, in die Quantenbedingung hineinbringen. Wendet man diese Ableitung auf beide Seiten der Quantenbedingung an und verallgemeinert man Kramers' Vorschrift so, dass sie auf beliebige Funktionen f der Frequenzen und Amplituden anwendbar ist[5]

$$\tau \frac{df}{dJ} \to (f(n+\tau, n) - f(n, n-\tau))/h, \qquad (4.9)$$

so erhält man eine neue Quantenbedingung als Beziehung zwischen den Übergangsamplituden:[6]

$$h = 4\pi m \sum_{\tau=0}^{\infty} \left[|a(n+\tau, n)|^2 \omega(n+\tau, n) - |a(n, n-\tau)|^2 \omega(n, n-\tau) \right] \qquad (4.10)$$

Diese konnte direkt als Zusatzbedingung zu den Bewegungsgleichungen verwendet werden, um die Integrationskonstante zu bestimmen, jedoch nur bis auf eine einzige additive Konstante, da Heisenberg ja nur die differenzierte Quantenbedingung (statt der Quantenbedingung selbst) verwendet hatte. Diese additive Konstante konnte durch die Annahme festgelegt werden, dass es einen Grundzustand gab, von dem aus keine Übergänge zu niedrigeren Zuständen möglich waren.

---

[4] Man beachte, dass Heisenberg hier seinen Versuch aus dem Kronig-Brief, umständlich mit einer ausdrücklich reellen Fourierreihe zu rechnen, aufgegeben hatte. Doch finden sich in der *Umdeutung*, bei der Berechnung des anharmonischen Oszillators, noch Spuren dieses alten Ansatzes.

[5] Die gleiche Verallgemeinerung von Kramers' Vorschrift findet man auch schon bei Born (1924, S. 388), der sie, wohl zurecht, als „so gut wie zwangsläufig" bezeichnete.

[6] Man beachte, dass die Summe hier nur noch über positive τ geht. Man erhält diese Vereinfachung unter Verwendung der Beziehung $\omega(n, m) = -\omega(m, n)$, welche direkt aus der Bohr'schen Frequenzbedingung folgt.

4.4 Nächste Schritte: Quantenbedingung und Energieerhaltung

Die umgedeutete Quantenbedingung wurde bei Born und Jordan dann zur berühmten Kommutationsrelation $pq - qp = h/(2\pi i)$. Hier soll aber noch einmal betont werden, dass Heisenberg seine quantentheoretische Größe x noch nicht als Matrix verstand. Damit ist nicht bloß gemeint, dass er das mathematische Objekt nicht als Matrix erkannte. Vielmehr war das x für ihn noch unmittelbar mit einem bestimmten stationären Zustand n verknüpft – und nicht, wie die späteren Matrizen, mit der Gesamtheit aller möglichen Zustände (und Übergänge). Man sieht das sehr deutlich an der zweiten Gleichung auf Seite 888 der *Umdeutung*, wo x eindeutig noch keine Matrix ist, sondern nur ein einem festen Anfangszustand n zuordenbarer „Reihenvektor".[7]

Mit der Umdeutung der Quantenbedingung war Heisenbergs Übersetzung der alten Quantentheorie jedenfalls im Wesentlichen abgeschlossen. Er hatte nun ein Rechenschema, mit dem man im Prinzip für jedes physikalische System die Intensitäten berechnen konnte, wenn die klassischen Bewegungsgleichungen gegeben waren. Er konnte also zu seinem ursprünglichen, im Brief an Kronig umrissenen, Programm zurückkehren, aus den berechneten Übergangsamplituden dann alle anderen physikalischen Größen zu konstruieren.

Hier machte Heisenberg seinen zweiten großen Fortschritt auf Helgoland. Er erkannte, dass er auf diese Weise auch die Energien der stationären Zustände berechnen konnte. Bis zu diesem Zeitpunkt war sein Rechenschema letztlich nur eine Erweiterung des Bohr-Modells gewesen, denn dieses musste immer noch die Werte für die Übergangsfrequenzen liefern. Doch auf Helgoland gelangte Heisenberg zu der Einsicht, dass man mithilfe der Multiplikationsregel nicht nur obskure höhere Multipole berechnen konnte, sondern auch die Energie des Systems – diese war ja schließlich auch in der klassischen Theorie als Funktion der Koordinate x und ihrer Ableitungen gegeben.

Auf Helgoland berechnete Heisenberg nun also die Energie für den harmonischen Oszillator und den Rotator. Hier hätte einiges schiefgehen können. Denn zunächst war durch die Multiplikationsregel nur garantiert, dass man für die Energie eine Quanten-Fourierreihe erhielt. Wie hätte man die Koeffizienten dieser Reihe dann interpretiert? In der klassischen Theorie erhält man für die Energie aber eine sehr eingeschränkte Fourier-Reihe. Wegen der Erhaltung der Energie enthält diese Reihe nur einen konstanten Term,

---

[7] Man kann aus dieser Darstellung des x sogar noch ein Bisschen mehr rauslesen, nämlich dass es Heisenberg vornehmlich um die Wahrscheinlichkeiten für spontane Übergänge (nach unten) ging. Übergänge nach oben kommen in dieser Darstellung von x gar nicht vor, es ist sozusagen nur ein halber Reihenvektor (links von der Diagonalen). Dass Heisenberg das hier so aufschreiben konnte, lag an seiner Verwendung der Kosinus-Fourierreihe, bei der im klassischen Ausdruck die $a_{-\tau}$, die ja den Übergängen nach oben entsprechen, nicht mehr explizit vorkommen. Mathematisch ist die Darstellung des quantentheoretischen x mit nur Übergängen nach unten aber Quatsch; denn die klassische Symmetrie, die der Kosinus-Fourierreihe zugrunde liegt, also $a_\tau = a_{-\tau}$, hat in der Quantentheorie kein Analogon. In der Quantentheorie hat nicht einmal die Relation $a_\tau = a^*_{-\tau}$, die bei der klassischen Fourierreihe mit komplexen Exponentialen gilt, ein Analogon. Denn in der Quantentheorie gilt weder $a(n, n-\tau) = a(n, n+\tau)$ noch $a(n, n-\tau) = a(n, n+\tau)^*$, was Heisenberg natürlich eigentlich auch völlig klar war.

all die oszillierenden Sinus- und Kosinus-Terme verschwinden. Wenn dies in Heisenbergs Schema genauso funktionierte, würde man bei der Berechnung der Energie auch nur eine Zahl erhalten und diese Zahl konnte man dann als Energie des stationären Zustands interpretieren. Dies war für Heisenbergs einfache Beispiele in der Tat der Fall. Es ist diese erfolgreiche Berechnung der „zeitlichen Konstanz der Energie", die Heisenberg in seiner romantischen Erinnerung an die Nacht auf Helgoland im Sinn hatte.

Mit der Berechnung der Energie wandelte sich Heisenbergs Schema von einer Erweiterung zu einem möglichen Ersatz für das Bohr-Modell. Erst jetzt konnte er, wie er es dann in der Einleitung zur *Umdeutung* tat, die Bohrschen Umlaufbahnen für überflüssig erklären. Diese Loslösung von den Elektronenbahnen der alten Quantentheorie hatte sich schon mit der Umdeutung der Bewegungsgleichungen abgezeichnet – schließlich wurden die Bewegungsgleichungen ja auch, in ihrer klassischen Form, zur Berechnung der Bahnen verwendet. Doch erst mit der Berechnung der Energien in Heisenbergs neuem Schema wurden die Bohrschen Bahnen vollständig redundant. Heisenbergs Quanten-Fourierreihe x hatte die Koordinaten des Elektrons im Atom vollständig ersetzt.

Trotz dieses Erfolges war Heisenberg immer noch skeptisch, wie weit sein Ansatz tragen würde. Er hatte ihn bisher nur auf wenige, einfache Beispiele angewendet und es war zum Beispiel nicht klar, ob die Energie auch im allgemeinen Fall zeitlich konstant sein würde. Heisenbergs Versuche, die Energieerhaltung im Allgemeinen zu beweisen, blieben jedoch vorläufig erfolglos. Hier zeigte sich erstmals die Nicht-Kommutativität in Heisenbergs Schema. Und sie zeigte sich nicht als ein interessanter neuer Aspekt, oder gar als das entscheidende neue Merkmal der Theorie, sondern als Problem. Tauchen im Energie-Ausdruck nämlich Terme der Form $x\dot{x}$ auf, so war „das Produkt zweier Fourierreihen doch nicht eindeutig definiert." Es machte für Heisenbergs Multiplikationsregel einen Unterschied, ob man $x\dot{x}$ oder $\dot{x}x$ rechnete. Dies stellte letztlich die mathematische Konsistenz des Schemas in Frage.

Auch bei der physikalischen Interpretation war Heisenberg noch sehr unsicher. So schrieb er am Ende des Briefes an Pauli: „Auch würd' ich gern verstehen, was eigentlich die Bewegungsgleichungen bedeuten, wenn man sie als Relation zwischen Übergangswahrscheinlichkeiten auffasst." An dieser Stelle wird deutlich, dass Heisenberg seine übersetzten Bewegungsgleichungen nicht als dynamische Gleichungen einer neuen „Quantenmechanik" sah. Im Nachhinein erscheint eine solche Lesart fast selbstverständlich. Doch wurde sie erst bei Born und Jordan etabliert. Für Heisenberg waren diese Gleichungen lediglich Beziehungen zwischen beobachtbaren Größen, die man durch ein rein formales Übersetzungsverfahren aus den klassischen Bewegungsgleichungen erhielt. Diese Gleichungen wurden einfach Term für Term übersetzt – Heisenberg bezeichnete dies als die Voßsche Methode, wohl in Anlehnung an die Homer-Übersetzung von Heinrich Voß, die von „einer bedingungslosen Anlehnung an den grammatischen, lexikalischen, stilistischen und metrischen Duktus der Originalvorlage" gekennzeichnet war (Fantino 2023, S. 2).

4.5 Die Umdeutungs-Arbeit

Wer sich durch die vorangegangene Rekonstruktion der Vorgeschichte der *Umdeutung* gearbeitet hat, für den oder die sollte Heisenbergs Arbeit nun bedeutend weniger mysteriös sein. Denn der publizierte Artikel, der dann Ende Juli bei der Zeitschrift für Physik eingereicht wurde, ist eine direkte Fortsetzung der in den Briefen dokumentierten Arbeit.[8] Wie im Kronig-Brief beginnt Heisenberg auch hier mit dem Versuch, alle anderen physikalischen Größen aus den Übergangsamplituden zu konstruieren. Doch beinhalten diese anderen zu berechnenden Größen nun auch die atomaren Energieniveaus. Die Elektronenbahnen der atomaren Modelle sind gänzlich überflüssig geworden und werden von Heisenberg in seiner berühmten Einleitung als „prinzipiell" unbeobachtbar bezeichnet. Die Übergangsamplituden wiederum werden zu den fundamentalen beobachtbaren Größen erhoben, auf denen die ganze Theorie aufgebaut werden soll. „Beobachtbar" ist hier immer im Sinne der Spektroskopie gemeint; spektrale Eigenschaften (Lage und Intensität von Spektrallinien) können direkt beobachtet werden, die Vorgänge im Atom selbst nicht.

Durch diesen Wandel wirkt Heisenbergs Einleitung nun philosophisch bombastischer als seine Briefe und suggeriert, dass das „Beobachtbarenprinzip" der heuristische Ursprung der *Umdeutung* gewesen sei. In der Vergangenheit wurde Heisenbergs Einleitung manchmal zu einem fundamentalen wissenschaftstheoretischen Manifest überhöht, manchmal als ein rein rhetorischer Kniff abgetan. Am meisten Sinn ergibt die Einleitung jedoch, wenn man sie als Versuch liest, das zum Ende des letzten Abschnitts besprochene Problem der Interpretation der Bewegungsgleichungen zu lösen: übersetzt in den quantentheoretischen Kontext beschrieben diese Gleichungen nun offenbar keine dynamische Zeitentwicklung mehr. Also wurde das Aufstellen von Beziehungen zwischen beobachtbaren Größen – und das waren die quantentheoretischen Bewegungsgleichungen fraglos – kurzerhand zum eigentlichen Ziel physikalischer Theorien erhoben. Diese positivistische Einstellung war nicht Heisenbergs Startpunkt gewesen, aber sie erschien als eine natürliche Konsequenz des Schemas, das er durch formale Übersetzung aus der klassischen Mechanik gewonnen hatte. Auch schloss sie an ähnliche Forderungen aus dieser Zeit, bei Kramers (1924), Pauli (Hermann et al. 1979, S. 189) und Born, an.

An dieser Stelle ist eine wichtige Bemerkung vonnöten: die philosophische Interpretation, die Heisenberg seiner Theorie in der Einleitung zur *Umdeutung* gab, hat mit der späteren Interpretation der Quantenmechanik so gut wie gar nichts gemein. Dort wird der Ort des Elektrons nämlich wieder als prinzipiell beobachtbar angenommen und diese beobachtbare Größe wird direkt mit der Heisenberg'schen Matrix x identifiziert. Die Bewegungsgleichungen werden auch wieder als zeitliche Veränderung des Elektronen-

---

[8] Die drei Artikel in diesem Band wurden alle bei dem Springer-Journal *Zeitschrift für Physik* publiziert. Dies war die führende Zeitschrift für die junge Generation der theoretischen Quantenphysiker und hatte damit die *Annalen der Physik* abgelöst, bei denen Einstein zwanzig Jahre früher seine bedeutenden Arbeiten zur speziellen Relativitätstheorie publiziert hatte.

ortes aufgefasst. Dieser wird prinzipiell als beobachtbar angesehen, wenn auch mit den bekannten Einschränkungen durch die Unschärferelation. Heisenbergs Fokussierung auf spektroskopische Größen hat also nicht überlebt. Wir werden die ersten Schritte hin zur modernen Sichtweise in der Arbeit von Born und Jordan sehen; doch es ist gut sich diese Tatsache jetzt schon bewusst zu machen, denn Heisenbergs Einleitung ist so berühmt, dass man leicht den falschen Eindruck gewinnen kann, sie habe den Ton für die weitere Entwicklung der Quantenmechanik vorgegeben.

Nach der Einleitung bietet die *Umdeutung* erst einmal viel aus den Briefen an Kronig und Pauli Bekanntes: auf die Herleitung der Multiplikationsregel (§ 1) folgt die Übersetzung der Bewegungsgleichung und der Quantenbedingung (§ 2). Zu bemerken ist, dass Heisenberg hier, was er im Brief an Pauli noch nicht tat, die umgedeutete Quantenbedingung mit der Thomas-Kuhn-Summenregel identifiziert, welche Willy Thomas (und dessen Lehrer Fritz Reiche) sowie Werner Kuhn im Sommer 1925 (unabhängig voneinander) aufgestellt hatten. Heisenberg hat von diesen Ergebnissen offenbar erst kurz vor Einreichung seiner eigenen Arbeit erfahren. Bei der Thomas-Kuhn-Summenregel handelt es sich (ähnlich wie bei den Utrechter Summenregeln) um eine Relation zwischen den Amplituden für verschiedene Übergänge; man erhält sie als Grenzfall aus den Kramers-Heisenberg-Gleichungen für die Dispersion.[9]

Die *Umdeutung* enthält also einige Bezüge zur Dispersion; zu Beginn der Arbeit verweist Heisenberg auch auf seine Arbeit mit Kramers als einem Vorläufer. Da jene Arbeit die letzte ist, die Heisenberg vor der *Umdeutung* veröffentlichte, haben frühere historische Rekonstruktionen der Quantenmechanik oft versucht eine direktere Verbindung zwischen Dispersion und Matrizenmechanik herzustellen, unter Vernachlässigung der hier besprochenen, unveröffentlichten unmittelbaren Vorarbeiten. Doch präsentiert die *Umdeutung* fraglos eine Theorie der spektralen Übergänge und Intensitäten; erst in der Dreimännerarbeit konnten Born, Jordan und Heisenberg mithilfe der Störungstheorie die Kramers-Heisenberg-Gleichungen in der Matrizenmechanik reproduzieren (S. 571ff). Und erst bei Dirac (1927) findet man eine quantenmechanische Beschreibung der Dispersion, bei der das Strahlungsfeld selbst als dynamische Größe auftritt – und nicht bloß als Störung oder implizit als Übergangsamplitude.

Zum Abschluss der *Umdeutung* bespricht Heisenberg in § 3 noch einige Anwendungsbeispiele. Den anharmonischen Oszillator kennen wir schon aus dem Kronig-Brief, die Berechnung der Energie aus dem Brief an Pauli. Während diese Rechnungen in der publizierten Arbeit als rein illustrative Beispiele oder Beweise für die Praktikabilität des neuen Schemas erscheinen, haben wir im Rahmen unserer Rekonstruktion gesehen, dass der anharmonische Oszillator eine weitaus wichtigere Rolle für die Entstehung der *Umdeutung*

---

[9] Für Details zu den verschiedenen Herleitungen, siehe Jähnert (2019, Kap. 6) und Duncan und Janssen (2023, S. 205ff).

4.5 Die Umdeutungs-Arbeit

spielte. Er bildete den Ausgangspunkt für die Entwicklung von Heisenbergs Schema und erlaubte es ihm, seine Ideen zur Quantenkinematik in eine explizite mathematische Form zu bringen.

Die Rechnungen in den Briefen hatten sich nur mit der ersten Ordnung der Störungstheorie befasst, gingen also nur bis zur ersten nicht-verschwindenden Potenz des Störungsparameters λ, d. h. bis $\lambda^{|\tau-1|}$ für die Übergangsamplitude $a(n, n-\tau)$ und bis λ^0 für die Energie. In der *Umdeutung* wandte sich Heisenberg auch Termen höherer Ordnung dazu. Dafür betrachtete er aber den anharmonischen Oszillator mit kubischer Störung (der Kraft) λx^3, statt wie bisher mit quadratischer Störung λx^2. Die kubische Störung ist etwas einfacher: schon klassisch kommen hier nur ungerade Vielfache der Grundfrequenz als Obertöne vor, aufgrund des ungeraden Exponenten. Heisenberg konnte die störungstheoretisch korrigierte Energie bis zur Ordnung λ^2 berechnen, doch von einem allgemeinen Beweis der Konstanz der Energie war er immer noch weit entfernt.

Heisenbergs abschließendes Anwendungsbeispiel war ein Elektron, das sich auf einer Kreisbahn um einen Kern bewegt, wobei die Bahn um eine feste Achse präzediert. Dies war in der alten Quantentheorie das übliche Modell für Multipletts. Bei spektralen Multipletts entspricht die feste Achse dem Gesamt-Drehimpuls des Atoms, bei Zeeman-Multipletts dem angelegten Magnetfeld. Bemerkenswert ist, dass Heisenbergs Ausgangspunkt hier nicht eine klassische dynamischen Bewegungsgleichung (mit Zeitableitungen) ist, sondern die Zwangsbedingung $x^2 + y^2 + z^2 = a^2$. Dies zeigt noch mal eindrücklich, dass es Heisenberg bei den Bewegungsgleichungen nicht um eine neue Dynamik ging, sondern nur darum, Beziehungen zwischen den Übergangsamplituden zu generieren.

Auch für dieses Anwendungsbeispiel erhielt Heisenberg plausible Ausdrücke für die Energien und die Übergangsamplituden, auch wenn diese in der weiteren Entwicklung der Quantenmechanik nicht Bestand haben würden (Duncan und Janssen 2023, S. 249–252). Doch es waren ohnehin nicht die einzelnen, konkreten Ergebnisse der *Umdeutung*, die im folgenden den größten Eindruck erzielen sollten, sondern die neuen mathematischen Strukturen, mit denen Heisenberg seine quantenmechanischen Gleichungen konstruierte. Es dauerte nicht lange bis Max Born und Pascual Jordan in Heisenbergs Multiplikationsregel und umgedeuteter Quantenbedingung eine Matrix-Algebra und einen Kommutator erkannten.

Born, Jordan und die „Dreimännerarbeit" 5

5.1 Max Born und Pascual Jordan

Dies bringt uns zu den beiden anderen Autoren der in diesem Band reproduzierten Arbeiten. Max Born haben wir bereits kurz kennengelernt, als den Göttinger Professor, bei dem Heisenberg im Sommer 1925 als Assistent arbeitete. Born wurde am 11. Dezember 1882 in Breslau als Sohn einer säkular-jüdischen Familie geboren.[1] Er hatte eine zwei Jahre jüngere Schwester namens Käthe. Sein Vater Gustav war Embryologe an der Universität Breslau. Seine Mutter Margarethe (geborene Kaufmann) entstammte einer wohlhabenden Familie von Textilindustriellen. Sie starb im Jahre 1886, schwanger mit ihrem dritten Kind, an Gallensteinen. Auch wenn sein Vater im Jahre 1892 erneut heiratete und Max Born ein gutes Verhältnis zu seiner Stiefmutter Bertha entwickelte, führte Born seine spätere Schüchternheit auf die ohne eine Mutter verbrachten Kinderjahre zurück. Emotionalen Ausdruck fand er vor allem im Klavierspiel. Als Max Born 17 war, starb auch sein Vater, an einem Herzinfarkt.

Im Jahre 1901 begann er das Studium an der Universität Breslau. Das Sommersemester 1902 verbrachte Born an der Universität Heidelberg. Nachdem er anfangs Vorlesungen aus dem gesamten (zu dieser Zeit auch die Naturwissenschaften umfassenden) Spektrum der philosophischen Fakultät besuchte, entschied er sich schließlich für die Mathematik. Zum Sommersemester 1904 wechselte er an die Universität Göttingen, mit David Hilbert und Felix Klein damals das unbestrittene Zentrum der deutschen Mathematik. Born

---

[1] Biographische Informationen zu Born entstammen Greenspan (2005) und Hermann (2008).

wollte bei Hilbert promovieren, fand sich jedoch von dem gestellten Thema (Beweis der Transzendentalität der Nullstellen von Bessel-Funktionen) überfordert. Geringschätzige Bemerkungen von Hilbert brachten Born dann dazu, sich von der reinen Mathematik ab- und der mathematischen Physik zuzuwenden.

Klein schlug Born vor, über elastische Drähte zur promovieren, was Born zunächst ablehnte, da er sich viel mehr für die Entwicklungen in der modernen Elektrodynamik interessierte. Als ihm gewahr wurde, wie sehr er durch seine Ablehnung Kleins Unwillen erregt hatte, schrieb er seine Dissertation doch über elastische Drähte (betreut von dem angewandten Mathematiker Carl Runge), in einem Versuch Klein zu versöhnen. Sein Rigorosum legte Born dann im Sommer 1906 erfolgreich ab.

Nachdem er nach dem Abitur noch wegen Asthma ausgemustert worden war, wurde Born nun nach dem Studium für tauglich befunden und musste den Militärdienst antreten. Er wurde jedoch vorzeitig wegen eines erneuten Asthmaanfalls entlassen. Born wollte sich in Breslau habilitieren, bei dem Experimentalphysiker Otto Lummer, dessen Arbeiten zur Schwarzkörperstrahlung wenige Jahre zuvor zur Aufstellung des Planck'schen Gesetzes geführt hatten. Doch Born setzte mit einem losen Schlauch das Labor unter Wasser, woraufhin Lummer ihn als Habilitanden ablehnte.

Born kehrte im Herbst 1908 nach Göttingen zurück, um sich stattdessen bei Hermann Minkowski über Einsteins neue Relativitätstheorie zu habilitieren, was ohnehin viel eher seinen Interessen entsprach. Born erarbeitete eine relativistische Theorie des starren Körpers zur Beschreibung von Elektronen. Doch Minkowski starb im Januar 1909 an einer Blinddarmentzündung und Born musste seine Forschung wenige Wochen später der mathematischen Fakultät präsentieren, um die Habilitation fortsetzen zu können. Den ersten Versuch musste Born nach scharfer Kritik durch Klein abbrechen, doch im zweiten Anlauf war Born, auch Dank der Unterstützung seines Doktorvaters Runge, erfolgreich. Born konnte sich im Herbst 1909 habilitieren, auch wenn Paul Ehrenfest gezeigt hatte, dass Borns relativistische Theorie des starren Körpers zu Paradoxien führte.

Nach der Habilitation arbeitete Born in Göttingen als Privatdozent und lebte in einer Wohngemeinschaft mit anderen jungen Akademikern, darunter der mathematische Physiker Theodore von Kármán. In Zusammenarbeit mit von Kármán begann sich Born von der Relativitätstheorie ab- und der Quantentheorie zuzuwenden, welche er mit großem Erfolg auf atomare Kristallgitter anwendete.

In dieser Zeit lernte Born auch – über Iris Runge, die Tochter seines Doktorvaters – die Studentin Hedwig Ehrenberg kennen. Hedwig war die Tochter einer Protestantin und eines für die Ehe konvertierten Juden. Born, der den säkularen Geist seines Elternhauses verinnerlicht hatte, weigerte sich jedoch zu konvertieren. Im August 1913 wurden Max und Hedwig von einem Pfarrer getraut, jedoch nicht in einer Kirche, sondern im Garten von Borns inzwischen verheirateter Schwester in Berlin-Grünau. Im März 1914 gab Born dann dem Drängen seiner Schwiegermutter nach und ließ sich doch taufen. Die Borns hatten zwei Töchter, Irene (geboren im August 1914) und Margarethe (geboren im November 1915), und einen Sohn, Gustav (geboren im Juli 1921).

5.1 Max Born und Pascual Jordan

Im Januar 1915 erhielt Born, auf Betreiben von Max Planck, einen Ruf nach Berlin auf eine außerordentliche Professur für theoretische Physik. Doch nach nur einem Semester an der Universität Berlin meldete er sich – um der erneuten Einberufung und dem Dienst als Frontsoldat im ersten Weltkrieg zu entgehen – im Sommer 1915 freiwillig für den Dienst in der Artillerie-Prüfungs-Kommission. Unter der Leitung des Breslauer Experimentalphysikers Rudolf Ladenburg, eines alten Freundes, beschäftigte Born sich bis Kriegsende mit dem Problem der Schallortung von gegnerischen Artilleriegeschützen.

Kurz nach Kriegsende, im Januar 1919, erhielt Born einen Ruf auf eine ordentliche Professur an die 1914 als Stiftungsuniversität gegründete Königliche Universität zu Frankfurt am Main, im Tausch mit dem dortigen Lehrstuhlinhaber Max von Laue, der gerne zurück nach Berlin wollte. Schon im Jahr 1920 erhielt Born erneut einen Ruf, diesmal nach Göttingen, seiner akademische Heimat. Göttingen hatte sich in der Zwischenzeit, nach der Berufung Peter Debyes im Jahre 1916, zu einem Zentrum der modernen Physik entwickelt (Hoffmann 2006). Debye war nun nach Zürich abgewandert und Born übernahm seine Nachfolge. Dabei handelte er auch noch eine Professur für den Experimentalphysiker James Franck vom Berliner Kaiser-Wilhelm-Institut für Physikalische Chemie aus und konsolidierte damit die Vorreiterrolle Göttingens in der modernen Physik, insbesondere der Quantenphysik.

Dieser Vorreiterrolle entsprechend wandte sich Born in Göttingen von der Theorie der Kristallgitter ab und begann sich mit den Grundlagen der Quantentheorie und der atomaren Spektroskopie zu beschäftigen. Dieses Programm verfolgte er gemeinsam mit seinen Assistenten, deren erster der Sommerfeldschüler Wolfgang Pauli war. Pauli blieb jedoch nur fürs Wintersemester 1921/22; später würde er sich manchmal über den sehr formalen Zugang zur Physik, der in Göttingen gepflegt wurde, mokieren.

In den Jahren nach dem 1. Weltkrieg war die deutsche Physik einige Jahre international isoliert. Ein entscheidender Schritt bei der Wiederherstellung des Kontakts zur internationalen Spitzenforschung waren für Born die „Bohr-Festspiele", als Niels Bohr im Juni 1922 auf Einladung von Born und Franck in Göttingen eine Reihe von Vorträgen zu den neuesten Entwicklungen der Quantentheorie hielt. Bei dieser Gelegenheit lernte Born auch den jungen Heisenberg kennen, der im Schlepptau von Sommerfeld angereist war.

In Zusammenarbeit erst mit Pauli und dann mit Heisenberg entwickelte Born in den Jahren 1921–23 eine quantentheoretische Störungstheorie. Mithilfe dieser mathematischen Methode konnte man die Spektren komplexerer Atome und Moleküle mit im Prinzip beliebig hoher Genauigkeit berechnen, auch wenn sie, anders als das Wasserstoff-Atom, nicht exakt lösbar waren. Mit dieser Methode berechneten Born und Heisenberg die Energiestufen des Helium-Atoms. Die Ergebnisse waren niederschmetternd, denn sie waren in klarem Widerspruch zu dem beobachteten Helium-Spektrum (Darrigol 1992, S. 177). Born nahm diese sogenannte „Helium-Katastrophe" sehr ernst und schloss daraus, dass die Beschreibung von Elektronenbahnen mithilfe der klassischen Mechanik an ihre Grenzen geraten sei. Es brauche eine neue „Quantenmechanik", so der Titel einer eher programmatischen Arbeit, die Born 1924 herausbrachte.

In der Folge begann Born eine intensive Zusammenarbeit mit seinem Schüler Pascual Jordan, mit dem Ziel eine solche Quantenmechanik zu entwickeln. Jordan war 22, geboren am 18. Oktober 1902 in Hannover.[2] Sein Vater, Ernst Pasqual, war an der Technischen Hochschule Dozent (und später Professor) für Zeichnen und Architekturmalerei. Stammvater der Jordan-Familie war Jordans Urgroßvater, der Spanier Pascual Jorda, der sich Anfang des neunzehnten Jahrhunderts in Hannover niedergelassen hatte und nach dem alle erstgeborenen Söhne der Familie benannt wurden. Über Jordans Mutter Eva (geborene Fischer) ist wenig bekannt; Jordan würde später ihr Interesse an Mathematik hervorheben. Er hatte eine Schwester, Frieda, die jedoch zehn Jahre älter war und zu der Jordan keine enge Beziehung hatte.

Nach dem Abitur im Jahre 1921 studierte Jordan ein Jahr an der Technischen Hochschule in Hannover (wo er neben Physik und Mathematik wohl auch Zoologie belegte), bevor er 1922 nach Göttingen wechselte. Jordan litt sein ganzes Leben unter starkem Stottern, was für seine wissenschaftliche Karriere immer wieder ein großes Hindernis darstellte und ihn zu einem Einzelgänger machte. Doch in Göttingen wurde zumindest sein herausragendes Talent allgemein anerkannt, sowohl von den Mathematikern – wo er als studentische Hilfskraft an der Fertigstellung des Lehrbuchs von Courant und Hilbert (1924) mitarbeitete – als auch von den Physikern, wo er 1924 bei Born mit einer Arbeit zur Quantentheorie der Strahlung promovierte. Nach der Promotion blieb Jordan in Göttingen, um sich bei Born zu habilitieren.

Im Frühjahr 1925, kurz bevor Heisenberg seine neue Multiplikationsregel aufstellte, schrieben Born und Jordan an ihrer ersten gemeinsamen Arbeit. Diese stellte eine Verallgemeinerung der Arbeit von Kramers und Heisenberg dar. Während sich jene nur mit perfekt periodischen, monochromatischen elektromagnetischen Wellen befasst hatten, untersuchten Born und Jordan nun die Dispersion beliebiger elektromagnetischer Impulse. Für Born war die Arbeit mit Jordan darüber hinaus ein Versuch, sein Programm einer Quantenmechanik durch eine „Quantentheorie aperiodischer Vorgänge" (so der Titel der Arbeit) voranzutreiben. Für Born war dies eine Abkehr von der Spektroskopie und eine Hinwendung zu Stoß- und Streuexperimenten. Hier galt James Franck, Borns Kollege in der Experimentalphysik und einer der Namensgeber des Franck-Hertz-Versuchs, als führender Experte und Born versuchte zusammen mit seinen Schülern – nicht nur Jordan, sondern auch etwa Friedrich Hund und Lothar Nordheim – diese Expertise mit einer angemessenen Theorie der Streuprozesse zu komplementieren.[3] Mittelfristig sollte das Streuexperiment der Spektroskopie in der Grundlagenphysik wirklich den Rang ablaufen (Blum 2017). Doch im Jahr 1925 war dies nicht der Weg, auf dem unmittelbare Fortschritte erzielt wurden.

---

[2] Biographische Informationen zu Jordan entstammen (Dahn 2019).

[3] Gyeong Soon Im (1996), sowie Jähnert (2015).

5.2 Zur Quantenmechanik

Ihre Arbeit zu den Stoßprozessen hatten Born und Jordan am 11. Juni bei der *Zeitschrift für Physik* eingereicht, kurz nach Heisenbergs Abreise nach Helgoland. Als Heisenberg zwei Wochen später nach Göttingen zurückkehrte, machte er sich daran, die Anwendungsbeispiele durchzurechnen und die *Umdeutung* zusammenzuschreiben. Born erinnerte sich später, dass Heisenberg seine neuen Ideen erst einmal „ein wenig verborgen und geheim" hielt.[4] Er erhielt Heisenbergs Arbeit erst, als sie bereits fertig war. Heisenberg, seiner Sache noch immer nicht sicher, gab Born das Manuskript zum Semesterende, mit der Bitte es bei der *Zeitschrift für Physik* einzureichen, falls dies angemessen sei. Damit verabschiedete sich Heisenberg in die Semesterferien.

Bei der Lektüre wurde Born klar, dass es sich bei Heisenbergs Arbeit um eine bahnbrechende, aber mathematisch unausgereifte, Innovation handelte. Born reichte die Arbeit wie besprochen am 29. Juli ein. Gleichzeitig erkannte er, dass es sich bei der neuen Multiplikationsregel um ein Matrizenprodukt handelte. In der Folge machte sich Born daran, gemeinsam mit Jordan aus Heisenbergs Ansätzen eine neue Quantenmechanik zu konstruieren, bei der die dynamischen Variablen durch Matrizen dargestellt werden. Die resultierende Arbeit, „Zur Quantenmechanik", ist die zweite der in diesem Band reproduzierten Grundlagenschriften der Matrizenmechanik. Born und Jordan reichten sie am 27. September 1925 bei der *Zeitschrift für Physik* ein.[5]

In ihrer Arbeit führen Born und Jordan zunächst allgemeine Regeln zum Umgang mit Matrizen ein, die Matrizenmultiplikation und weitere formale Rechenregeln wie die Differentiation. In Kapitel II wird dann die Verbindung zu Heisenbergs Umdeutung hergestellt. Born und Jordan identifizieren Heisenbergs Quantenfourierreihen als Matrizen und die Multiplikationsregel folglich als Matrizenmultiplikation. Hier werden auch die Energieerhaltung und die Frequenzbedingung hergeleitet. Die Energieerhaltung – für beliebige System und nicht nur für bestimmte Beispiele wie in der *Umdeutung* – erscheint nun als Beweis, dass die Energie eine Diagonalmatrix ist, wobei das Diagonalelement $H(nn)$ die Energie des Zustandes n gibt (S. 872). Die Diagonalelemente einer Matrix entsprechen den konstanten Termen in Heisenbergs Quantenfourierreihen. Auch Heisenbergs Quantenbedingung wird in das Schema der Matrizenmechanik übersetzt. Diese erscheint damit zum ersten Mal in der heute vertrauten Form einer kanonischen Kommutationsrelation zwischen Ort q und Impuls p (Gleichung 38). In Kapitel III wird dieser theoretische Rahmen auf verschiedene einfache Systeme (harmonischer und

---

[4] Born (1975, S. 297). Siehe auch Rechenberg (2009, S. 335).
[5] Anders als bei der *Umdeutung* gibt es bei *Zur Quantenmechanik* keine Briefe oder Notizen, die die Entstehungsgeschichte dokumentieren. Wir können hier also nur eine Analyse des veröffentlichten Textes anbieten.

anharmonischer Oszillator) angewandt. Die Arbeit endet mit einem Versuch die neue Matrizenmechanik auf das elektromagnetische Feld und damit auf die Elektrodynamik anzuwenden.

Born und Jordan präsentierten ihre Arbeit als eine bloße mathematische Formalisierung der ansonsten unverändert übernommenen Heisenberg'schen Ideen. In der Tat springen heutigen Lesern und Leserinnen als erstes nur die formal-mathematischen Unterschiede zur *Umdeutung* ins Auge. Durch die von Born und Jordan eingeführten formalen Neuerungen sieht das ganze nämlich auf einmal richtig nach Quantenmechanik aus. Man könnte also den Eindruck gewinnen, hier handele es sich nur um eine direkte Übersetzung der *Umdeutung* in eine uns heute vertrautere Form.

Doch die Unterschiede zwischen *Umdeutung* und *Zur Quantenmechanik* sind nicht nur formeller Natur. Es gibt wichtige konzeptuelle Unterschiede zwischen Heisenbergs Ansätzen und der Matrizenmechanik von Born-Jordan. Bei Heisenberg setzt der Übergang von der klassischen Mechanik zur Quantentheorie direkt bei den Bewegungsgleichungen an; man kann die *Umdeutung* als eine Quantisierung der Newtonschen Mechanik sehen. Bei Born und Jordan fand die Transformation der klassischen Theorie auf einer tieferen Ebene statt: die klassische Hamiltonfunktion wird zur Energiematrix H umgedeutet, auf dieser Grundlage werden dann die Bewegungsgleichungen erst innerhalb der Quantenmechanik selbst hergeleitet. Die Quantenmechanik von Born und Jordan ist also eine Quantisierung der Hamiltonschen Mechanik. So tauchen die Bewegungsgleichungen der Quantenmechanik bei Born und Jordan erstmals in der heute geläufigen Form

$$i\hbar \frac{dq}{dt} = [q, H] \tag{5.1}$$

auf (Gleichung 41 bei Born und Jordan). Irreführenderweise wird diese Gleichung heutzutage oft als „Heisenberg'sche Bewegungsgleichung" bezeichnet.

Der Übergang von der Newtonschen zur Hamiltonschen Mechanik ist gewichtiger als er auf den ersten Blick scheinen mag. Letztlich untergruben Born und Jordan hiermit Heisenbergs Bild einer Theorie, die nur Beziehungen zwischen spektroskopischen Beobachtbaren aufstellt. In den Newtonschen Bewegungsgleichungen kommt nur die Größe x und ihre Zeitableitungen vor. Diesen hatte Heisenberg eine unmittelbare spektroskopische Interpretation verpasst: x beinhaltet die Übergangsamplituden, bei dx/dt sind die Übergangsamplituden noch mit den Übergangsfrequenzen multipliziert. Nur spektroskopische Beobachtbare, wie gewünscht. Die Hamiltonsche Mechanik hingegen ist im Phasenraum formuliert. Doch hat die dann auftretende Matrix p des kanonischen Impulses keine unmittelbare spektroskopische Bedeutung – zumal Born und Jordan in ihrer Arbeit ganz allgemeine kanonische Impulse im Sinn hatten: $p = m\, dq/dt$ galt eindeutig nur als Spezialfall (vgl. die Bemerkung auf S. 870).

Doch dies störte Born und Jordan keineswegs, im Gegenteil. Sie wollten die Verbindung zwischen der Matrix der Ortsvariable q und den Übergangsamplituden nicht mehr – wie es bei Heisenberg noch der Fall gewesen war – als Grundannahme der Theorie gelten

5.2 Zur Quantenmechanik

lassen. Diese Verbindung – zwischen Fourier-Koeffizienten und Übergangsamplituden – war das zentrale Element des Korrespondenzprinzips gewesen. Doch Born und Jordan versuchten „die ganze Theorie selbständig aufzubauen, ohne aus der klassischen Theorie Hilfe auf Grund des Korrespondenzprinzips heranzuholen" (S. 876). Sie versuchten nun also, die Verbindung zwischen Matrixelementen und Übergangsamplituden herzuleiten. Hierzu schien es nötig eine rudimentäre Quantenelektrodynamik zu entwickeln. Die Rechnungen in diesem letzten Kapitel werden gemeinhin als ein verfrühter Fehlgriff betrachtet. Doch stellt dieses letzte Kapitel von *Zur Quantenmechanik* einen ersten Schritt in Richtung Quantenfeldtheorie dar und zeigt, wie eng feld- und strahlungstheoretische Überlegungen in dieser Frühphase noch mit den quanten*mechanischnen* Grundlagen der Theorie verknüpft waren.

Nun stellt sich die Frage: wenn bei Born und Jordan die Quantenbewegungsgleichungen nicht mehr Beziehungen zwischen spektroskopischen Beobachtbaren sind – was sind sie dann? Diese Frage beantworteten Born und Jordan nicht wirklich. In der Einleitung bezeichnen sie sie einfach als „Bewegungsgleichungen in engster Analogie zu den klassischen kanonischen Gleichungen." Auch die Frage wie die Matrizen zu interpretieren waren, wenn nicht unmittelbar als Übergangsamplituden, beantworteten Born und Jordan nicht. Es genügte ihnen, dass die strukturelle Analogie zur analytischen Mechanik nun bedeutend klarer hervortrat als bei Heisenberg. Hatte Heisenberg im Titel seiner Arbeit noch etwas umständlich herumgedrückst, nannten Born und Jordan die neue Theorie nun einfach „Quantenmechanik". Damit identifizierten sie die Theorie mit der von Born im Jahr zuvor vorhergesagten Ablösung der klassischen Mechanik. Diese strukturelle Rolle war erstmal wichtiger als die Interpretation einzelner Elemente der Theorie.

Da die physikalische Interpretation der Theorie noch unklar war, sind die Anwendungsbeispiele in der Arbeit von Born und Jordan sehr formal und begrenzt (Kapitel 3). Genauer gesagt beschäftigten sie sich nur mit Heisenbergs ursprünglichem Beispiel, dem quadratischen anharmonischen Oszillator (mit dem harmonischen Oszillator als Vorbereitung). Von Heisenbergs eher durchwachsenen Ansätzen zu mehrdimensionalen Systemen, wie dem Rotator, ließen Born und Jordan ausdrücklich (vgl. S. 859) noch die Finger. Doch handelt es sich beim 3. Kapitel nicht einfach nur um eine Übertragung von Heisenbergs Rechnungen in die Matrix-Schreibweise.

Erstens treten auch hier wieder Born und Jordans Bemühungen um eine autonome Quantenmechanik deutlich zu Tage. Heisenberg war bei seiner Berechnung des anharmonischen Oszillators davon ausgegangen, dass alle Übergangsamplituden mit $\Delta n = \tau > 1$ von der Ordnung λ oder höher sind. Anders gesagt war er davon ausgegangen, dass beim harmonischen Oszillator ($\lambda = 0$) alle höheren Übergangsamplituden verschwinden. Diesen Ansatz hatte er ausdrücklich der klassischen Mechanik, bzw. der Lösung der klassischen Bewegungsgleichungen, entlehnt, bei der ja für den harmonischen Oszillator keine Obertöne auftreten. Diesen aus der klassischen Theorie entlehnten Ansatz wollten Born und Jordan nun nicht mehr gelten lassen und sie verwendeten viel Energie darauf, diese Eigenschaft des harmonischen Oszillators aus der matrizenmechanischen Bewegungsgleichung herzuleiten.

Zweitens nahmen sich Born und Jordan eines Themas an, um das Heisenberg eher herumgetänzelt war: die Phasen der Matrixelemente. Wann immer dies möglich war, hatte Heisenberg angenommen, dass seine Übergangsamplituden reell waren. Born und Jordan arbeiteten nun klar heraus, dass die Phasen durch die Bewegungsgleichungen nicht vollständig bestimmt waren. Man konnte die Phase der Übergangsamplitude mit $\tau = 1$ frei wählen, also die Phase der Amplitude, die auch beim harmonischen Oszillator nicht verschwindet. Die Phasen aller anderen Matrixelemente sind dann durch diese Wahl bestimmt. Insbesondere treten gar keine Phasen auf, wenn man für den harmonischen Oszillator eine reelle Lösung wählt. Born und Jordan vermuteten hier eine allgemeine Regel – dass eine Phase pro Reihe und Spalte der Matrix durch die Bewegungsgleichungen unbestimmt bleibt. Doch konnten sie diese Regel nicht belegen.[6] Auch zur physikalischen Interpretation dieser Phasen äußerten sich Born und Jordan nicht.

Mit der Arbeit von Born und Jordan steht die Matrizenmechanik mathematisch und strukturell auf bedeutend festerem Boden. Die physikalische Interpretation der Theorie war jedoch offener denn je. Geschickt bemerken Born und Jordan in der Einleitung, Heisenberg habe die „physikalischen Gedanken," die ihn bei der Schaffung seiner neuen Theorie „geleitet haben, in so klarer Weise ausgesprochen, dass jede ergänzende Bemerkung überflüssig erscheint." Damit befreien sie sich von der Verpflichtung, die Interpretation der Theorie anzusprechen, ließen es aber gleichzeitig offen, ob die Gedanken, die Heisenberg zu der Theorie geleitet hatten, auch in der Weiterentwicklung der Theorie Bestand haben würden. Doch selbst als Heisenberg auf die Bildfläche zurückkehrte, wurden diese grundlegenden Fragen nicht angesprochen.

5.3 Die *Dreimännerarbeit*

Born und Jordan berichteten Heisenberg, der sich noch bei seiner Familie in München befand, im August von ihren „großen Fortschritten" beim Ausbau der neuen Quantenmechanik (Rechenberg 2009, S. 356). Als Heisenberg für den zweiten Teil seines Rockefeller-Stipendiums nach Kopenhagen zurückkehrte (Cassidy 1992, S. 183), begannen die drei Physiker, per Brief, gemeinsam die dritte grundlegende Arbeit zur Matrizenmechanik zu verfassen.

Im November würde Born seine lange geplante USA-Reise ans MIT antreten und beorderte daher Heisenberg Ende Oktober frühzeitig nach Göttingen zurück, um die Arbeit noch vor seiner Abreise fertig zu stellen. Am 16. November 1925 wurde sie bei der *Zeitschrift für Physik* unter dem schnöden Titel „Zur Quantenmechanik. II." eingereicht. Heisenberg sprach stattdessen bald von der „3-Männerarbeit" (Hermann et al. 1979, S. 251) und gab ihr damit ihren inoffiziellen, heute noch von Kennern benutzten Titel.

---

[6] Born und Jordan hatten mit ihrer Vermutung recht, vgl. Duncan/Janssen II, S. 271, insbesondere Fußnote 17.

5.3 Die *Dreimännerarbeit*

Die Dreimännerarbeit stellt sowohl eine weitere Systematisierung als auch eine bedeutende Erweiterung des Formalismus der Matrizenmechanik dar. Diese Entwicklung beruhte im Wesentlichen auf einer allgemeiner Methode zur Lösung der Bewegungsgleichungen, die sich deutlich von dem von Fall zu Fall variierenden Stückwerk der ersten beiden Arbeiten abhob. Bisher hatte man zuerst, letztlich durch Ausprobieren, Matrizen q und p gefunden, die die Bewegungsgleichung und die Quantenbedingung (oder Kommuationsrelation) erfüllten; die Energiematrix kam dann automatisch diagonal heraus.

Born, Heisenberg und Jordan drehten dieses Verfahren nun um: man fing an mit Matrizen q_0 und p_0, die *nicht* die Bewegungsgleichungen erfüllen – wohl aber die Quantenbedingung. Die Energiematrix H war dann auch nicht diagonal. Nun konnte man sich aber auf etablierte Konzepte aus der linearen Algebra berufen, nämlich die Diagonalisierung einer Matrix durch eine Transformation S in die Basis der Eigenvektoren. Dieser Ansatz wird in der Dreimännerarbeit *zweimal* besprochen, erst in Kapitel 1, dann noch einmal, mathematisch fundierter, in Kapitel 3.

Die Transformationsmatrix S ließ sich nun prinzipiell immer bestimmen, wenn die Energiematrix gegeben war, zum Beispiel iterativ mithilfe der Störungstheorie (Kapitel 1, Paragraph 4, bzw. Kapitel 3, Paragraph 2). Wenn man nun auch die Orts- und die Impulsmatrix auf die „Hauptachsen" (also in die Eigenbasis) der Energiematrix transformierte, erhielt man die Lösung der Bewegungsgleichung (Kapitel 1, Gleichung 19, bzw. Kapitel 3, Gleichung 12). Somit war gezeigt, wie man die Bewegungsgleichungen im Prinzip systematisch lösen konnte. Um die praktische Anwendbarkeit dieses Verfahrens war es weniger gut bestellt; darauf gehen wir etwas später ein.

Kommen wir nun erstmal zu den Erweiterungen der Matrizenmechanik. Hier ist vor allem die Erweiterung auf physikalische Systeme mit mehr als einem Freiheitsgrad zu nennen (Kapitel 2). Das bedeutete zunächst eine Erweiterung der Kommutationsrelationen auf mehrere Koordinaten und Impulse (Gleichung 3) und dann eine Methode, um mit entarteten Energien umzugehen (Paragraph 2).

Sommerfeld (1915) hatte in der alten Quantentheorie gezeigt, wie bei mehr als einen Freiheitsgrad Entartung auftritt. Im Bohratom mit Kreisbahn (ein Freiheitsgrad: Winkel θ) ist die Energie eine Funktion der einen Quantenzahl n. Bei elliptischen Bahnen (zusätzlicher Freiheitsgrad: Radius r) ist die Energie eine Funktion von zwei Quantenzahlen, n und l; doch hängt sie nur von der Kombination $n + l$ ab, sodass zwei verschiedene Zustände (n,l) und (n',l') die gleiche Energie haben, wenn $n + l = n' + l'$. Durch diese Entartung ließ sich zum Beispiel die Feinstruktur des Wasserstoff-Spektrums verstehen: es handelte sich um die Aufhebung von Entartung durch kleine relativistische Korrekturen.

Born, Heisenberg und Jordan erwarteten also, dass diese Entartungen auch in der Matrizenmechanik auftauchen sollten, und zwar als eine Energiematrix, bei der mehrere Eigenwerte gleich sind. Die Untersuchung von entarteten Systemen ging Hand in Hand mit der Entwicklung von Näherungsmethoden, um die Aufhebung der Entartung durch kleine Störungen zu beschreiben. Die drei Autoren behandelten das Problem der Entartung nur im

Abstrakten. Das paradigmatische Beispiel für ein entartetes System, das Wasserstoffatom, wurde erst Anfang 1926 von Pauli matrizenmechanisch behandelt. Doch konnten Born, Heisenberg und Jordan zumindest feststellen, dass die Störungsreihen viel einfacher aussahen als in der klassischen Himmelsmechanik. Es war deswegen zu erwarten, dass das Helium-Atom (ein Kern, zwei Elektronen) in der Quantenmechanik bedeutend weniger Schwierigkeiten machen würde als das notorisch instabile und schwer vorhersagbare *klassische* Dreikörperproblem.

Eine weitere nennenswerte Ergänzung des Formalismus der Matrizenmechanik ist die Erweiterung auf Systeme mit einem kontinuierlichen Spektrum (Kapitel 3, Abschnitt 3), das heißt also Systeme, bei denen die Zustände nicht mit diskreten Quantenzahlen bezeichnet werden können, sondern mit Parametern, die beliebige Werte annehmen können. Die Übergangsfrequenzen hängen dann von der Differenz zwischen den Parameterwerten in Anfangs- und Endzustand ab und können auch beliebige Werte annehmen, die nur durch den Wertebereich der Parameter begrenzt sind. Es ist klar, dass man dafür eine Erweiterung des Matrizenkonzepts braucht; schließlich wurden die Spalten und Zeilen von Matrizen mit ganzen Zahlen bezeichnet, die mit den Quantenzahlen zu identifizieren waren.

Ein zentrales Beispiel für solche kontinuierlichen Spektren war die Bremsstrahlung. Die theoretische Behandlung solcher Streuprozesse unterschied sich grundlegend vom paradigmatischen Fall der gebundenen Zustände im Atom. Im letzteren Fall ließ sich die Energie mithilfe der Quantenbedingung (Gleichung 1) diskretisieren, da es sich um geschlossene Ellipsenbahnen handelte. Bei den offenen Hyperbelbahnen im Streuprozess ließ sich die Quantenbedingung gar nicht sinnvoll anwenden und die Energie war dementsprechend nicht quantisiert. Man erhielt – mithilfe der Bohrschen Frequenzbedingung, die sich trotzdem anwenden ließ – ein kontinuierliches Spektrum.[7]

Während die Einfügung der Hyperbelbahnen in das Schema der alten Quantentheorie beträchtliche Schwierigkeiten bereitete, konnte die Matrizenmechanik hier glänzen; schon zwanzig Jahre vorher hatten David Hilbert und Ernst Hellinger (in Göttingen!) gezeigt, dass unendlichdimensionale Matrizen (in der Dreimännerarbeit korrekterweise als unendliche quadratische Formen bezeichnet) ein Kontinuum von Eigenwerten aufweisen können (Gleichung 26).[8] Zu diesen Eigenwerten gehört dann auch ein Kontinuum an Eigenvektoren (Gleichung 28). Ist dies für die Energiematrix der Fall, bilden auch die Zeilen der Transformationsmatrix S ein Kontinuum, das durch einen Parameter W, also durch die kontinuierlichen Energie-Eigenwerte, bezeichnet wird (Gleichung 33). Gleiches gilt dann für die Zeilen und Spalten der Matrizen q und p, die die Bewegungsgleichungen lösen (Gleichung 40). Das kontinuierliche Spektrum ergab sich also als eine unmittelbare Verallgemeinerung der diskreten Matrizenmechanik.

Es ist erstaunlich, dass die hierfür notwendige Mathematik Jahre zuvor in derselben Stadt entwickelt worden war. Gewisse Dinge hatten Hilbert und Hellinger natürlich nicht vorausgesehen: so hatten sie ihre Sätze nur für beschränkte Matrizen (also Matrizen

---

[7] Jähnert (2019, Kapitel 5).

[8] Dieser Fall wird in einem schönen Beispiel in Duncan und Janssen (2023, S. 332ff) illustriert.

5.3 Die Dreimännerarbeit

deren Eigenwerte nach oben und unten beschränkt sind) bewiesen; Born, Heisenberg und Jordan mussten darauf vertrauen, dass die Sätze auch für unbeschränkte Matrizen galten, denn die Energien bei Streuprozessen waren natürlich nach oben offen. Am erstaunlichsten ist aber, dass Hilbert und Hellinger die Eigenwerte ihrer unendlichen Matrizen als „Spektrum" bezeichneten – diskrete Eigenwerte bildeten ein Punktspektrum, kontinuierliche Eigenwerte ein Streckenspektrum (Duncan und Janssen 2023, S. 323 f.). Sie konnten natürlich nicht ahnen, dass ihre Methoden eines Tages in der Spektroskopie zum Einsatz kommen würden.

Doch bei allem Wundern über diese linguistische Vorahnung sollte man nicht übersehen, dass die Analogie zwischen dem mathematischen und dem physikalischen Spektrum hinkt: in der Mathematik bezeichnet das Spektrum die Eigenwerte selbst, in der Matrizenmechanik waren es die *Differenzen* zwischen den Eigenwerten, die die Frequenzen der Spektrallinien bestimmten. Im Sprachgebrauch der Physik hat sich erstaunlicherweise die mathematische Verwendung durchgesetzt: spricht man heute vom Spektrum eines quantenmechanischen Modells, meint man gemeinhin die Energie-Eigenwerte, nicht die Übergangsfrequenzen. Das hat natürlich damit zu tun, dass in der modernen Quantenmechanik nicht mehr alle Übergänge mit der Aussendung elektromagnetischer Strahlung verbunden sind.

Die vielleicht gewagteste Erweiterung der Matrizenmechanik findet sich dann ganz zum Schluss, in Kapitel 4, Paragraph 3. Hier wird die Matrizenmechanik auf ein System mit unendlich vielen Freiheitsgraden angewandt, nämlich auf eine schwingende Saite. Dieser Abschnitt wurde von Jordan alleine geschrieben; es ist eine Fingerübung für eine matrizenmechanische Beschreibung kontinuierlicher (elektromagnetischer) Felder, also für die Quantenfeldtheorie, zu deren Entwicklung Jordan in den nächsten Jahren maßgeblich beitragen würde (Lehner 2011).

Trotz des sehr einfachen Modells war Jordan in der Lage, einige bedeutende Ergebnisse zu erzielen und Rätsel aufzulösen, die seit dem Beginn der Quantentheorie 25 Jahre früher bestanden hatten. Er konnte zeigen, dass die Energien E_n der schwingenden Saite die Werte

$$E_n = h \sum_k \nu_k n_k \tag{5.2}$$

annehmen (Gleichung 36). Die Summe geht über alle Schwingungsfrequenzen ν_k der Saite, mit den dazugehörigen Quantenzahlen $n_1, n_2, n_3, \ldots$ Die elektromagnetische Entsprechung ist klar: die Zahl n_k entspricht der Anzahl der Lichtquanten (heute würde man sagen: Photonen) mit Frequenz ν_k.

In der Tat wiesen die Energiequanten der schwingenden Saite einige bis dahin verwirrende Eigenschaften von Lichtquanten auf. So war es natürlich, sie auf Bose-Einsteinsche Art zu zählen: dass, zum Beispiel, bei $n_i = 2$ die beiden Lichtquanten ununterscheidbar sind, versteht sich fast von selbst (S. 608). Dementsprechend leicht konnte Jordan das Planck'sche Strahlungsgesetz herleiten (S. 609).

Auch der Welle-Teilchen-Dualismus ließ sich bei der quantisierten schwingenden Saite beobachten. Dieser Dualismus war erstmals 1909 von Einstein konstatiert worden und fand seinen Ausdruck in Einsteins (damals) berühmter Schwankungsformel (Gleichung 40) für einen von Strahlung erfüllten Hohlraum. Die statistische Varianz $\overline{\Delta^2}$ der in einem Teilvolumen des Hohlraums enthaltenen Energie kann man auf zwei grundsätzlich verschiedene Arten ausrechnen: thermodynamisch, mithilfe von makroskopischen Variablen wie Energie und Temperatur, oder statistisch – dafür braucht man mikroskopische Variablen, über die man mitteln kann. Beide Ansätze sollten natürlich ein übereinstimmendes Ergebnis liefern.

Einstein hatte die Schwankungen thermodynamisch berechnet, unter der Annahme, dass die Energieverteilung im Hohlraum dem Planck'schen Gesetz entspricht. Er erhielt so eine Summe aus zwei Termen: einer sieht aus wie die Energieschwankung in einem Teilchengas, der andere wie die Energieschwankung von stehenden Wellen in einem Hohlraum. Die gleichzeitige Anwesenheit dieser beiden Terme war der Kern des Welle-Teilchen-Dualismus, für Einstein eines der größten Rätsel der Physik: es schien viele Jahre, als gebe es keine mikroskopische Beschreibung der Strahlung, aus der sich in einer statistischen Berechnung *beide* Terme der Schwankungsformel berechnen ließen.

In der Matrizenmechanik ließ sich diese Schwankungsformel nun recht zwanglos herleiten, auch wenn sich dadurch noch nicht unmittelbar ein physikalisches Bild des Welle-Teilchen-Dualismus ergab. In der historischen Literatur gab es eine Zeitlang eine Debatte über die Gültigkeit von Jordans Herleitung: wie konnte er einen Ausdruck für die Schwankungen erhalten ohne über ein Ensemble zu mitteln, wie man es für gewöhnlich bei der statistischen Herleitung thermodynamischer Gleichungen macht (Duncan und Janssen 2008; Bacciagaluppi et al. 2017)? Inzwischen (Duncan und Janssen 2023) ist jedoch klar: für die Gültigkeit der Schwankungsformel braucht es keine Mittelung über Ensembles. Anders gesagt: das System muss sich nicht im thermischen Gleichgewicht befinden; es reicht irgendeine Randomisierung der Bewegungsgrößen (in diesem Fall der Phasen der einzelnen Schwingungsmoden, vgl. Gleichung 44), über die dann gemittelt werden kann. Und für diese Randomisierung reicht auch die einfache Quantenunschärfe, die 1925 natürlich noch nicht ausdrücklich formuliert worden war. Eine Herleitung der Schwankungsformel mit statistischen Ensembles ist also möglich aber nicht nötig und Jordans Herleitung hat durchaus Bestand.

Die weitere Ausarbeitung der Quantenfeldtheorie würde in den folgenden Jahren noch einige Schwierigkeiten machen. Doch Jordans Herleitung der Einsteinschen Schwankungsformel gab einen weiteren wichtigen Beleg, dass man mit der Matrizenmechanik auf dem richtigen Weg war, einen allgemeinen Rahmen für die mikroskopische Quantenphysik zu konstruieren. Natürlich war die Quantenmechanik mit der *Dreimännerarbeit* noch keineswegs abgeschlossen. Die Jahre 1926/27 brachten noch viele neue Ideen und Methoden hervor, die heute grundlegende Bestandteile der Quantenmechanik sind. Diese können hier nicht im Detail besprochen werden. Doch schließen wir diese Einleitung mit einem kurzen Ausblick, der sowohl die Bedeutung als auch die Lücken der hier reproduzierten Grundlagenarbeiten klarer hervorhebt.

Ausblick 6

Der entscheidende nächste Schritt in der Entwicklung der Quantenmechanik waren Schrödingers Arbeiten zur Wellenmechanik. Anfangs als eine ganz eigene Theorie der atomaren Mechanik konstruiert, verschmolz die Wellenmechanik bald mit der Matrizenmechanik und führte zu der Quantenmechanik, wie wir sie heute kennen.

Diese neue Quantenmechanik zeichnet sich vor allem durch eine Vielzahl verschiedener Beschreibungsmöglichkeiten aus: Heisenberg-Bild und Schrödinger-Bild, freie Wahl der Basis im Hilbertraum. Dies wurde bald als eine fundamentale Eigenschaft der Quantenmechanik betrachtet; die Freiheit der Basiswahl wurde mit dem Welle-Teilchen-Dualismus identifiziert und in dem Bohr'schen Prinzip der Komplementarität zu einem Grundstein der Philosophie der Quantenmechanik. Noch heute ist es ein nicht zu vernachlässigender Kritikpunkt, wenn eine Interpretation der Quantenmechanik eine präferierte Basis (im Normalfall die Ortskoordinaten) auszeichnet.

Von all dem ist in den ersten Arbeiten zur Matrizenmechanik noch nichts zu spüren. Für Born, Heisenberg und Jordan gab es keine Wahl der Basis im eigentlichen Sinne: die Basis der Energie-Eigenzustände schien alternativlos. Die Bohr'schen Orbitale waren zwar formal abgeschafft worden, aber sie wirkten nach. Die Zeilen und Spalten der Matrizen bezeichneten die stationären Zustände des Atoms, eine andere Basis schien physikalisch unsinnig. Natürlich wurden in der Dreimännerarbeit *formal* andere Basen eingeführt: man startete mit q, p und H in einer beliebigen Basis und überführte sie dann durch eine Ähnlichkeitstransformation in die „richtige Basis", wo die Energiematrix diagonal war.

Im Rückblick ärgerten sich Born, Heisenberg und Jordan über diese Engstirnigkeit. Hätte man die Basis-Transformationen physikalisch ernster genommen, wäre man vielleicht von sich aus auf die Schrödinger-Gleichung gekommen, bei der die Zustände, bzw. die Wellenfunktionen $\psi(x)$, in der Orts- und nicht in der Energiebasis geschrieben werden (Duncan und Janssen 2009, Abschnitt 3).

Die Transformationsmöglichkeiten der späteren Quantenmechanik waren und sind natürlich nicht Selbstzweck oder philosophische Spielerei: Sie dienen vor allem dazu eine Vielfalt von physikalischen Problemen möglichst einfach zu berechnen. In diesem Aspekt war die Matrizenmechanik sehr defizitär. Wer verstehen will, welche rechnerischen Möglichkeiten und Vereinfachungen die Wellenmechanik mit sich brachte, der nehme einmal Paulis hochumständliche matrizenmechanische Berechnung des Wasserstoffatoms und vergleiche sie mit der (heute noch in Einführungsvorlesungen gelehrten) wellenmechanischen Berechnung Schrödingers. Ähnlich sieht es bei Streuprozessen aus: zwar hatte die *Dreimännerarbeit* das Problem des kontinuierlichen Spektrums im Prinzip gelöst, aber eine echte, quantitative Behandlung der Streuung wurde erst mit der Wellenmechanik möglich (Born 1926).

Die Matrizenmechanik von 1925 war eine noch recht unhandliche Theorie. Aber war sie – wenn schon nicht in der Praxis, dann wenigstens im Prinzip – eine vollständige, in sich konsistente Theorie? Oder fehlten ihr entscheidende Elemente, die erst von Schrödinger mit der Wellenmechanik eingeführt wurden? Die Antwort auf diese Frage hängt stark von der bevorzugten Interpretation der Quantenmechanik ab (Heilbron und Rovelli 2023). Hält man die Wellenfunktion für einen realen Bestandteil (oder gar eine vollständige Beschreibung) der Welt, wie es in der Viele-Welten-Theorie oder der Bohm'schen Mechanik der Fall ist (ontische Lesart der Wellenfunktion), dann ist die Matrizenmechanik nur eine Rumpftheorie, die keine Zustände beschreiben kann, sondern nur Übergänge.

Doch mit dem Aufstieg der Quanteninformatik sind viele neue Interpretationsansätze entstanden, denen gemeinsam ist, dass die Wellenfunktion bloß als eine nützliche Zusammenstellung korrelierter Meßwahrscheinlichkeiten angesehen wird (Fuchs 2010; Janas et al. 2022), als reiner Informationsträger sozusagen (epistemische Lesart der Wellenfunktion). In dem Fall sieht die Matrizenmechanik schon bedeutend vollständiger aus. Auch sie sah ihren Hauptzweck ja im Aufstellen praktischer Beziehungen zwischen beobachtbaren Größen.

Hier ist jedoch Vorsicht geboten. Denn über Wahrscheinlichkeiten wird in den hier reproduzierten Arbeiten gar nicht so viel geredet. Die Matrixelemente wurden zwar von Heisenberg als Wahrscheinlichkeitsamplituden gelesen. Aber das Entscheidende war, dass diese Wahrscheinlichkeiten direkt die spektroskopischen Beobachtungsgrößen, also die Linienintensitäten, geben. Bei Heisenberg ist noch nicht der Indeterminismus der späteren Quantenmechanik entscheidend, sondern die Abschaffung der Bohrschen Bahnen, bzw. ganz allgemein einer Beschreibung der Vorgänge in Raum und Zeit. In der späteren Quantenmechanik wurde diese Beseitigung raumzeitlicher Bilder teilweise wieder rückgängig gemacht: der Ort des Teilchens im Raum (und in der Zeit) wird doch wieder zu einer Beobachtbaren, dargestellt durch den hermiteschen Operator x; die Bohr'schen Bahnen sind nur deswegen unbeobachtbar, weil man für den Teilchenort nur noch Wahrscheinlichkeitsverteilungen angeben kann.

Es ist also nicht so, dass die Konstruktion der Matrizenmechanik von der Erwartung oder gar dem Wunsch nach einer indeterministischen Theorie getrieben wurde. Dieses

6 Ausblick

Thema wurde von Born, Heisenberg und Jordan erst als Reaktion auf Schrödingers Wellenmechanik in den Vordergrund gestellt (Beller 1999, Kapitel 3). Schrödingers anschauliche Deutung der Wellenfunktion wurde dann Borns Interpretation der Wellenfunktion als Wahrscheinlichkeitsamplitude entgegengesetzt. Die Debatte über die Interpretation der Quantenmechanik beginnt erst in der Auseinandersetzung der Göttinger Matrizenmechanik mit der Schrödingerschen Alternative.

Das ist wohl die entscheidende Schwierigkeit, wenn man die hier abgedruckten Arbeiten aus moderner Perspektive liest: mit den großen erkenntnistheoretischen Fragen, die wir heute mit der Quantenmechanik und ihrer Entstehung verbinden, ist dort relativ wenig zu finden. Nur die berühmte Heisenberg'sche Vorrede, das war's dann. Die dort vorgestellte Philosophie haben Born, Heisenberg und Jordan zunächst nicht hinterfragt. Sind all die Größen in der entstehenden Theorie wirklich beobachtbar und, wenn ja, in welchem Sinne? Was hat es zu bedeuten, dass diese beobachtbaren Größen Übergangs*wahrscheinlichkeiten* entsprechen? Wenn man von diesen Matizenelementen erst das Betragsquadrat nehmen muss um Übergangswahrscheinlichkeiten zu erhalten, was bedeuten dann die komplexen Matrizenelemente selbst, mit ihren Phasen? All diese Fragen werden bei den drei Männern hintangestellt, um nicht zu sagen ignoriert.

So haben diese drei Arbeiten, was die spätere Philosophie der Quantenmechanik angeht, nicht viel zu bieten. Umso interessanter ist hingegen, dass Heisenberg und dann auch Born und Jordan in der Lage waren, die neue Theorie zu konstruieren, ohne sich um diese Grundlagenfragen zu kümmern. Dies gelang ihnen, indem sie sich auf die formalen Kontinuitäten zur klassischen Mechanik konzentrierten und nicht auf die konzeptuellen Brüche. Die Struktur der klassischen Mechanik – bei Heisenberg die Newtonsche, bei Born und Jordan dann die Hamiltonsche – gab den Rahmen vor, den man behutsam in eine neue, quantenmechanische Sprache übersetzen konnte. Die Übersetzungsregeln wiederum waren inspiriert von den in der Spektroskopie beobachteten Regelmäßigkeiten, wie dem Ritz'schen Kombinationsprinzip oder den Summenregeln für Intensitäten. Über den Sinn der so entstandenen neuen Theorie konnte man sich dann hinterher Gedanken machen – und tut es bis heute.

Heisenberg: „Über quantentheoretische Umdeutung kinematischer und mechanischer Beziehungen"

7

879

Über quantentheoretische Umdeutung kinematischer und mechanischer Beziehungen.

Von W. Heisenberg in Göttingen.

(Eingegangen am 29. Juli 1925.)

In der Arbeit soll versucht werden, Grundlagen zu gewinnen für eine quantentheoretische Mechanik, die ausschließlich auf Beziehungen zwischen prinzipiell beobachtbaren Größen basiert ist.

Bekanntlich läßt sich gegen die formalen Regeln, die allgemein in der Quantentheorie zur Berechnung beobachtbarer Größen (z. B. der Energie im Wasserstoffatom) benutzt werden, der schwerwiegende Einwand erheben, daß jene Rechenregeln als wesentlichen Bestandteil Beziehungen enthalten zwischen Größen, die scheinbar prinzipiell nicht beobachtet werden können (wie z. B. Ort, Umlaufzeit des Elektrons), daß also jenen Regeln offenbar jedes anschauliche physikalische Fundament mangelt, wenn man nicht immer noch an der Hoffnung festhalten will, daß jene bis jetzt unbeobachtbaren Größen später vielleicht experimentell zugänglich gemacht werden könnten. Diese Hoffnung könnte als berechtigt angesehen werden, wenn die genannten Regeln in sich konsequent und auf einen bestimmt umgrenzten Bereich quantentheoretischer Probleme anwendbar wären. Die Erfahrung zeigt aber, daß sich nur das Wasserstoffatom und der Starkeffekt dieses Atoms jenen formalen Regeln der Quantentheorie fügen, daß aber schon beim Problem der „gekreuzten Felder" (Wasserstoffatom in elektrischem und magnetischem Feld verschiedener Richtung) fundamentale Schwierigkeiten auftreten, daß die Reaktion der Atome auf periodisch wechselnde Felder sicherlich nicht durch die genannten Regeln beschrieben werden kann, und daß schließlich eine Ausdehnung der Quantenregeln auf die Behandlung der Atome mit mehreren Elektronen sich als unmöglich erwiesen hat. Es ist üblich geworden, dieses Versagen der quantentheoretischen Regeln, die ja wesentlich durch die Anwendung der klassischen Mechanik charakterisiert waren, als Abweichung von der klassischen Mechanik zu bezeichnen. Diese Bezeichnung kann aber wohl kaum als sinngemäß angesehen werden, wenn man bedenkt, daß schon die (ja ganz allgemein gültige) Einstein-Bohrsche Frequenzbedingung eine so völlige Absage an die klassische Mechanik oder besser, vom Standpunkt der Wellentheorie aus, an die dieser Mechanik zugrunde liegende Kinematik darstellt, daß auch bei den einfachsten quantentheoretischen Problemen an eine Gültigkeit der klassischen Mechanik schlechterdings nicht gedacht werden kann. Bei dieser Sachlage scheint es geratener, jene Hoffnung auf eine Beobachtung der bisher unbeobachtbaren Größen (wie Lage, Umlaufzeit des Elektrons) ganz aufzugeben, gleichzeitig also einzuräumen, daß die teilweise Übereinstimmung der genannten Quantenregeln mit der Erfahrung mehr oder weniger zufällig sei, und zu versuchen, eine der klassischen Mechanik analoge quantentheoretische Mechanik auszubilden, in welcher nur Beziehungen zwischen beobachtbaren Größen vorkommen. Als die wichtigsten ersten Ansätze zu einer solchen quantentheoretischen Mechanik kann man neben der Frequenzbedingung die Kramerssche Dispersionstheorie[1]) und die auf dieser Theorie weiterbauenden Arbeiten[2]) ansehen. Im folgenden wollen wir einige neue quantenmechanische Beziehungen herauszustellen suchen und zur vollständigen Behandlung einiger spezieller Probleme benutzen. Wir werden uns dabei auf Probleme von einem Freiheitsgrade beschränken.

§ 1. In der klassischen Theorie ist die Strahlung eines bewegten Elektrons $\left(\text{in der Wellenzone, d. h. } \mathfrak{E} \smallsmile \mathfrak{H} \smallsmile \frac{1}{r}\right)$ nicht allein durch die Ausdrücke:

$$\mathfrak{E} = \frac{e}{r^3 c^2} [\mathfrak{r}[\mathfrak{r}\dot{\mathfrak{v}}]],$$

$$\mathfrak{H} = \frac{e}{r^2 c^2} [\dot{\mathfrak{v}}\, \mathfrak{r}]$$

gegeben, sondern es kommen in nächster Näherung noch Glieder hinzu, z. B. von der Form

$$\frac{e}{r c^3} \dot{\mathfrak{v}}\, \mathfrak{v},$$

die man als „Quadrupolstrahlung" bezeichnen kann, in noch höherer Näherung Glieder z. B. der Form

$$\frac{e}{r c^4} \dot{\mathfrak{v}}\, \mathfrak{v}^2;$$

in dieser Weise läßt sich die Näherung beliebig weit treiben. (Im Vorhergehenden bedeuteten: $\mathfrak{E}, \mathfrak{H}$ die Feldstärken im Aufpunkt, e die Ladung des Elektrons, $\mathfrak{r}$ den Abstand des Elektrons vom Aufpunkt, $\mathfrak{v}$ die Geschwindigkeit des Elektrons.)

Man kann sich fragen, wie jene höheren Glieder in der Quantentheorie aussehen müßten. Da in der klassischen Theorie die höheren

---

[1]) H. v. Kramers, Nature **113**, 673, 1924.
[2]) M. Born, ZS. f. Phys. **26**, 379, 1924. H. A. Kramers und W. Heisenberg, ZS. f. Phys. **31**, 681, 1925. M. Born und P. Jordan, ZS. f. Phys. (Im Erscheinen.)

Näherungen einfach berechnet werden können, wenn die Bewegung des Elektrons bzw. ihre Fourierdarstellung gegeben ist, so wird man in der Quantentheorie Ähnliches erwarten. Diese Frage hat nichts mit Elektrodynamik zu tun, sondern sie ist, dies scheint uns besonders wichtig, rein kinematischer Natur; wir können sie in einfachster Form folgendermaßen stellen: Gegeben sei eine an Stelle der klassischen Größe $x(t)$ tretende quantentheoretische Größe; welche quantentheoretische Größe tritt dann an Stelle von $x(t)^2$?

Bevor wir diese Frage beantworten können, müssen wir uns daran erinnern, daß es in der Quantentheorie nicht möglich war, dem Elektron einen Punkt im Raum als Funktion der Zeit mittels beobachtbarer Größen zuzuordnen. Wohl aber kann dem Elektron auch in der Quantentheorie eine Ausstrahlung zugeordnet werden; diese Strahlung wird beschrieben erstens durch die Frequenzen, die als Funktionen zweier Variablen auftreten, quantentheoretisch in der Gestalt:

$$\nu(n, n-\alpha) = \frac{1}{h}\{W(n) - W(n-\alpha)\},$$

in der klassischen Theorie in der Form:

$$\nu(n, \alpha) = \alpha \cdot \nu(n) = \alpha \frac{1}{h} \frac{dW}{dn}.$$

(Hierin ist $n \cdot h = J$, einer der kanonischen Konstanten, gesetzt.)

Als charakteristisch für den Vergleich der klassischen mit der Quantentheorie hinsichtlich der Frequenzen kann man die Kombinationsrelationen anschreiben:

Klassisch:
$$\nu(n, \alpha) + \nu(n, \beta) = \nu(n, \alpha + \beta).$$

Quantentheoretisch:
$$\nu(n, n-\alpha) + \nu(n-\alpha, n-\alpha-\beta) = \nu(n, n-\alpha-\beta)$$

bzw. $\nu(n-\beta, n-\alpha-\beta) + \nu(n, n-\beta) = \nu(n, n-\alpha-\beta).$

Neben den Frequenzen sind zweitens zur Beschreibung der Strahlung notwendig die Amplituden; die Amplituden können als komplexe Vektoren (mit je sechs unabhängigen Bestimmungsstücken) aufgefaßt werden und bestimmen Polarisation und Phase. Auch sie sind Funktionen der zwei Variablen n und α, so daß der betreffende Teil der Strahlung durch den folgenden Ausdruck dargestellt wird:

Quantentheoretisch:
$$Re\{\mathfrak{A}(n, n-\alpha) e^{i\omega(n, n-\alpha)t}\}. \qquad (1)$$

Klassisch:
$$Re\{\mathfrak{A}_\alpha(n) e^{i\omega(n) \cdot \alpha t}\}. \qquad (2)$$

Der (in $\mathfrak{A}$ enthaltenen) Phase scheint zunächst eine physikalische Bedeutung in der Quantentheorie nicht zuzukommen, da die Frequenzen der Quantentheorie mit ihren Oberschwingungen im allgemeinen nicht kommensurabel sind. Wir werden aber sofort sehen, daß die Phase auch in der Quantentheorie eine bestimmte, der in der klassischen Theorie analoge Bedeutung hat. Betrachten wir jetzt eine bestimmte Größe $x(t)$ in der klassischen Theorie, so kann man sie repräsentiert denken durch eine Gesamtheit von Größen der Form

$$\mathfrak{A}_\alpha(n) e^{i\omega(n).\alpha t},$$

die, je nachdem die Bewegung periodisch ist oder nicht, zu einer Summe oder zu einem Integral vereinigt $x(t)$ darstellen:

$$\left. \begin{array}{l} x(n, t) = \sum_{\alpha}\limits_{-\infty}^{+\infty} \mathfrak{A}_\alpha(n) e^{i\omega(n).\alpha t} \\ x(n, t) = \int_{-\infty}^{+\infty} \mathfrak{A}_\alpha(n) e^{i\omega(n)\alpha t} d\alpha. \end{array} \right\} \quad (2\,\mathrm{a})$$

bzw.

Eine solche Vereinigung der entsprechenden quantentheoretischen Größen scheint wegen der Gleichberechtigung der Größen n, $n-\alpha$ nicht ohne Willkür möglich und deshalb nicht sinnvoll; wohl aber kann man die Gesamtheit der Größen

$$\mathfrak{A}(n, n-\alpha) e^{i\omega(n, n-\alpha)t}$$

als Repräsentant der Größe $x(t)$ auffassen und dann die oben gestellte Frage zu beantworten suchen: Wodurch wird die Größe $x(t)^2$ repräsentiert?

Die Antwort lautet klassisch offenbar so:

$$\mathfrak{B}_\beta(n) e^{i\omega(n)\beta t} = \sum_{\alpha}\limits_{-\infty}^{+\infty} \mathfrak{A}_\alpha \mathfrak{A}_{\beta-\alpha} e^{i\omega(n)(\alpha+\beta-\alpha)t} \quad (3)$$

bzw.

$$= \int_{-\infty}^{+\infty} \mathfrak{A}_\alpha \mathfrak{A}_{\beta-\alpha} e^{i\omega(n)(\alpha+\beta-\alpha)t} d\alpha, \quad (4)$$

wobei dann

$$x(t)^2 = \sum_{\beta}\limits_{-\infty}^{+\infty} \mathfrak{B}_\beta(n) e^{i\omega(n)\beta t} \quad (5)$$

bzw.

$$= \int_{-\infty}^{+\infty} \mathfrak{B}_\beta(n) e^{i\omega(n)\beta t} d\beta. \quad (6)$$

Quantentheoretisch scheint es die einfachste und natürlichste Annahme, die Beziehungen (3, 4) durch die folgenden zu ersetzen:

$$\mathfrak{B}(n, n-\beta) e^{i\omega(n,n-\beta)t} = \sum_{-\infty}^{+\infty} {}_\alpha \mathfrak{A}(n, n-\alpha) \mathfrak{A}(n-\alpha, n-\beta) e^{i\omega(n,n-\beta)t} \quad (7)$$

bzw.
$$= \int_{-\infty}^{+\infty} d\alpha \, \mathfrak{A}(n, n-\alpha) \mathfrak{A}(n-\alpha, n-\beta) e^{i\omega(n,n-\beta)t}; \quad (8)$$

und zwar ergibt sich diese Art der Zusammensetzung nahezu zwangläufig aus der Kombinationsrelation der Frequenzen. Macht man diese Annahme (7) und (8), so erkennt man auch, daß die Phasen der quantentheoretischen $\mathfrak{A}$ eine ebenso große physikalische Bedeutung haben wie die in der klassischen Theorie: nur der Anfangspunkt der Zeit und daher eine allen $\mathfrak{A}$ gemeinsame Phasenkonstante ist willkürlich und ohne physikalische Bedeutung; doch die Phase der einzelnen $\mathfrak{A}$ geht wesentlich in die Größe $\mathfrak{B}$ ein[1]). Eine geometrische Interpretation solcher quantentheoretischer Phasenbeziehungen in Analogie zur klassischen Theorie scheint zunächst kaum möglich.

Fragen wir weiter nach dem Repräsentant der Größe $x(t)^3$, so finden wir ohne Schwierigkeit:

Klassisch:
$$\mathfrak{C}(n, \gamma) = \sum_{-\infty}^{+\infty} \sum_{-\infty}^{+\infty} {}_{\alpha, \beta} \, \mathfrak{A}_\alpha(n) \mathfrak{A}_\beta(n) \mathfrak{A}_{\gamma-\alpha-\beta}(n). \quad (9)$$

Quantentheoretisch:
$$\mathfrak{C}(n, n-\gamma) = \sum_{-\infty}^{+\infty} \sum_{-\infty}^{+\infty} {}_{\alpha, \beta} \, \mathfrak{A}(n, n-\alpha) \mathfrak{A}(n-\alpha, n-\alpha-\beta) \mathfrak{A}(n-\alpha-\beta, n-\gamma) \quad (10)$$

bzw. die entsprechenden Integrale.

In ähnlicher Weise lassen sich alle Größen der Form $x(t)^n$ quantentheoretisch darstellen, und wenn irgend eine Funktion $f[x(t)]$ gegeben ist, so kann man offenbar immer dann, wenn diese Funktion nach Potenzreihen in x entwickelbar ist, das quantentheoretische Analogon finden. Eine wesentliche Schwierigkeit entsteht jedoch, wenn wir zwei Größen $x(t), y(t)$ betrachten und nach dem Produkt $x(t) y(t)$ fragen.

---

[1]) Vgl. auch H. A. Kramers und W. Heisenberg, l. c. In die dort benutzten Ausdrücke für das induzierte Streumoment gehen die Phasen wesentlich ein.

Sei $x(t)$ durch $\mathfrak{A}$, $y(t)$ durch $\mathfrak{B}$ charakterisiert, so ergibt sich als Darstellung von $x(t) \cdot y(t)$:

Klassisch:
$$\mathfrak{C}_\beta(n) = \sum_{-\infty}^{+\infty}{}_\alpha \mathfrak{A}_\alpha(n) \mathfrak{B}_{\beta-\alpha}(n).$$

Quantentheoretisch:
$$\mathfrak{C}(n, n-\beta) = \sum_{-\infty}^{+\infty}{}_\alpha \mathfrak{A}(n, n-\alpha) \mathfrak{B}(n-\alpha, n-\beta).$$

Während klassisch $x(t) \cdot y(t)$ stets gleich $y(t) x(t)$ wird, braucht dies in der Quantentheorie im allgemeinen nicht der Fall zu sein. — In speziellen Fällen, z. B. bei der Bildung von $x(t) \cdot x(t)^2$, tritt diese Schwierigkeit nicht auf.

Wenn es sich, wie in der zu Beginn dieses Paragraphen gestellten Frage, um Bildungen der Form
$$v(t) \dot{v}(t)$$
handelt, so wird man quantentheoretisch $v\dot{v}$ ersetzen sollen durch $\dfrac{v\dot{v} + \dot{v}v}{2}$, um zu erreichen, daß $v\dot{v}$ als Differentialquotient von $\dfrac{v^2}{2}$ auftritt. In ähnlicher Weise lassen sich wohl stets naturgemäße quantentheoretische Mittelwerte angeben, die allerdings in noch höherem Grade hypothetisch sind als die Formeln (7) und (8).

Abgesehen von der eben geschilderten Schwierigkeit dürften Formeln vom Typus (7), (8) allgemein genügen, um auch die Wechselwirkung der Elektronen in einem Atom durch die charakteristischen Amplituden der Elektronen auszudrücken.

§ 2. Nach diesen Überlegungen, welche die Kinematik der Quantentheorie zum Gegenstand hatten, werden wir zum mechanischen Problem übergehen, das auf die Bestimmung der $\mathfrak{A}$, ν, W aus den gegebenen Kräften des Systems abzielt. In der bisherigen Theorie wird dieses Problem gelöst in zwei Schritten:

1. Integration der Bewegungsgleichung
$$\ddot{x} + f(x) = 0. \tag{11}$$

2. Bestimmung der Konstante bei periodischen Bewegungen durch
$$\oint p\, dq = \oint m\dot{x}\, dx = J(= nh). \tag{12}$$

Wenn man sich vornimmt, eine quantentheoretische Mechanik aufzubauen, welche der klassischen möglichst analog ist, so liegt es wohl sehr nahe, die Bewegungsgleichung (11) direkt in die Quantentheorie zu übernehmen, wobei es nur notwendig ist — um nicht vom sicheren Fundament der prinzipiell beobachtbaren Größen abzugehen —, an Stelle der Größen $\ddot{x}, f(x)$ ihre aus §1 bekannten quantentheoretischen Repräsentanten zu setzen. In der klassischen Theorie ist es möglich, die Lösung von (11) durch Ansatz von x in Fourierreihen bzw. Fourierintegralen mit unbestimmten Koeffizienten (und Frequenzen) zu suchen; allerdings erhalten wir dann im allgemeinen unendlich viele Gleichungen mit unendlich vielen Unbekannten bzw. Integralgleichungen, die sich nur in speziellen Fällen zu einfachen Rekursionsformeln für die $\mathfrak{A}$ umgestalten lassen. In der Quantentheorie sind wir jedoch vorläufig auf diese Art der Lösung von (11) angewiesen, da sich, wie oben besprochen, keine der Funktion $x(n, t)$ direkt analoge quantentheoretische Funktion definieren ließ.

Dies hat zur Folge, daß die quantentheoretische Lösung von (11) zunächst nur in den einfachsten Fällen durchführbar ist. Bevor wir auf solche einfache Beispiele eingehen, sei noch die quantentheoretische Bestimmung der Konstante nach (12) hergeleitet. Wir nehmen also an, daß die Bewegung (klassisch) periodisch sei:

$$x = \sum_{-\infty}^{+\infty}{}^\alpha a_\alpha(n) e^{i\alpha\omega_n t}; \qquad (13)$$

dann ist

$$m\dot{x} = m \sum_{-\infty}^{+\infty} a_\alpha(n) \cdot i\alpha\omega_n e^{i\alpha\omega_n t}$$

und

$$\oint m\dot{x}\,dx = \oint m\dot{x}^2\,dt = 2\pi m \sum_{-\infty}^{+\infty}{}^\alpha a_\alpha(n)\, a_{-\alpha}(n)\, \alpha^2 \omega_n.$$

Da ferner $a_{-\alpha}(n) = \overline{a_\alpha(n)}$ ist (x soll reell sein), so folgt

$$\oint m\dot{x}^2\,dt = 2\pi m \sum_{-\infty}^{+\infty}{}^\alpha |a_\alpha(n)|^2 \alpha^2 \omega_n. \qquad (14)$$

Dieses Phasenintegral hat man bisher meist gleich einem ganzen Vielfachen von h, also gleich $n \cdot h$ gesetzt; eine solche Bedingung fügt sich aber nicht nur sehr gezwungen der mechanischen Rechnung ein, sie erscheint auch selbst vom bisherigen Standpunkt aus im Sinne des Korrespondenzprinzips willkürlich; denn korrespondenzmäßig sind die J nur bis auf eine additive Konstante als ganzzahlige Vielfache von h festgelegt, und an Stelle von (14) hätte naturgemäß zu treten:

$$\frac{d}{dn}(nh) = \frac{d}{dn} \cdot \oint m\dot{x}^2\,dt,$$

das heißt

$$h = 2\pi m \cdot \sum_{-\infty}^{+\infty}{}^\alpha \alpha \frac{d}{dn}(\alpha\omega_n \cdot |a_\alpha|^2). \qquad (15)$$

Eine solche Bedingung legt allerdings die a_α dann auch nur bis auf eine Konstante fest, und diese Unbestimmtheit hat empirisch in dem Auftreten von halben Quantenzahlen zu Schwierigkeiten Anlaß gegeben.

Fragen wir nach einer (14) und (15) entsprechenden quantentheoretischen Beziehung zwischen beobachtbaren Größen, so stellt sich die vermißte Eindeutigkeit von selbst wieder her.

Zwar besitzt eben nur Gleichung (15) eine an die Kramerssche Dispersionstheorie anknüpfende einfache quantentheoretische Verwandlung[1]):

$$h = 4\pi m \sum_{0}^{\infty} \alpha \{|a(n, n+\alpha)|^2 \omega(n, n+\alpha) - |a(n, n-\alpha)|^2 \omega(n, n-\alpha)\}, \quad (16)$$

doch diese Beziehung genügt hier zur eindeutigen Bestimmung der a; denn die in den Größen a zunächst unbestimmte Konstante wird von selbst durch die Bedingung festgelegt, daß es einen Normalzustand geben solle, von dem aus keine Strahlung mehr stattfindet; sei der Normalzustand mit n_0 bezeichnet, so sollen also alle

$$a(n_0, n_0 - \alpha) = 0 \quad \text{(für } \alpha > 0)$$

sein. Die Frage nach halbzahliger oder ganzzahliger Quantelung dürfte daher in einer quantentheoretischen Mechanik, die nur Beziehungen zwischen beobachtbaren Größen benutzt, nicht auftreten können.

Die Gleichungen (11) und (16) zusammen enthalten, wenn sie sich lösen lassen, eine vollständige Bestimmung nicht nur der Frequenzen und Energien, sondern auch der quantentheoretischen Übergangswahrscheinlichkeiten. Die wirkliche mathematische Durchführung gelingt jedoch zunächst nur in den einfachsten Fällen; eine besondere Komplikation entsteht auch bei vielen Systemen, wie z. B. beim Wasserstoffatom, dadurch, daß die Lösungen teils periodischen, teils aperiodischen Bewegungen entsprechen, was zur Folge hat, daß die quantentheoretischen Reihen (7), (8) und die Gleichung (16) stets in eine Summe und ein Integral zerfallen. Quantenmechanisch läßt sich eine Trennung in „periodische und aperiodische Bewegungen" im allgemeinen nicht durchführen.

Trotzdem könnte man vielleicht die Gleichungen (11) und (16) wenigstens prinzipiell als befriedigende Lösung des mechanischen Problems ansehen, wenn sich zeigen ließe, daß diese Lösung übereinstimmt bzw. nicht in Widerspruch steht mit den bisher bekannten quantenmechanischen Beziehungen; daß also eine kleine Störung eines mechanischen Problems zu Zusatzgliedern in der Energie bzw. in den Frequenzen Anlaß gibt, die

---

[1]) Diese Beziehung wurde schon auf Grund von Betrachtungen über Dispersion gegeben von W. Kuhn, ZS. f. Phys. **33**, 408, 1925, und Thomas, Naturw. **13**, 1925.

eben den von Kramers und Born gefundenen Ausdrücken entsprechen — im Gegensatz zu denen, welche die klassische Theorie liefern würde. Ferner müßte untersucht werden, ob im allgemeinen der Gleichung (11) auch in der hier vorgeschlagenen quantentheoretischen Auffassung ein Energieintegral $m\dfrac{\dot{x}^2}{2} + U(x) = $ const entspricht und ob die so gewonnene Energie — ähnlich, wie klassisch gilt: $\nu = \dfrac{\partial W}{\partial J}$ — der Bedingung genügt: $\Delta W = h \cdot \nu$. Eine allgemeine Beantwortung dieser Fragen erst könnte den inneren Zusammenhang der bisherigen quantenmechanischen Versuche dartun und zu einer konsequent nur mit beobachtbaren Größen operierenden Quantenmechanik führen. Abgesehen von einer allgemeinen Beziehung zwischen der Kramersschen Dispersionsformel und den Gleichungen (11) und (16) können wir die oben gestellten Fragen nur in den ganz speziellen, durch einfache Rekursion lösbaren Fällen beantworten.

Jene allgemeine Beziehung zwischen der Kramersschen Dispersionstheorie und unseren Gleichungen (11), (16) besteht darin, daß aus Gleichung (11) (d. h. ihrem quantentheoretischen Analogon) ebenso wie in der klassischen Theorie folgt, daß sich das schwingende Elektron gegenüber Licht, das viel kurzwelliger ist als alle Eigenschwingungen des Systems, wie ein freies Elektron verhält. Dieses Resultat folgt auch aus der Kramersschen Theorie, wenn man noch Gleichung (16) berücksichtigt. In der Tat findet Kramers für das durch die Welle $E \cos 2\pi\nu t$ induzierte Moment:

$$M = e^2 E \cos 2\pi\nu t \cdot \frac{2}{h} \sum_{0}^{\infty} {}_\alpha \left\{ \frac{|a(n, n+\alpha)|^2 \nu(n, n+\alpha)}{\nu^2(n, n+\alpha) - \nu^2} \right.$$

$$\left. - \frac{|a(n, n-\alpha)|^2 \nu(n, n-\alpha)}{\nu^2(n, n-\alpha) - \nu^2} \right\},$$

also für $\nu \gg \nu(n, n+\alpha)$

$$M = -\frac{2 E e^2 \cos 2\pi\nu t}{\nu^2 \cdot h} \sum_{0}^{\infty} {}_\alpha \left\{ |a(n, n+\alpha)|^2 \nu(n, n+\alpha) \right.$$

$$\left. - |a(n, n-\alpha)|^2 \nu(n, n-\alpha) \right\},$$

was wegen (16) übergeht in

$$M = -\frac{e^2 E \cos 2\pi\nu t}{\nu^2 \cdot 4\pi^2 m}.$$

§ 3. Als einfachstes Beispiel soll im folgenden der anharmonische Oszillator behandelt werden:

$$\ddot{x} + \omega_0^2 x + \lambda x^2 = 0. \tag{17}$$

Klassisch läßt sich diese Gleichung befriedigen durch einen Ansatz der Form

$$x = \lambda a_0 + a_1 \cos \omega t + \lambda a_2 \cos 2\omega t + \lambda^2 a_3 \cos 3\omega t + \cdots \lambda^{\tau-1} a_\tau \cos \tau \omega t,$$

wobei die a Potenzreihen in λ sind, die mit einem von λ freien Gliede beginnen. Wir versuchen quantentheoretisch einen analogen Ansatz und repräsentieren x durch Glieder der Form

$$\lambda a(n,n); \quad a(n, n-1) \cos \omega (n, n-1)t; \quad \lambda a(n, n-2) \cos \omega (n, n-2)t;$$
$$\ldots \lambda^{\tau-1} a(n, n-\tau) \cos \omega (n, n-\tau)t \ldots$$

Die Rekursionsformeln zur Bestimmung der a und ω lauten (bis auf Glieder der Ordnung λ) nach Gleichung (3), (4) bzw. (7), (8):

Klassisch:

$$\left. \begin{array}{r} \omega_0^2 a_0(n) + \dfrac{a_1^2(n)}{2} = 0; \\[4pt] -\omega^2 + \omega_0^2 = 0; \\[4pt] (-4\omega^2 + \omega_0^2) a_2(n) + \dfrac{a_1^2}{2} = 0; \\[4pt] (-9\omega^2 + \omega_0^2) a_3(n) + a_1 a_2 = 0; \\[4pt] \cdots\cdots\cdots\cdots\cdots\cdots\cdots \end{array} \right\} \quad (18)$$

Quantentheoretisch:

$$\left. \begin{array}{r} \omega_0^2 a_0(n) + \dfrac{a^2(n+1, n) + a^2(n, n-1)}{4} = 0; \\[4pt] -\omega^2(n, n-1) + \omega_0^2 = 0; \\[4pt] (-\omega^2(n, n-2) + \omega_0^2) a(n, n-2) + \dfrac{a(n, n-1) a(n-1, n-2)}{2} = 0; \\[4pt] (-\omega^2(n, n-3) + \omega_0^2) a(n, n-3) \\[4pt] + \dfrac{a(n, n-1) a(n-1, n-3)}{2} + \dfrac{a(n, n-2) a(n-2, n-3)}{2} = 0; \\[4pt] \cdots\cdots\cdots\cdots\cdots\cdots\cdots \end{array} \right\} \quad (19)$$

Hierzu kommt die Quantenbedingung:

Klassisch ($J = nh$):

$$1 = 2\pi m \frac{d}{dJ} \sum_{-\infty}^{+\infty} \tau^2 \frac{|a_\tau|^2 \omega}{4}.$$

Quantentheoretisch:

$$h = \pi m \sum_{0}^{\infty} [|a(n+\tau, n)|^2 \omega(n+\tau, n) - |a(n, n-\tau)|^2 \omega(n, n-\tau)].$$

Dies ergibt in erster Näherung, sowohl klassisch wie quantentheoretisch:

$$a_1^2(n) \quad \text{bzw.} \quad a^2(n, n-1) = \frac{(n + \text{const}) h}{\pi m \omega_0}. \qquad (20)$$

Quantentheoretisch läßt sich die Konstante in (20) bestimmen durch die Bedingung, daß $a(n_0, n_0 - 1)$ im Normalzustand Null sein solle. Numerieren wir die n so, daß n im Normalzustand gleich Null wird, also $n_0 = 0$, so folgt

$$a^2(n, n-1) = \frac{nh}{\pi m \omega_0}.$$

Aus den Rekursionsgleichungen (18) folgt dann, daß in der klassischen Theorie a_τ (in erster Näherung in λ) von der Form wird $\varkappa(\tau) n^{\frac{\tau}{2}}$, wo $\varkappa(\tau)$ einen von n unabhängigen Faktor darstellt. In der Quantentheorie ergibt sich aus (19)

$$a(n, n - \tau) = \varkappa(\tau) \sqrt{\frac{n!}{(n-\tau)!}}, \qquad (21)$$

wobei $\varkappa(\tau)$ denselben, von n unabhängigen Proportionalitätsfaktor darstellt. Für große Werte von n geht natürlich der quantentheoretische Wert von a_τ asymptotisch in den klassischen über.

Für die Energie liegt es nahe, den klassischen Ansatz

$$\frac{m \dot{x}^2}{2} + m \omega_0^2 \frac{x^2}{2} + \frac{m \lambda}{3} x^3 = W$$

zu versuchen, der in der hier durchgerechneten Näherung auch quantentheoretisch wirklich konstant ist und nach (19), (20) und (21) den Wert hat:

Klassisch:

$$W = \frac{n h \omega_0}{2 \pi}. \qquad (22)$$

Quantentheoretisch [nach (7), (8)]:

$$W = \frac{(n + \frac{1}{2}) h \omega_0}{2 \pi} \qquad (23)$$

(bis auf Größen der Ordnung λ^2).

Nach dieser Auffassung ist also schon beim harmonischen Oszillator die Energie nicht durch die „klassische Mechanik", d. h. (22) darstellbar, sondern sie hat die Form (23).

Die genauere Durchrechnung auch der höheren Näherungen in W, a, ω soll ausgeführt werden am einfacheren Beispiel des anharmonischen Oszillators vom Typus:

$$\ddot{x} + \omega_0^2 x + \lambda x^3 = 0.$$

Klassisch kann man hier setzen:

$$x = a_1 \cos \omega t + \lambda a_3 \cos 3 \omega t + \lambda^2 a_5 \cos 5 \omega t + \cdots,$$

analog versuchen wir quantentheoretisch den Ansatz

$$a(n, n-1) \cos \omega(n, n-1) t; \quad \lambda a(n, n-3) \cos \omega(n, n-3) t; \quad \ldots$$

Die Größen a sind wieder Potenzreihen in λ, deren erstes Glied, wie in (21), die Form hat:

$$a(n, n-\tau) = \varkappa(\tau) \sqrt{\frac{n!}{(n-\tau)!}},$$

wie man durch Ausrechnen der den Gleichungen (18), (19) entsprechenden Gleichungen erhält.

Führt man die Berechnung von ω, a nach (18), (19) bis zur Näherung λ^2 bzw. λ durch, so erhält man:

$$\omega(n, n-1) = \omega_0 + \lambda \cdot \frac{3\,n\,h}{8\,\pi\,\omega_0^3\,m} - \lambda^2 \cdot \frac{3\,h^2}{256\,\omega_0^5\,m^2\,\pi^2}(17\,n^2 + 7) + \cdots \quad (24)$$

$$a(n, n-1) = \sqrt{\frac{n\,h}{\pi\,\omega_0\,m}} \left(1 - \lambda\,\frac{3\,n\,h}{16\,\pi\,\omega_0^3\,m} + \cdots\right). \quad (25)$$

$$a(n, n-3) = \frac{1}{32} \sqrt{\frac{h^3}{\pi^3\,\omega_0^7\,m^3}\,n(n-1)(n-2)} \left(1 - \lambda\,\frac{39(n-1)\,h}{32\,\pi\,\omega_0^3\,m}\right). \quad (26)$$

Die Energie, die als das konstante Glied von

$$m\,\frac{\dot{x}^2}{2} + m\,\omega_0^2\,\frac{x^2}{2} + \frac{m\,\lambda}{4}\,x^4$$

definiert ist (daß die periodischen Glieder wirklich alle Null sind, konnte ich nicht allgemein beweisen, in den durchgerechneten Gliedern war es der Fall), ergibt sich zu

$$W = \frac{(n + \tfrac{1}{2})\,h\,\omega_0}{2\,\pi} + \lambda \cdot \frac{3\,(n^2 + n + \tfrac{1}{2})\,h^2}{8 \cdot 4\,\pi^2\,\omega_0^2 \cdot m}$$

$$- \lambda^2 \cdot \frac{h^3}{512\,\pi^3\,\omega_0^5\,m^2}\left(17\,n^3 + \frac{51}{2}\,n^2 + \frac{59}{2}\,n + \frac{21}{2}\right). \quad (27)$$

Diese Energie kann man auch noch nach dem Kramers-Bornschen Verfahren berechnen, indem man das Glied $\dfrac{m\,\lambda}{4}\,x^4$ als Störungsglied zum harmonischen Oszillator auffaßt. Man kommt dann wirklich wieder genau zum Resultat (27), was mir eine bemerkenswerte Stütze für die zugrundegelegten quantenmechanischen Gleichungen zu sein scheint. Ferner erfüllt die nach (27) berechnete Energie die Formel [vgl. (24)]:

$$\frac{\omega(n, n-1)}{2\,\pi} = \frac{1}{h} \cdot [W(n) - W(n-1)],$$

welche ebenfalls als notwendige Bedingung für die Möglichkeit einer den Gleichungen (11) und (16) entsprechenden Bestimmung der Übergangswahrscheinlichkeiten zu betrachten ist.

Zum Schluß sei der Rotator als Beispiel angeführt und auf die Beziehung der Gleichungen (7), (8) zu den Intensitätsformeln beim Zeemaneffekt[1]) und bei den Multipletts[2]) hingewiesen.

Sei der Rotator repräsentiert durch ein Elektron, das im konstanten Abstand a um einen Kern kreist. Die „Bewegungsgleichungen" besagen dann klassisch wie quantentheoretisch nur, daß das Elektron im konstanten Abstand a eine ebene, gleichförmige Rotation um den Kern beschreibt mit der Winkelgeschwindigkeit ω. Die „Quantenbedingung" (16) ergibt nach (12):

$$h = \frac{d}{dn}(2\pi m a^2 \omega),$$

nach (16):

$$h = 2\pi m \{a^2 \omega(n+1, n) - a^2 \omega(n, n-1)\},$$

woraus in beiden Fällen folgt:

$$\omega(n, n-1) = \frac{h \cdot (n + \text{const})}{2\pi m a^2}.$$

Die Bedingung, daß im Normalzustand ($n_0 = 0$) die Strahlung verschwinden solle, führt zu der Formel:

$$\omega(n, n-1) = \frac{h \cdot n}{2\pi m a^2}. \qquad (28)$$

Die Energie wird

$$W = \frac{m}{2} v^2$$

oder nach (7), (8)

$$W = \frac{m}{2} a^2 \cdot \frac{\omega^2(n, n-1) + \omega^2(n+1, n)}{2} = \frac{h^2}{8\pi^2 m a^2}(n^2 + n + \tfrac{1}{2}), \quad (29)$$

was wieder der Beziehung $\omega(n, n-1) = \frac{2\pi}{h}[W(n) - W(n-1)]$ genügt. Als Stütze für die von der bisher üblichen Theorie abweichenden Formeln (28) und (29) kann es angesehen werden, daß viele Bandenspektren (auch solche, bei denen die Existenz eines Elektronenimpulses unwahrscheinlich ist) nach Kratzer[3]) Formeln vom Typus (28), (29) (die man bisher der klassisch-mechanischen Theorie zuliebe durch halbzahlige Quantelung zu erklären suchte) zu fordern scheinen.

---

[1]) Goudsmit und R. de L. Kronig, Naturw. **13**, 90, 1925; H. Hönl, ZS. f. Phys. **31**, 340, 1925.

[2]) R. de L. Kronig, ZS. f. Phys. **31**, 885, 1925; A. Sommerfeld und H. Hönl, Sitzungsber. d. Preuß. Akad. d. Wiss. 1925, S. 141; H. N. Russell, Nature **115**, 835, 1925.

[3]) Vgl. z. B. A. Kratzer, Sitzungsber. d. Bayr. Akad. 1922, S. 107.

Um beim Rotator zu den Goudsmit-Kronig-Hönlschen Formeln zu gelangen, müssen wir das Gebiet der Probleme mit einem Freiheitsgrad verlassen und annehmen, daß der Rotator, in irgendwelcher Richtung im Raume, um die Achse z eines äußeren Feldes eine sehr langsame Präzession $\mathfrak{o}$ ausführe. Die dieser Präzession entsprechende Quantenzahl heiße m. Dann wird die Bewegung repräsentiert durch die Größen

$$z: a(n, n-1; m, m) \cos \omega (n, n-1)t;$$
$$x + iy: b(n, n-1; m, m-1) e^{i[\omega(n,n-1) + \mathfrak{o}]t};$$
$$b(n, n-1; m-1, m) e^{i[-\omega(n,n-1) + \mathfrak{o}]t}.$$

Die Bewegungsgleichungen lauten einfach:
$$x^2 + y^2 + z^2 = a^2,$$

was nach (7) zu den Gleichungen[1]) Anlaß gibt:

$$\tfrac{1}{2}\{\tfrac{1}{2}a^2(n,n-1;m,m) + b^2(n,n-1;m,m-1) + b^2(n,n-1;m,m+1)$$
$$+\tfrac{1}{2}a^2(n+1,n;m,m) + b^2(n+1,n;m-1,m) + b^2(n+1,n;m+1,m)\} = a^2. \quad (30)$$

$$\tfrac{1}{2}a(n,n-1;m,m)\,a(n-1,n-2;m,m)$$
$$= b(n,n-1;m,m+1)\,b(n-1,n-2;m+1,m)$$
$$+ b(n,n-1;m,m-1)\,b(n-1,n-2;m-1,m). \quad (31)$$

Hierzu kommt nach (16) die Quantenbedingung:

$$2\pi m \{b^2(n,n-1;m,m-1)\,\omega(n,n-1)$$
$$- b^2(n,n-1;m-1,m)\,\omega(n,n-1)\} = (m + \text{const})\,h. \quad (32)$$

Die diesen Gleichungen entsprechenden klassischen Beziehungen:

$$\left.\begin{array}{r}\tfrac{1}{2}a_0^2 + b_1^2 + b_{-1}^2 = a^2;\\ \tfrac{1}{4}a_0^2 = b_1 b_{-1};\\ 2\pi m (b_{+1}^2 - b_{-1}^2)\,\omega = (m+\text{const})\,h\end{array}\right\} \quad (33)$$

genügen (bis auf die unbestimmte Konstante bei m) zur eindeutigen Festlegung der a_0, b_1, b_{-1}.

Die am einfachsten sich darbietende Lösung der quantentheoretischen Gleichungen (30), (31), (32) lautet:

$$b(n, n-1; m, m-1) = a\sqrt{\frac{(n+m+1)(n+m)}{4(n+\tfrac{1}{2})n}};$$

$$b(n, n-1; m-1, m) = a\sqrt{\frac{(n-m)(n-m+1)}{4(n+\tfrac{1}{2})n}};$$

$$a(n, n-1; m, m) = a\sqrt{\frac{(n+m+1)(n-m)}{(n+\tfrac{1}{2})n}}.$$

---

[1]) Die Gleichung (30) ist im wesentlichen identisch mit den Ornstein-Burgerschen Summenregeln.

Diese Ausdrücke stimmen mit den Formeln von Goudsmit, Kronig und Hönl überein; man kann jedoch nicht einfach einsehen, daß diese Ausdrücke die einzige Lösung von (30), (31), (32) darstellen — was mir jedoch bei Beachtung der Randbedingungen (Verschwinden der a, b am „Rande", vgl. die oben zitierten Arbeiten von Kronig, Sommerfeld und Hönl, Russell) wahrscheinlich scheint.

Eine der hier angestellten ähnliche Überlegung führt auch bei den Intensitätsformeln der Multipletts zu dem Ergebnis, daß die genannten Intensitätsregeln mit Gleichung (7) und (16) im Einklang stehen. Dieses Resultat dürfte wiederum als Stütze insbesondere für die Richtigkeit der kinematischen Gleichung (7) anzusprechen sein.

Ob eine Methode zur Bestimmung quantentheoretischer Daten durch Beziehungen zwischen beobachtbaren Größen, wie die hier vorgeschlagene, schon in prinzipieller Hinsicht als befriedigend angesehen werden könnte, oder ob diese Methode doch noch einen viel zu groben Angriff auf das physikalische, zunächst offenbar sehr verwickelte Problem einer quantentheoretischen Mechanik darstellt, wird sich erst durch eine tiefergehende mathematische Untersuchung der hier sehr oberflächlich benutzten Methode erkennen lassen.

Göttingen, Institut für theoretische Physik.

Born/Jordan: „Zur Quantenmechanik"

Zur Quantenmechanik.

Von **M. Born** und **P. Jordan** in Göttingen.

(Eingegangen am 27. September 1925.)

Die kürzlich von Heisenberg gegebenen Ansätze werden (zunächst für Systeme von einem Freiheitsgrad) zu einer systematischen Theorie der Quantenmechanik entwickelt. Das mathematische Hilfsmittel ist die Matrizenrechnung. Nachdem diese kurz dargestellt ist, werden die mechanischen Bewegungsgleichungen aus einem Variationsprinzip abgeleitet und der Beweis geführt, daß auf Grund der Heisenbergschen Quantenbedingung der Energiesatz und die Bohrsche Frequenzbedingung aus den mechanischen Gleichungen folgen. Am Beispiel des anharmonischen Oszillators wird die Frage der Eindeutigkeit der Lösung und die Bedeutung der Phasen in den Partialschwingungen erörtert. Den Schluß bildet ein Versuch, die Gesetze des elektromagnetischen Feldes der neuen Theorie einzufügen.

Einleitung. Die kürzlich von Heisenberg[1]) in dieser Zeitschrift mitgeteilten Ansätze zu einer neuen Kinematik und Mechanik, die den Grundforderungen der Quantentheorie entsprechen, scheinen uns von großer Tragweite zu sein. Sie bedeuten einen Versuch, den neuen Tatsachen — statt durch mehr oder weniger künstliche und gezwungene Anpassung der alten gewohnten Begriffe — durch die Schaffung eines neuen, wirklich angemessenen Begriffssystems gerecht zu werden. Heisenberg hat die physikalischen Gedanken, die ihn dabei geleitet haben, in so klarer Weise ausgesprochen, daß jede ergänzende Bemerkung überflüssig erscheint. Aber in formaler, mathematischer Hinsicht sind seine Betrachtungen, wie er selbst betont, erst im Anfangsstadium. Er hat seine Hypothesen nur an einfachen Beispielen erläutert und ist nicht zu einer allgemeinen Theorie vorgedrungen. Begünstigt durch den Umstand, daß wir seine Überlegungen schon in statu nascendi kennenlernen durften, haben wir uns nach Abschluß seiner Untersuchungen bemüht, den mathematisch-formalen Gehalt seiner Ansätze zu klären, und legen hier einige unserer Ergebnisse vor. Sie zeigen, daß es tatsächlich möglich ist, auf der von Heisenberg gegebenen Grundlage das Gebäude einer geschlossenen mathematischen Theorie der Quantenmechanik in merkwürdig enger Analogie zur klassischen Mechanik, doch unter Wahrung der für die Quantenerscheinungen kennzeichnenden Züge zu errichten.

Wir beschränken uns dabei zunächst mit Heisenberg auf Systeme von einem Freiheitsgrad, von denen wir annehmen, daß sie — klassisch gesprochen — periodisch sind. Die Verallgemeinerung der

---

[1]) W. Heisenberg, ZS. f. Phys. **33**, 879, 1925.

mathematischen Theorie auf Systeme von beliebig vielen Freiheitsgraden sowie auf aperiodische Bewegungen wird uns in der Fortsetzung dieser Abhandlung beschäftigen. In wesentlicher Verallgemeinerung der Heisenbergschen Ansätze werden wir uns weder auf die Behandlung der nichtrelativistischen Mechanik, noch auf das Rechnen mit kartesischen Koordinaten beschränken. Die einzige Beschränkung, die wir uns hinsichtlich der Koordinaten auferlegen, liegt darin, daß sich unsere Betrachtungen auf Librationskoordinaten beziehen, die in der klassischen Theorie periodische Funktionen der Zeit sind. Allerdings scheint es in manchen Fällen naheliegend, andere Koordinaten zu benutzen, beispielsweise beim Rotator den Drehwinkel φ, der eine lineare Funktion der Zeit wird. So ist auch Heisenberg bei seiner Behandlung des Rotators vorgegangen; es muß jedoch dahingestellt bleiben, ob das dabei angewandte Verfahren vom Standpunkt einer folgerichtigen Quantenmechanik aus gerechtfertigt werden kann.

Die mathematische Grundlage der Heisenbergschen Betrachtung ist das Multiplikationsgesetz der quantentheoretischen Größen, das er durch eine geistreiche Korrespondenzbetrachtung erschlossen hat. Die Ausgestaltung seines Formalismus, die wir hier geben, beruht auf der Bemerkung, daß diese Regel nichts ist, als das den Mathematikern wohlbekannte Gesetz der Multiplikation von Matrizen. Das nach zwei Seiten unendliche, quadratische Schema (mit diskreten oder kontinuierlich laufenden Indizes), die sogenannte Matrix, ist der Repräsentant einer physikalischen Größe, die in der klassischen Theorie als Funktion der Zeit angegeben wird. Die mathematische Methode der neuen Quantenmechanik ist daher gekennzeichnet durch Benutzung einer Matrizenanalysis an Stelle der gewöhnlichen Zahlenanalysis.

Mit dieser Methode haben wir hier die einfachsten Fragen der Mechanik und Elektrodynamik anzufassen versucht. Ein durch Korrespondenzbetrachtungen nahegelegtes Variationsprinzip liefert für die allgemeinste Hamiltonsche Funktion Bewegungsgleichungen in engster Analogie zu den klassischen kanonischen Gleichungen. Die Quantenbedingung zusammengefaßt mit einer aus den Bewegungsgleichungen fließenden Relation erlaubt eine einfache Matrizenschreibweise. Mit ihrer Hilfe gelingt der Beweis der Allgemeingültigkeit des Energiesatzes und der Bohrschen Frequenzbedingung in dem von Heisenberg vermuteten Sinne, ein Beweis, den er auch für die einfachen, von ihm behandelten Beispiele nicht vollständig führen konnte. Auf eines dieser Beispiele kommen wir dann ausführlicher zurück, um einen Anhalt zu gewinnen über die Rolle, die die Phasen der Partialschwingungen in der neuen Theorie spielen. Zum Schluß zeigen wir, daß auch die Grundgesetze des elektromagnetischen Feldes im Vakuum sich der neuen Methode zwangslos einfügen, und geben eine Begründung der von Heisenberg gemachten Annahme, daß die Quadrate der Beträge der Elemente der das elektrische Moment eines Atoms darstellenden Matrix ein Maß sind für die Übergangswahrscheinlichkeiten.

Kapitel I. Matrizenrechnung.

§ 1. Elementare Operationen. Funktionen.

Wir rechnen mit quadratischen unendlichen Matrizen[1]), die wir hier mit fetten Buchstaben bezeichnen wollen, während schwache Buchstaben stets gewöhnliche Zahlen bedeuten sollen:

$$\boldsymbol{a} = (a(nm)) = \begin{pmatrix} a(00) & a(01) & a(02) \ldots \\ a(10) & a(11) & a(12) \ldots \\ a(20) & a(21) & a(22) \\ \cdots \cdots \cdots \cdots \cdots \end{pmatrix}$$

Gleichheit zweier Matrizen bedeutet Gleichheit entsprechender Komponenten:

$$\boldsymbol{a} = \boldsymbol{b} \text{ heißt } a(nm) = b(nm). \tag{1}$$

Addition wird definiert durch Addition entsprechender Komponenten

$$\boldsymbol{a} = \boldsymbol{b} + \boldsymbol{c} \text{ heißt } a(nm) = b(nm) + c(nm). \tag{2}$$

Die Multiplikation wird definiert durch die aus der Determinantentheorie bekannte Regel „Zeilen mal Kolonnen":

$$\boldsymbol{a} = \boldsymbol{b}\boldsymbol{c} \text{ heißt } a(nm) = \sum_{k=0}^{\infty} b(nk) c(km). \tag{3}$$

Potenzen sind durch wiederholte Multiplikation zu definieren. Es gilt das assoziative Gesetz für die Multiplikation und das distributive für die Verbindung von Addition und Multiplikation:

$$(\boldsymbol{a}\boldsymbol{b})\boldsymbol{c} = \boldsymbol{a}(\boldsymbol{b}\boldsymbol{c}); \tag{4}$$

$$\boldsymbol{a}(\boldsymbol{b} + \boldsymbol{c}) = \boldsymbol{a}\boldsymbol{b} + \boldsymbol{a}\boldsymbol{c}. \tag{5}$$

Dagegen gilt nicht das kommutative Gesetz für die Multiplikation: Die Gleichung $\boldsymbol{a}\boldsymbol{b} = \boldsymbol{b}\boldsymbol{a}$ ist nicht allgemein richtig. Wenn sie gilt,

---

[1]) Man findet Näheres über Matrizenrechnung etwa bei M. Bôcher, Einführung in die höhere Algebra; aus dem Englischen von Hans Beck, Leipzig, Teubner, 1910, § 22 bis 25; ferner bei R. Courant und D. Hilbert, Methoden der mathematischen Physik I. Berlin, Springer, 1924, 1. Kap.

werden a und b vertauschbar genannt. Die durch
$$1 = (\delta_{nm}), \qquad \begin{cases} \delta_{nm} = 0 & \text{für } n \neq m, \\ \delta_{nn} = 1 \end{cases} \tag{6}$$
definierte Einheitsmatrix hat die Eigenschaft
$$a\,1 = 1\,a = a. \tag{6a}$$
Die zu a reziproke Matrix a^{-1} ist definiert durch[1])
$$a^{-1} a = a\, a^{-1} = 1. \tag{7}$$

Als „Mittelwert" einer Matrix a bezeichnen wir diejenige Matrix, deren Diagonalelemente mit denen von a übereinstimmen, während alle übrigen Elemente Null sind:
$$\bar{a} = (\delta_{nm}\, a(nn)). \tag{8}$$
Die Summe dieser Diagonalelemente soll „Diagonalsumme der Matrix a heißen und mit $D(a)$ bezeichnet werden:
$$D(a) = \sum_n a(nn). \tag{9}$$

Nach (3) beweist man leicht: Wenn die Diagonalsumme eines Produkts $y = x_1 x_2 \ldots x_m$ endlich ist, so bleibt sie unverändert bei zyklischer Vertauschung der Faktoren:
$$D(x_1 x_2 \ldots x_m) = D(x_r x_{r+1} \ldots x_m x_1 x_2 \ldots x_{r-1}). \tag{10}$$
Es genügt offenbar, sich von der Richtigkeit des Satzes für zwei Faktoren zu überzeugen.

Sind die Komponenten der Matrizen a, b Funktionen eines Parameters t, so wird
$$\frac{d}{dt} \sum_k a(nk)\, b(km) = \sum_k \{\dot{a}(nk)\, b(km) + a(nk)\, \dot{b}(km)\}$$
oder nach der Definition (3):
$$\frac{d}{dt}(ab) = \dot{a}\, b + a\dot{b}. \tag{11}$$

Wiederholte Anwendung von (11) gibt
$$\frac{d}{dt}(x_1 x_2 \ldots x_n) = \dot{x}_1 x_2 \ldots x_n + x_1 \dot{x}_2 \ldots x_n + \cdots + x_1 x_2 \ldots \dot{x}_n. \tag{11'}$$

Durch die Rechenprozesse (2), (3) können Funktionen von Matrizen definiert werden. Als allgemeinste Funktion $f(x_1 x_2 \ldots x_m)$ soll hier zunächst eine solche in Betracht gezogen werden, welche durch eine

---

[1]) Bekanntlich ist bei endlichen quadratischen Matrizen a^{-1} durch diese Definition stets eindeutig festgelegt, wenn die Determinante A von a von Null verschieden ist. Ist $A = 0$, so gibt es keine zu a reziproke Matrix.

Summe von endlich oder unendlich vielen Potenzprodukten in den Argumenten x_k mit Zahlen als Koeffizienten formal dargestellt werden kann. Es können dann auch durch Gleichungen

$$\left. \begin{array}{c} f_1(y_1, \ldots y_n; x_1, \ldots x_n) = 0, \\ \cdots\cdots\cdots\cdots\cdots\cdots \\ f_n(y_1, \ldots y_n; x_1, \ldots x_n) = 0 \end{array} \right\} \quad (12)$$

Funktionen $y_l(x_1, \ldots x_n)$ definiert werden. Um nämlich Funktionen y_l der oben beschriebenen Form zu erhalten, welche den Gleichungen (12) genügt, hat man nur die y_l als Reihen, die nach Potenzprodukten der x_k fortschreiten, anzusetzen und durch Einsetzen in (12) die Koffizienten der Reihe nach zu bestimmen. Man erkennt, daß sich stets ebenso viele Gleichungen wie Unbekannte ergeben. Die Anzahl der Gleichungen und Unbekannten ist freilich größer, als bei der Anwendung der Methode der unbestimmten Koeffizienten in der gewöhnlichen, mit kommutativer Multiplikation rechnenden Analysis. Man erhält in jeder der Gleichungen (12) nach Einsetzen der Reihen für die y_l und Zusammenfassung der zusammengehörigen Glieder außer einem Summanden $C' x_1 x_2$ auch einen Summanden $C'' x_2 x_1$ und hat sowohl C' als auch C'' (nicht nur $C' + C''$) zum Verschwinden zu bringen. Dafür treten jedoch auch in der Entwicklung eines jeden y_l zwei Glieder $x_1 x_2$ und $x_2 x_1$ mit zwei verfügbaren Koeffizienten auf.

§ 2. **Symbolische Differentiation.** Ein später viel benutzter Rechenprozeß, den wir hier näher betrachten wollen, soll als Differentiation einer Matrizenfunktion bezeichnet werden. Es ist jedoch zu beachten, daß dieser Prozeß nur in einigen Punkten ähnliche Eigenschaften besitzt, wie die Differentiation der gewöhnlichen Analysis. Zum Beispiel sind hier die Produktregel der Differentiation oder die Regel für die Differentiation einer Funktion von einer Funktion nicht mehr allgemein in Gültigkeit. Nur dann, wenn alle vorkommenden Matrizen miteinander vertauschbar sind, gelten für diese Differentiation alle Regeln der gewöhnlichen Analysis.

Es sei

$$y = \prod_{m=1}^{s} x_{l_m} = x_{l_1} x_{l_2} \cdots x_{l_s}. \quad (13)$$

Wir definieren

$$\frac{\partial y}{\partial x_k} = \sum_{r=1}^{s} \delta_{l_r k} \prod_{m=r+1}^{s} x_{l_m} \prod_{m=1}^{r-1} x_{l_m}, \quad \begin{cases} \delta_{jk} = 0 \text{ für } j \neq k, \\ \delta_{kk} = 1. \end{cases} \quad (14)$$

In Worten lautet diese Regel: Man denke in dem gegebenen Produkt alle Faktoren einzeln angeschrieben (also z. B. nicht $x_1^3 x_2^2$, sondern

$x_1 x_1 x_1 x_2 x_2)$; man greife irgend einen Faktor x_k heraus und bilde das Produkt aller ihm folgenden Faktoren und aller ihm voraufgehenden Faktoren (in dieser Reihenfolge). Die Summe aller so gebildeten Glieder ist der Differentialquotient des Produkts nach diesem x_k.

Einige Beispiele mögen das Verfahren erläutern:

$$y = x^n, \qquad \frac{dy}{dx} = n x^{n-1}$$

$$y = x_1^n x_2^m, \qquad \frac{\partial y}{\partial x_1} = x_1^{n-1} x_2^m + x_1^{n-2} x_2^m x_1 + \cdots + x_2^m x_1^{n-1},$$

$$y = x_1^2 x_2 x_1 x_3, \qquad \frac{\partial y}{\partial x_1} = x_1 x_2 x_1 x_3 + x_2 x_1 x_3 x_1 + x_3 x_1^2 x_2.$$

Fordern wir ferner

$$\frac{\partial (y_1 + y_2)}{\partial x_k} = \frac{\partial y_1}{\partial x_k} + \frac{\partial y_2}{\partial x_k}, \qquad (15)$$

so ist die Ableitung $\frac{\partial y}{\partial x}$ für allgemeinste analytische Funktionen y definiert.

Mit diesen Definitionen und der der Diagonalsumme (9) gilt die Beziehung

$$\frac{\partial D(y)}{\partial x_k(nm)} = \frac{\partial y}{\partial x_k}(mn), \qquad (16)$$

wobei rechts die mn-Komponente der Matrix $\frac{\partial y}{\partial x_k}$ steht. Diese Beziehung kann auch zur Definition der Ableitung $\frac{\partial y}{\partial x_k}$ benutzt werden. Zum Beweis von (16) genügt es offenbar, eine Funktion y der Form (13) zu betrachten. Nach (14) und (3) wird

$$\frac{\partial y}{\partial x_k}(mn) = \sum_{r=1}^{s} \delta_{l_r k} \sum_{\tau} \prod_{p=r+1}^{s} x_{l_p}(\tau_p \tau_{p+1}) \prod_{p=1}^{r-1} x_{l_p}(\tau_p \tau_{p+1}); \qquad (17)$$

$$\tau_{r+1} = m, \qquad \tau_{s+1} = \tau_1, \qquad \tau_r = n.$$

Andererseits ist aus (3) und (9) zu entnehmen:

$$\frac{\partial D(y)}{\partial x_k(mn)} = \sum_{r=1}^{s} \delta_{l_r k} \sum_{\tau} \prod_{p=1}^{r-1} x_{l_p}(\tau_p \tau_{p+1}) \prod_{p=r+1}^{s} x_{l_p}(\tau_p \tau_{p+1}); \qquad (17')$$

$$\tau_1 = \tau_{s+1}, \qquad \tau_r = n, \qquad \tau_{r+1} = m.$$

Vergleich von (17) und (17') gibt (16).

Hervorgehoben sei gleich hier eine für später wichtige Tatsache, die aus der Definition (14) abzulesen ist: Die partiellen Ableitungen eines Produkts sind invariant gegen zyklische Vertauschungen der Faktoren. Wegen (16) ist dieser Satz auch aus (10) zu folgern.

Zum Schluß dieser Vorbereitungen sollen den Funktionen $g(pq)$ von zwei Variablen noch einige Worte gewidmet werden. Für

$$y = p^s q^r \tag{18}$$

wird nach (14)

$$\frac{\partial y}{\partial p} = \sum_{l=0}^{s-1} p^{s-1-l} q^r p^l, \quad \frac{\partial y}{\partial q} = \sum_{j=0}^{r-1} q^{r-1-j} p^s q^j. \tag{18'}$$

Die allgemeinste zu betrachtende Funktion $g(pq)$ ist nach § 1 darzustellen durch ein lineares Aggregat von Gliedern

$$z = \prod_{j=1}^{k} (p^{s_j} q^{r_j}). \tag{19}$$

Mit der Abkürzung

$$P_l = \prod_{j=l+1}^{k} (p^{s_j} q^{r_j}) \prod_{j=1}^{l-1} (p^{s_j} q^{r_j}) \tag{20}$$

können die Ableitungen geschrieben werden:

$$\left.\begin{aligned}\frac{\partial z}{\partial p} &= \sum_{l=1}^{k} \sum_{m=0}^{s_l-1} p^{s_l-1-m} q^{r_l} P_l p^m, \\ \frac{\partial z}{\partial q} &= \sum_{l=1}^{k} \sum_{m=0}^{r_l-1} q^{r_l-1-m} P_l p^{s_l} q^m.\end{aligned}\right\} \tag{21}$$

Aus diesen Gleichungen ist eine wichtige Folgerung zu ziehen. Wir betrachten die Matrizen

$$d_1 = q \frac{\partial z}{\partial q} - \frac{\partial z}{\partial q} q, \quad d_2 = p \frac{\partial z}{\partial p} - \frac{\partial z}{\partial p} p. \tag{22}$$

Nach (21) wird

$$d_1 = \sum_{l=1}^{k} (q^{r_l} P_l p^{s_l} - P_l p^{s_l} q^{r_l}),$$

$$d_2 = \sum_{l=1}^{k} (p^{s_l} q^{r_l} P_l - q^{r_l} P_l p^{s_l}),$$

und daraus folgt

$$d_1 + d_2 = \sum_{l=1}^{k} (p^{s_l} q^{r_l} P_l - P_l p^{s_l} q^{r_l}).$$

Hier hebt sich immer das zweite Glied eines Terms gegen das erste des folgenden, und auch das erste und letzte Glied der ganzen Summe zerstören sich. Also wird

$$d_1 + d_2 = 0. \tag{23}$$

Zur Quantenmechanik.

Diese Beziehung gilt wegen ihres linearen Charakters in z nicht nur für Ausdrücke z der Form (19), sondern zugleich auch für beliebige analytische Funktionen $g(pq)$[1]).

Zum Schluß dieser kurzen Darstellung der Matrizenanalysis wollen wir noch den Satz beweisen: **Jede Matrizengleichung**

$$F(x_1, x_2, \ldots x_r) = 0$$

bleibt richtig, wenn man in allen Argumentmatrizen x_j ein und dieselbe Permutation aller Zeilen und Kolonnen vornimmt. Hierzu genügt es offenbar zu zeigen, daß für zwei Matrizen a, b, die durch diese Operation in a', b' übergehen, die Invarianzen

$$a' + b' = (a+b)', \qquad a'b' = (ab)'$$

gelten, wo die rechten Seiten diejenigen Matrizen bedeuten, die aus $a + b$ und ab durch jene Vertauschungen entstehen.

Wir führen diesen Beweis, indem wir die Operation des Permutierens durch Multiplikation mit einer geeigneten Matrix ersetzen[2]).

Eine Permutation schreiben wir

$$\begin{pmatrix} 0 & 1 & 2 & 3 & \ldots \\ k_0 & k_1 & k_2 & k_3 & \ldots \end{pmatrix} = \begin{pmatrix} n \\ k_n \end{pmatrix}.$$

Dieser ordnen wir die **Permutationsmatrix**

$$p = (p(nm)), \qquad p(nm) = \begin{cases} 1 & \text{für } m = k_n, \\ 0 & \text{sonst} \end{cases}$$

zu. Die zu p transponierte Matrix sei

$$\tilde{p} = (\tilde{p}(nm)), \qquad \tilde{p}(nm) = \begin{cases} 1 & \text{für } n = k_m, \\ 0 & \text{sonst.} \end{cases}$$

Durch Multiplikation beider folgt

$$p\tilde{p} = \left(\sum_k p(nk)\tilde{p}(km)\right) = (\delta_{nm}) = 1,$$

da beide Faktoren $p(nk)$ und $\tilde{p}(km)$ nur dann gleichzeitig von Null ver-

---

[1]) Allgemeiner wird für Funktionen von r Variabeln

$$\sum_r \left(x_r \frac{\partial g}{\partial x_r} - \frac{\partial g}{\partial x_r} x_r\right) = 0.$$

[2]) Dieses hier gewählte Beweisverfahren besitzt den Vorzug, daß es den engen Zusammenhang der Permutationen mit einer wichtigen Klasse allgemeiner Transformationen der Matrizen erkennen läßt. Die Richtigkeit des fraglichen Satzes kann jedoch auch unmittelbar aus der Bemerkung gefolgert werden, daß in den Definitionen der Gleichheit sowie der Addition und Multiplikation von Matrizen kein Gebrauch von Ordnungsbeziehungen zwischen den Zeilen bzw. Spalten gemacht wird.

schieden sind, wenn $k = k_n = k_m$, also $n = m$ ist. Mithin ist $\tilde{p}$ die Reziproke von p:

$$\tilde{p} = p^{-1}.$$

Sei nun a eine beliebige Matrix, so ist

$$p\,a = \Big(\sum_k p(nk)\,a(km)\Big) = \big(a(k_n, m)\big)$$

eine Matrix, die aus a durch die Permutation $\binom{n}{k_n}$ der Zeilen entsteht, und ebenso ist

$$a\,p^{-1} = \Big(\sum_k a(nk)\,\tilde{p}(km)\Big) = \big(a(n, k_m)\big)$$

die durch Permutieren der Kolonnen entstehende Matrix. Ein und dieselbe Permutation auf Zeilen und Kolonnen angewandt, liefert also die Matrix

$$a' = p\,a\,p^{-1}.$$

Hieraus folgt ohne weiteres:

$$a' + b' = p(a+b)\,p^{-1} = (a+b)',$$
$$a'\,b' = p\,a\,b\,p^{-1} \quad\;\; = (ab)',$$

womit unsere Behauptung bewiesen ist.

Man sieht also, daß durch Matrizengleichungen irgend eine Reihenfolge oder Rangordnung der Elemente niemals bestimmt werden kann.

Übrigens gilt offenbar der viel allgemeinere Satz, daß jede Matrizengleichung invariant ist gegen Transformationen der Form

$$a' = b\,a\,b^{-1},$$

wo b eine beliebige Matrix bedeutet. Wir werden freilich später sehen, daß dies für Matrizen-Differentialgleichungen nicht mehr ohne weiteres richtig ist.

Kapitel II. Dynamik.

§ 3. Die Grundgesetze. Das dynamische System ist zu beschreiben durch die Koordinate q und den Impuls p. Sie sollen als Matrizen

$$q = \big(q(nm)\,e^{2\pi i \nu(nm)t}\big),\; p = \big(p(nm)\,e^{2\pi i \nu(nm)t}\big) \qquad (24)$$

angesetzt werden. Darin bedeuten die $\nu(nm)$ die quantentheoretischen Frequenzen, welche den Übergängen zwischen den Zuständen mit den Quantenzahlen n und m zugehören. Die Matrizen (24) sollen Hermitesche sein, d. h. bei Transposition der Matrizen soll jede Komponente in ihren konjugierten Wert übergehen, und zwar soll das für alle reellen t gelten. Wir haben also

$$q(nm)\,q(mn) = |q(nm)|^2 \qquad (25)$$

und

$$\nu(nm) = -\nu(mn). \qquad (26)$$

Ist q eine kartesische Koordinate, so ist die Größe (25) maßgebend für die Wahrscheinlichkeiten[1]) der Übergänge $n \rightleftarrows m$.

Wir wollen weiter fordern, daß

$$\nu(jk) + \nu(kl) + \nu(lj) = 0 \qquad (27)$$

ist. Mit (26) zusammen kann das so ausgedrückt werden: Es gibt Größen W_n, so daß

$$h\nu(nm) = W_n - W_m \qquad (28)$$

wird.

Daraus folgt, mit (2), (3), daß eine Funktion $g(pq)$ stets wieder die Form

$$\boldsymbol{g} = \left(g(nm)\, e^{2\pi i \nu(nm) t}\right) \qquad (29)$$

erhält, und zwar geht dabei die Matrix $(g(nm))$ durch eben denselben Prozeß aus den Matrizen $(q(nm))$, $(p(nm))$ hervor, durch den $\boldsymbol{g}$ aus $\boldsymbol{q}, \boldsymbol{p}$ erhalten wurde. Wir können deshalb statt der von nun an aufzugebenden Darstellung (24) die kürzere Schreibweise

$$\boldsymbol{q} = (q(nm)),\ \boldsymbol{p} = (p(nm)) \qquad (30)$$

wählen.

Als zeitliche Ableitung der Matrix $\boldsymbol{g} = (g(nm))$ erhalten wir, indem wir uns noch einmal an (24) bzw. (29) erinnern, die Matrix

$$\boldsymbol{\dot{g}} = 2\pi i\,(\nu(nm)\, g(nm)). \qquad (31)$$

Wenn, wie wir annehmen wollen, $\nu(nm) \neq 0$ für $n \neq m$ ist, so bedeutet $\boldsymbol{\dot{g}} = 0$, daß $\boldsymbol{g}$ eine Diagonalmatrix mit $g(nm) = \delta_{nm} g(nn)$ ist.

Eine Differentialgleichung $\boldsymbol{\dot{g}} = \boldsymbol{a}$ ist invariant gegen den Prozeß, bei dem Zeilen und Kolonnen aller Matrizen sowie die Zahlen W_n derselben Permutation unterworfen werden. Um dies einzusehen, betrachten wir die Diagonalmatrix

$$\boldsymbol{W} = (\delta_{nm} W_n);$$

dann ist

$$\boldsymbol{W}\boldsymbol{g} = \left(\sum_k \delta_{nk} W_n g(km)\right) = (W_n g(nm)),$$

$$\boldsymbol{g}\boldsymbol{W} = \left(\sum_k g(nk)\,\delta_{km} W_k\right) = (W_m g(nm)),$$

also nach (31)

$$\boldsymbol{\dot{g}} = \frac{2\pi i}{h}\,((W_n - W_m)\, g(nm)) = \frac{2\pi i}{h}\,(\boldsymbol{W}\boldsymbol{g} - \boldsymbol{g}\boldsymbol{W}).$$

Ist nun p eine Permutationsmatrix, so ist die Transformierte

$$\boldsymbol{W}' = \boldsymbol{p}\boldsymbol{W}\boldsymbol{p}^{-1} = (\delta_{n_k m} W_{n_k})$$

---

[1]) Siehe hierzu § 8.

die Diagonalmatrix mit den permutierten W_n in der Diagonale. Man hat daher

$$p\dot{g}p^{-1} = \frac{2\pi i}{h}(W'g' - g'W') = \dot{g}',$$

wo $g' = pgp^{-1}$ ist und $\dot{g}'$ die nach der Regel (31) mit permutierten W_n gebildete zeitliche Ableitung von g' bedeutet.

Die Zeilen und Kolonnen von $\dot{g}$ erleiden also dieselbe Permutation wie die von g, und daraus folgt unsere Behauptung.

Zu beachten ist, daß ein entsprechender Satz für beliebige Transformation der Form $a' = bab^{-1}$ nicht gilt; denn bei solchen ist W' nicht mehr Diagonalmatrix. Trotz dieser Schwierigkeit scheint uns ein genaues Studium dieser allgemeinen Transformationen unerläßlich, weil es Einblick in die tieferen Zusammenhänge der neuen Theorie verspricht; wir werden später darauf zurückkommen[1]).

Für den Fall einer Hamiltonschen Funktion der Gestalt

$$H = \frac{1}{2m}p^2 + U(q)$$

werden wir mit Heisenberg annehmen, daß die Bewegungsgleichungen ebenso wie die klassischen lauten, so daß wir mit der Symbolik von § 2 schreiben können:

$$\left. \begin{array}{l} \dot{q} = \dfrac{\partial H}{\partial p} = \dfrac{1}{m}p, \\[6pt] \dot{p} = -\dfrac{\partial H}{\partial q} = -\dfrac{\partial U}{\partial q}. \end{array} \right\} \quad (32)$$

Es soll versucht werden, durch eine korrespondenzmäßige Betrachtung auch für den allgemeinen Fall einer beliebigen Hamiltonschen Funktion $H(pq)$ zugehörige Bewegungsgleichungen zu bestimmen. Das ist erforderlich in Rücksicht auf die relativistische Mechanik und besonders auf die Behandlung der Bewegung von Elektronen unter Mitwirkung magnetischer Felder. Denn in letzterem Falle kann die Funktion H bei kartesischen Koordinaten nicht mehr dargestellt werden als Summe zweier Funktionen, deren eine nur von den Impulsen und deren andere nur von den Koordinaten abhängt.

Klassisch sind die Bewegungsgleichungen abzuleiten aus dem Wirkungsprinzip

$$\int_{t_0}^{t_1} L\,dt = \int_{t_0}^{t_1} \{p\dot{q} - H(pq)\}\,dt = \text{Extremum}. \qquad (33)$$

---

[1]) Vgl. die demnächst erscheinende Fortsetzung dieser Arbeit.

Denken wir uns darin die Fourierentwicklung von L eingesetzt und nehmen wir den Zeitabschnitt $t_1 - t_0$ hinreichend groß, so wird nur das konstante Glied von L einen Beitrag zum Integral liefern. Die Form, welche das Wirkungsprinzip damit erhält, legt folgende Übertragung in die Quantenmechanik nahe:

Die Diagonalsumme $D(\boldsymbol{L}) = \sum_k L(kk)$ soll zum Extremum gemacht werden:

$$D(\boldsymbol{L}) = D(\boldsymbol{p}\dot{\boldsymbol{q}} - \boldsymbol{H}(\boldsymbol{p}\boldsymbol{q})) = \text{Extremum,} \quad (34)$$

und zwar durch geeignete Wahl von $\boldsymbol{p}$ und $\boldsymbol{q}$ bei festgehaltenen $\nu(nm)$.

Man erhält also, indem man die Ableitungen von $D(\boldsymbol{L})$ nach den Elementen von $\boldsymbol{p}$ und $\boldsymbol{q}$ gleich Null setzt, die Bewegungsgleichungen

$$2\pi i \nu(nm) q(nm) = \frac{\partial D(\boldsymbol{H})}{\partial p(mn)},$$

$$2\pi i \nu(mn) p(mn) = \frac{\partial D(\boldsymbol{H})}{\partial q(mn)}.$$

Nach (26), (31) und (16) erkennt man, daß diese Bewegungsgleichungen allgemein in der kanonischen Gestalt

$$\left.\begin{aligned}\dot{\boldsymbol{q}} &= \frac{\partial \boldsymbol{H}}{\partial \boldsymbol{p}}, \\ \dot{\boldsymbol{p}} &= -\frac{\partial \boldsymbol{H}}{\partial \boldsymbol{q}}\end{aligned}\right\} \quad (35)$$

geschrieben werden können.

Als **Quantenbedingung** verwendet Heisenberg eine von Thomas[1]) und Kuhn[2]) aufgestellte Beziehung. Die Gleichung

$$J = \oint p\, dq = \int_0^{1/\nu} p\dot{q}\, dt$$

der „klassischen" Quantentheorie kann, wenn man die Fourierentwicklung von p und q

$$p = \sum_{\tau=-\infty}^{\infty} p_\tau e^{2\pi i \nu \tau t}, \quad q = \sum_{\tau=-\infty}^{\infty} q_\tau e^{2\pi i \nu \tau t},$$

heranzieht, umgeformt werden in

$$1 = 2\pi i \sum_{\tau=-\infty}^{\infty} \tau \frac{\partial}{\partial J}(q_\tau p_{-\tau}). \quad (36)$$

---

[1]) W. Thomas, Naturw. **13**, 627, 1925.
[2]) W. Kuhn, ZS. f. Phys. **33**, 408, 1925.

Ist dabei $p = m\dot{q}$, so können die p_τ durch die q_τ ausgedrückt werden, und man erhält so diejenige klassische Gleichung, deren korrespondenzmäßige Umformung in eine Differenzengleichung die Beziehung von **Thomas** und **Kuhn** ergibt. Da hier die Voraussetzung $p = m\dot{q}$ nicht gemacht werden soll, müssen wir die Gleichung (36) unmittelbar in eine Differenzengleichung übersetzen.

Es soll korrespondieren

$$\sum_{\tau=-\infty}^{\infty} \tau \frac{\partial}{\partial J}(q_\tau p_{-\tau}) \text{ mit } \frac{1}{h} \sum_{\tau=-\infty}^{\infty} \big(q(n+\tau,n)p(n,n+\tau) - q(n,n-\tau)p(n-\tau,n)\big);$$

dabei sind rechts diejenigen $q(nm)$, $p(nm)$, die einen negativen Index erhalten, gleich Null zu setzen. Dadurch erhalten wir als korrespondenzmäßige Umformung von (36) die Quantenbedingung

$$\sum_k \big(p(nk)q(kn) - q(nk)p(kn)\big) = \frac{h}{2\pi i}. \tag{37}$$

Das sind unendlich viele Gleichungen, nämlich je eine für jedes n. Für $p = m\dot{q}$ ergibt das insbesondere

$$\sum_k \nu(kn)|q(nk)|^2 = \frac{h}{8\pi^2 m},$$

was, wie leicht festzustellen, mit der **Heisenberg**schen Form der Quantenbedingung bzw. der **Thomas-Kuhn**schen Gleichung übereinstimmt. (37) muß als die sachgemäße Verallgemeinerung dieser Gleichung angesehen werden.

Übrigens erkennt man aus (37), daß die Diagonalsumme $D(\boldsymbol{pq})$ notwendig unendlich wird. Denn sonst würde aus (10) folgen $D(\boldsymbol{pq}) - D(\boldsymbol{qp}) = 0$, während (37) zu $D(\boldsymbol{pq}) - D(\boldsymbol{qp}) = \infty$ führt. Die betrachteten Matrizen sind also niemals endlich[1]).

§ 4. Folgerungen. Energie- und Frequenzsatz. Mit den Aufstellungen des vorigen Paragraphen sind die Grundgesetze der neuen Mechanik vollständig gegeben. Alle sonstigen Gesetze der Quantenmechanik, denen Allgemeingültigkeit zugesprochen werden soll, müssen aus ihnen heraus zu beweisen sein. Als solche zu beweisende Sätze kommen in erster Linie in Betracht der **Energiesatz** und die **Bohrsche Frequenzbedingung**. Der Energiesatz besagt, daß, wenn H die Energie ist, $\dot{H} = 0$ wird, oder daß H eine Diagonalmatrix ist. Die Diagonal-

---

[1]) Auch gehören sie nicht zu der von den Mathematikern bislang fast ausschließlich betrachteten Klasse der „beschränkten" unendlichen Matrizen.

glieder $H(nn)$ von H werden dann nach Heisenberg als Energieen der verschiedenen Zustände des Systems gedeutet, und die Bohrsche Frequenzbedingung fordert

$$h\nu(nm) = H(nn) - H(mm),$$

oder

$$W_n = H(nn) + \text{konst.}$$

Wir betrachten die Größe

$$d = pq - qp.$$

Nach (11), (35) wird

$$\dot{d} = \dot{p}q + p\dot{q} - \dot{q}p - q\dot{p}$$
$$= q\frac{\partial H}{\partial q} - \frac{\partial H}{\partial q}q + p\frac{\partial H}{\partial p} - \frac{\partial H}{\partial p}p.$$

Nach (22), (23) ist also $\dot{d} = 0$ und d eine Diagonalmatrix. Die Diagonalglieder von d sind aber gerade durch die Quantenbedingung (37) festgelegt. Zusammenfassend erhalten wir unter Benutzung der durch (6) definierten Einheitsmatrix 1 die Gleichung

$$pq - qp = \frac{h}{2\pi i}1, \qquad (38)$$

die wir die „verschärfte Quantenbedingung" nennen und auf der alle weiteren Schlüsse beruhen.

Aus der Form dieser Gleichung ist zu entnehmen: Wird aus (38) eine Gleichung (A) abgeleitet, so bleibt (A) richtig, wenn man p mit q vertauscht und gleichzeitig h durch $-h$ ersetzt. Deshalb braucht z. B. von den Gleichungen

$$p^n q = q p^n + n\frac{h}{2\pi i}p^{n-1}, \qquad (39)$$

$$q^n p = p q^n - n\frac{h}{2\pi i}q^{n-1} \qquad (39')$$

nur eine aus (38) bewiesen zu werden, was durch Induktion leicht auszuführen ist.

Wir wollen jetzt Energie- und Frequenzsatz, wie sie oben ausgesprochen wurden, zunächst beweisen für den Fall

$$H = H_1(p) + H_2(q).$$

Nach den Ausführungen von § 1 können hierin $H_1(p)$ und $H_2(q)$ formal durch Potenzsummen

$$H_1 = \sum_s a_s p^s, \quad H_2 = \sum_s b_s q^s$$

ersetzt werden. Die Formeln (39), (39') lassen dann erkennen, daß

$$Hq - qH = \frac{h}{2\pi i}\frac{\partial H}{\partial p}, \\ Hp - pH = -\frac{h}{2\pi i}\frac{\partial H}{\partial q}\Bigg\} \quad (40)$$

wird, und der Vergleich mit den Bewegungsgleichungen (35) liefert

$$\dot{q} = \frac{2\pi i}{h}(Hq - qH), \\ \dot{p} = \frac{2\pi i}{h}(Hp - pH).\Bigg\} \quad (41)$$

Wird nun die Matrix $Hg - gH$ kurz mit $\left|\begin{array}{c}H\\g\end{array}\right|$ bezeichnet, so gilt

$$\left|\begin{array}{c}H\\ab\end{array}\right| = \left|\begin{array}{c}H\\a\end{array}\right|b + a\left|\begin{array}{c}H\\b\end{array}\right|; \quad (42)$$

daraus ist aber allgemein für $g = g(pq)$

$$\dot{g} = \frac{2\pi i}{h}\left|\begin{array}{c}H\\g\end{array}\right| = \frac{2\pi i}{h}(Hg - gH) \quad (43)$$

zu folgern. Denn man braucht zum Beweise nur $\dot{g}$ vermittelst (11), (11') als Funktion von p, q und $\dot{p}, \dot{q}$, sowie $\left|\begin{array}{c}H\\g\end{array}\right|$ vermittelst (42) als Funktion von p, q und $\left|\begin{array}{c}H\\p\end{array}\right|, \left|\begin{array}{c}H\\q\end{array}\right|$ ausgerechnet und dann (41) angewandt zu denken. Setzt man in (43) insbesondere $g = H$, so erhält man

$$\dot{H} = 0. \quad (44)$$

Nachdem somit der Energiesatz bewiesen und H als Diagonalmatrix erkannt ist, erhält (41) die Gestalt

$$h\nu(nm)q(nm) = \big(H(nn) - H(mm)\big)q(nm), \\ h\nu(nm)p(nm) = \big(H(nn) - H(mm)\big)p(nm),$$

woraus die Frequenzbedingung folgt.

Gehen wir nun zu allgemeineren Hamiltonschen Funktionen $H^* = H^*(pq)$ über, so erkennt man leicht an Beispielen, wie etwa $H^* = p^2 q$, daß im allgemeinen nicht mehr $\dot{H}^* = 0$ wird. Man sieht jedoch, daß die Hamiltonsche Funktion $H = \frac{1}{2}(p^2 q + qp^2)$ dieselben Bewegungsgleichungen wie H^* liefert und daß $\dot{H}$ wieder gleich Null wird. Wir sprechen danach Energie- und Frequenzsatz folgendermaßen aus: Zu jeder Funktion $H^* = H^*(pq)$ gibt es eine Funktion $H = H(pq)$, so daß H^* und H als Hamiltonsche

Funktionen dieselben Bewegungsgleichungen liefern und daß H für diese Bewegungsgleichungen die Rolle der zeitlich konstanten, die Frequenzbedingung erfüllenden Energie übernimmt.

Nach den oben durchgeführten Überlegungen genügt es, zu zeigen, daß die anzugebende Funktion H außer

$$\frac{\partial H}{\partial p} = \frac{\partial H^*}{\partial p}, \quad \frac{\partial H}{\partial q} = \frac{\partial H^*}{\partial q} \tag{45}$$

noch die Gleichungen (40) befriedigt. Nach § 1 ist H^* formal als Summe von Potenzprodukten in p und q darzustellen, und wegen der Linearität der Gleichungen (40), (45) in H, H^* werden wir einfach für jeden einzelnen Summanden in H^* den entsprechenden Summanden in H anzugeben haben. Wir brauchen also nur den Fall

$$H^* = \prod_{j=1}^{k} (p^{s_j} q^{r_j}) \tag{46}$$

zu betrachten. Nach den Bemerkungen von § 2 sind die Gleichungen (45) zu erfüllen, indem H als Linearform derjenigen Potenzprodukte in p, q angesetzt wird, welche aus H^* durch zyklische Vertauschungen der Faktoren entstehen; dabei muß nur die Summe der Koeffizienten gleich 1 gehalten werden. Weniger leicht beantwortet sich die Frage, wie diese Koeffizienten zu wählen sind, damit auch die Gleichungen (40) erfüllt werden. Es möge genügen, hier den Fall $k = 1$, also

$$H^* = p^s q^r \tag{47}$$

zu erledigen.

Die Formel (39) kann verallgemeinert werden zu[1])

$$p^m q^n - q^n p^m = m \frac{h}{2\pi i} \sum_{l=0}^{n-1} q^{n-1-l} p^{m-1} q^l. \tag{48}$$

Für $\mu = 1$ ist das wieder (39); allgemein folgt (48) daraus, daß wegen (39)

$$p^m q^{n+1} - q^{n+1} p^m = (p^m q^n - q^n p^m) q + m \frac{h}{2\pi i} q^n p^{m+1}$$

---

[1]) Eine andere Verallgemeinerung wird gegeben durch die Formeln

$$p^m q^n = \sum_{j=0}^{m,n} j! \binom{m}{j} \binom{n}{j} \left(\frac{h}{2\pi i}\right)^j q^{n-j} p^{m-j},$$

$$q^n p^m = \sum_{j=0}^{m,n} j! \binom{m}{j} \binom{n}{j} \left(\frac{-h}{2\pi i}\right)^j p^{m-j} q^{n-j},$$

worin j bis zur kleineren der Zahlen m, n wächst.

wird. Vertauschung von **p** und **q** mit Vorzeichenwechsel von h ergibt die neue Formel

$$p^m q^n - q^n p^m = n \frac{h}{2\pi i} \sum_{j=0}^{m-1} p^{m-1-j} q^{n-1} p^j. \qquad (48')$$

Vergleich mit (48) liefert

$$\frac{1}{s+1} \sum_{l=0}^{s} p^{s-l} q^r p^l = \frac{1}{r+1} \sum_{j=0}^{r} q^{r-j} p^s q^j. \qquad (49)$$

Wir behaupten nun: Zu **H*** nach (47) gehört

$$H = \frac{1}{s+1} \sum_{l=0}^{s} p^{s-l} q^r p^l. \qquad (50)$$

Beweisen müssen wir nur (40), wobei wir uns an Formel (18') aus § 2 zu erinnern haben.

Nun wird nach (50)

$$Hp - pH = \frac{1}{s+1} (q^r p^{s+1} - p^{s+1} q^r),$$

und nach (48) ist das gleichbedeutend mit der unteren Gleichung (40).

Unter Benutzung von (49) erhalten wir ferner

$$Hq - qH = \frac{1}{r+1} (p^s q^{r+1} - q^{r+1} p^s),$$

was nach (48') mit der oberen Gleichung (40) gleichwertig ist. Damit ist der verlangte Beweis vollständig geführt.

Während in der klassischen Mechanik die Energiekonstanz $\dot{H} = 0$ unmittelbar aus den kanonischen Gleichungen abgelesen werden kann, liegt der Energiesatz $\dot{H} = 0$ der Quantenmechanik, wie man sieht, viel weniger an der Oberfläche.

Wie weit seine Beweisbarkeit aus den gemachten Voraussetzungen davon entfernt ist, trivial zu sein, erkennt man, wenn man in engerer Anlehnung an das klassische Beweisverfahren die Konstanz von **H** einfach durch Ausrechnen von $\dot{H}$ zu beweisen sucht. Man hat zu diesem Zweck zunächst vermittelst (11), (11') $\dot{H}$ als Funktion von **p**, **q** und $\dot{p}$, $\dot{q}$ darzustellen, worauf für $\dot{p}$, $\dot{q}$ die Werte $-\frac{\partial H}{\partial q}, \frac{\partial H}{\partial p}$ einzuführen sind. Das ergibt $\dot{H}$ als Funktion von **p** und **q**. Die Gleichung (38) bzw. die daraus abgeleiteten, in der Fußnote Seite 873 mitgeteilten Formeln erlauben, diese Funktion in eine Summe von Gliedern $a p^s q^r$ umzurechnen, und zu beweisen ist, daß der Koeffizient a jedes solchen Gliedes verschwindet. Diese Rechnung wird für den allgemeinsten oben in anderer Weise erledigten Fall so überaus verwickelt[1]), daß sie kaum durchführbar scheint. Wenn trotzdem Energie- und Frequenzsatz in so allgemeinem Umfange bewiesen werden konnten, so scheint uns das eine starke Stütze für die Hoffnung zu bieten, daß diese Theorie wirklich tiefe physikalische Gesetze erfaßt.

Zum Schluß sei hier noch ein Ergebnis verzeichnet, das aus den Formeln dieses Paragraphen leicht zu entnehmen ist: Die Gleichungen (35), (37) können ersetzt werden durch (38) und (44) (wo H die Energie bedeutet); die Frequenzen sind dabei aus der Frequenzbedingung zu bestimmen.

Auf die wichtigen Anwendungen, welche dieser Satz gestattet, gehen wir in der Fortsetzung dieser Arbeit ein.

Kapitel III. Untersuchung des anharmonischen Oszillators.

Der anharmonische Oszillator mit

$$H = \frac{1}{2} p^2 + \frac{\omega_0^2}{2} q^2 + \frac{1}{3} \lambda q^3 \qquad (51)$$

ist bereits von Heisenberg eingehend betrachtet worden. Trotzdem soll ihm hier eine erneute Untersuchung gewidmet werden, und zwar mit dem Ziel, die allgemeinste Lösung der Grundgleichungen für diesen Fall festzustellen. Wenn die Grundgleichungen der Theorie wirklich vollständig sind und keiner Ergänzung mehr bedürfen, so werden die Absolutwerte $|q(nm)|$, $|p(nm)|$ der Komponenten von q und p durch sie eindeutig festgelegt sein müssen, und es wird wichtig sein, dies am Beispiel (51) zu prüfen. Dagegen ist zu erwarten, daß bezüglich der Phasen φ_{nm}, ψ_{nm} in

$$q(nm) = |q(nm)| e^{i\varphi_{nm}},$$
$$p(nm) = |p(nm)| e^{i\psi_{nm}}$$

noch eine Unbestimmtheit bestehen bleibt. Für die Statistik z. B. der Wechselwirkung von Quantenatomen mit äußeren Strahlungsfeldern wird es von grundlegender Bedeutung sein, den Grad dieser Unbestimmtheit genau festzulegen.

§ 5. **Harmonischer Oszillator.** Der Ausgangspunkt unserer Überlegungen ist die Theorie des harmonischen Oszillators; für kleine λ

---

[1]) Für den Fall $H = \frac{1}{2m} p^2 + U(q)$ kann sie mit Hilfe von (39') sofort ausgeführt werden.

kann man die Bewegung nach Gleichung (51) als Störung der harmonischen Schwingung mit der Energie

$$H = \frac{1}{2}p^2 + \frac{\omega_0^2}{2}q^2 \qquad (52)$$

auffassen.

Auch bei diesem einfachen Problem ist eine Ergänzung der Heisenbergschen Betrachtungen notwendig. Dieser entnimmt einer Korrespondenzüberlegung eine wesentliche Aussage über die Form der Lösung: da nämlich klassisch nur eine harmonische Komponente vorhanden ist, setzt Heisenberg eine Matrix an, die nur Übergänge zwischen Nachbarzuständen darstellt, also die Form hat

$$q = \begin{pmatrix} 0 & q^{(01)} & 0 & 0 & 0 & \dots \\ q^{(10)} & 0 & q^{(12)} & 0 & 0 & \dots \\ 0 & q^{(21)} & 0 & q^{(23)} & 0 & \dots \\ \dots & \dots & \dots & \dots & \dots & \dots \end{pmatrix}. \qquad (53)$$

Unser Bestreben ist, die ganze Theorie selbständig aufzubauen, ohne aus der klassischen Theorie Hilfe auf Grund des Korrespondenzprinzips heranzuholen. Daher werden wir untersuchen, ob sich nicht die Form (53) der Matrix aus den Grundgleichungen selbst ableiten läßt, bzw., wenn das nicht geht, welche Zusatzforderungen zu stellen sind.

Man sieht ohne weiteres aus dem in § 3 über die Invarianz gegen Permutationen von Zeilen und Kolonnen Gesagten, daß die exakte Form der Matrix (53) niemals aus den Grundgleichungen erschlossen werden kann; denn vertauscht man Zeilen und Kolonnen in gleicher Weise, so bleiben die kanonischen Gleichungen und die Quantenbedingung invariant, also hat man damit eine neue, scheinbar verschiedene Lösung gefunden. Aber alle diese Lösungen sind natürlich nur der Schreibweise, d. h. der Numerierung der Elemente nach verschieden. Wir wollen beweisen, daß durch eine bloße Umnumerierung der Elemente die Lösung stets auf die Form (53) gebracht werden kann. Die Bewegungsgleichung

$$\ddot{q} + \omega_0^2 q = 0 \qquad (54)$$

lautet für die Elemente:

$$\left(\nu^2(nm) - \nu_0^2\right) q(nm) = 0, \qquad (55)$$

wo

$$\omega^0 = 2\pi\nu_0, \quad h\nu(nm) = W_n - W_m.$$

Aus der verschärften Quantenbedingung

$$pq - qp = \frac{h}{2\pi i}\mathbf{1} \qquad (56)$$

folgt, daß zu jedem n ein n' existieren muß, so daß $q(nn') \neq 0$ ist; denn gäbe es ein n, für das alle $q(nn') = 0$ wären, so wäre das $n$te Diagonalglied von $pq-qp$ gleich Null, was der Quantenbedingung widerspricht. Danach ergibt (55), daß stets ein n' existiert, für das

$$|W_n - W_{n'}| = h\nu_0$$

ist. Da wir aber in unseren Grundprinzipien angenommen haben, daß für $n \neq m$ immer $W_n \neq W_m$ ist, so können höchstens zwei solche Indizes, n' und n'', existieren; denn die zugehörigen $W_{n'}$, $W_{n''}$ sind Lösungen der quadratischen Gleichung

$$(W_n - x)^2 = h^2 \nu_0^2;$$

wenn wirklich zwei solche Indizes n', n'' existieren, folgt für die zugehörigen Frequenzen

$$\nu(nn') = -\nu(nn''). \tag{57}$$

Nunmehr wird aus (56)

$$\sum_k \nu(kn)|q(nk)|^2 = \nu(n'n)\{|q(nn')|^2 - |q(nn'')|^2\} = \frac{h}{8\pi^2}, \tag{58}$$

und die Energie (52) wird:

$$H(nm) = \tfrac{1}{2} 4\pi^2 \sum_k \{-\nu(nk)\nu(km)q(nk)q(km) + \nu_0^2 q(nk)q(km)\}$$
$$= 2\pi^2 \sum_k q(nk)q(km)\{\nu_0^2 - \nu(nk)\nu(km)\}.$$

Insbesondere gilt für $m = n$:

$$H(nn) = W_n = 4\pi^2 \nu_0^2 (|q(nn')|^2 + |q(nn'')|^2). \tag{59}$$

Es sind nun weiter drei Fälle möglich:
  a) Es gibt kein n'' und es ist $W_{n'} > W_n$;
  b) es gibt kein n'' und es ist $W_{n'} < W_n$;
  c) es gibt n''.

Im Falle b) betrachten wir statt n jetzt n'; zu diesem gehören höchstens zwei Indizes $(n')'$ und $(n')''$, und von diesen muß einer gleich n sein. Damit kommen wir auf einen der Fälle a) oder c) zurück und können deshalb b) fortlassen.

Im Falle a) wird $\nu(n'n) = +\nu_0$, und aus (58) folgt:

$$\nu_0 \cdot |q(nn')|^2 = \frac{h}{8\pi^2}, \tag{60}$$

also nach (59):

$$W_n = H(nn) = 4\pi^2 \nu_0^2 |q(nn')|^2 = \tfrac{1}{2} \nu_0 h.$$

Wegen der Voraussetzung $W_n \neq W_m$ für $n \neq m$ gibt es also höchstens einen Index $n = n_0$, für den der Fall a) vorliegt.

Wenn ein solches n_0 existiert, können wir eine Reihe von Zahlen
$$n_0 \; n_1 \; n_2 \; n_3 \ldots$$
angeben derart, daß
$$(n_k)' = n_{k+1} \quad \text{und} \quad W_{k+1} > W_k.$$
Dann ist jedesmal
$$(n_{k+1})'' = n_k.$$
Also wird für $k > 0$ aus (58) und (59):
$$H(n_k n_k) = 4\pi^2 \nu_0^2 \{|q(n_k, n_{k+1})|^2 + |q(n_k, n_{k-1})|^2\}, \qquad (61)$$
$$\tfrac{1}{2} h = 4\pi^2 \nu_0 \{|q(n_k, n_{k+1})|^2 - |q(n_k, n_{k-1})|^2\}. \qquad (62)$$
Aus (60) und (62) folgt
$$|q(n_k, n_{k+1})|^2 = \frac{h}{8\pi^2 \nu_0}(k+1), \qquad (63)$$
und dann aus (61)
$$W_{n_k} = H(n_k, n_k) = \nu_0 h (k + \tfrac{1}{2}). \qquad (64)$$

Nun wollen wir noch sehen, ob es möglich ist, daß es kein n gibt, für das der Fall a) gilt. Wir können dann, mit beliebigem n_0 anfangend, $n_0' = n_1$ und $n_0'' = n_{-1}$ bilden; zu jedem von diesen wieder $n_1' = n_2$, $n_1'' = n_0$ und $n_{-1}' = n_0$, $n_{-1}'' = n_{-2}$ usw. Auf diese Weise erhalten wir eine Zahlenreihe
$$\ldots n_{-2} \; n_{-1} \; n_0 \; n_1 \; n_2 \ldots \qquad (65)$$
und es gelten die Gleichungen (61), (62) für jedes k zwischen $-\infty$ und $+\infty$. Das ist aber unmöglich; denn nach (62) bilden die Größen $x_k = |q(n_{k+1}, n_k)|^2$ eine äquidistante Zahlenreihe, und da sie positiv sind, muß es eine kleinste geben. Den entsprechenden Index können wir wieder mit n_0 bezeichnen und kommen damit auf den vorigen Fall zurück; es gelten also auch hier die Formeln (63), (64).

Man sieht ferner: jede Zahl n muß unter den Zahlen n_k enthalten sein; denn sonst könnte man mit n als Ausgangsgliede eine neue Reihe (65) bilden, wobei wieder die Formel (60) gilt. Die Ausgangsglieder beider Reihen hätten also dieselben Werte $W_n = H(n\,n)$, was unmöglich ist.

Damit ist der Beweis geführt, daß die Indizes $0, 1, 2, 3 \ldots$ so in eine neue Reihenfolge $n_0, n_1, n_2, n_3 \ldots$ umgeordnet werden können, daß die Formeln (63), (64) gelten; in diesen neuen Indizes hat dann die Lösung die Heisenbergsche Form (53). Diese erscheint also als „Normalform" der allgemeinen Lösung. Sie hat nach (64) die Eigenschaft, daß
$$W_{n_{k+1}} > W_{n_k}.$$
Fordert man umgekehrt, daß $W_n = H(n\,n)$ mit n stets wachsen soll, so wird notwendig $n_k = k$; dieses Prinzip legt also die Normalform

eindeutig fest. Aber hierdurch wird nur die Schreibweise fixiert und die Rechnung übersichtlicher gestaltet; physikalisch ist nichts Neues dadurch gegeben.

Darin liegt ein tiefer Unterschied gegenüber der bisher gebräuchlichen halbklassischen Bestimmung der stationären Zustände. Die klassisch berechneten Bahnen schließen sich kontinuierlich aneinander, wodurch auch in die nachträglich ausgesonderten Quantenbahnen von vornherein eine bestimmte Reihenfolge kommt. Die neue Mechanik stellt sich als wahre Diskontinuumstheorie dar, indem hier von solcher durch den physikalischen Vorgang definierten Reihenfolge der Quantenzustände keine Rede ist, sondern die Quantenzahlen wirklich nichts sind als unterscheidende Indizes, die man nach irgendwelchen praktischen Gesichtspunkten (z. B. nach wachsender Energie W_n) ordnen und normieren kann.

§ 6. **Anharmonischer Oszillator.** Die Bewegungsgleichungen

$$\ddot{q} + \omega_0^2 q + \lambda q^2 = 0 \tag{66}$$

geben zusammen mit der Quantenbedingung folgendes Gleichungssystem für die Elemente:

$$\left. \begin{array}{l} (\omega_0^2 - \omega^2(nm)) q(nm) + \lambda \sum_k q(nk) q(km) = 0, \\ \sum_k \omega(nk) q(nk) q(kn) = -\dfrac{h}{4\pi}. \end{array} \right\} \tag{67}$$

Wir suchen es durch Reihenentwicklungen

$$\left. \begin{array}{l} \omega(nm) = \omega^0(nm) + \lambda \omega^{(1)}(nm) + \lambda^2 \omega^{(2)}(nm) + \cdots \\ q(nm) = q^0(nm) + \lambda q^{(1)}(nm) + \lambda^2 q^{(2)}(nm) + \cdots \end{array} \right\} \tag{68}$$

zu lösen.

Für $\lambda = 0$ hat man den im vorigen Paragraphen behandelten Fall des harmonischen Oszillators; wir schreiben die Lösung (53) in der Form

$$q^0(nm) = a_n \delta_{n,m-1} + \overline{a}_m \delta_{n-1,m}, \tag{69}$$

wo das Überstreichen die konjugiert-komplexe Größe bezeichnen soll. Bildet man das Quadrat und höhere Potenzen der Matrix $q^0 = (q^0(nm))$, so treten Matrizen von ähnlicher Form auf, nämlich Summen von Gliedern

$$(\xi)_{nm}^{(p)} = \xi_n \delta_{n,m-p} + \overline{\xi}_m \delta_{n-p,m}. \tag{70}$$

Daher liegt es nahe, die Lösung in der Form

$$\left. \begin{array}{l} q^0(nm) = (a)_{nm}^{(1)}, \\ q^{(1)}(nm) = (x)_{nm}^0 + (x')_{nm}^{(2)}, \\ q^{(2)}(nm) = (y)_{nm}^{(1)} + (y')_{nm}^{(3)}, \\ \cdots \cdots \cdots \cdots \cdots \end{array} \right\} \tag{71}$$

anzusetzen, wobei immer ungerade und gerade Werte des Index p abwechseln.

In der Tat, setzt man das in die Näherungsgleichungen

$$\lambda : \begin{cases} (\omega_0^2 - \omega^0(nm)^2)q^{(1)}(nm) - 2\omega^0(nm)\omega^{(1)}(nm)q^0(nm) \\ \quad + \sum_k q_0(nk)q^0(km) = 0, \\ \sum_k \{\omega^0(nk)(q^0(nk)q^{(1)}(kn) + q^{(1)}(nk)q^0(kn)) \\ \quad + \omega^{(1)}(nk)q^0(nk)q^0(kn)\} = 0, \end{cases} \quad (72)$$

$$\lambda^2 : \begin{cases} (\omega_0^2 - \omega^0(nm)^2)q^{(2)}(nm) - 2\omega^0(nm)\omega^{(1)}(nm)q^{(1)}(nm) \\ \quad - (\omega^{(1)}(nm)^2 + 2\omega^0(nm)\omega^{(2)}(nm))q^0(nm) \\ \quad + \sum_k (q^0(nk)q^{(1)}(km) + q^{(1)}(nk)q^0(km)) = 0, \\ \sum_k \{\omega^0(nk)(q^0(nk)q^{(2)}(km) + q^{(1)}(nk)q^{(1)}(km) \\ \quad + q^{(2)}(nk)q^0(km)) + \omega^{(1)}(nk)(q^0(nk)q^{(1)}(km) \\ \quad + q^{(1)}(nk)q^0(km)) + \omega^{(2)}(nk)q^0(nk)q^0(km)\} = 0 \end{cases} \quad (73)$$

ein und beachtet die Multiplikationsregel

$$\begin{aligned} \sum_k \mathfrak{Q}_{nkm}(\xi)^{(p)}_{nk}(\eta)^{(q)}_{km} &= \mathfrak{Q}_{n,n+p,n+p+q}\,\xi_n\,\eta_{m+p}\,\delta_{n,m-p-q} \\ &\quad + \mathfrak{Q}_{n,n+p,n+p-q}\,\xi_n\,\bar{\eta}_{n+p-q}\,\delta_{n,m-p+q} \\ &\quad + \mathfrak{Q}_{n,n-p,n-p+q}\,\xi_{n-p}\,\eta_{n-p}\,\delta_{n,m+p-q} \\ &\quad + \mathfrak{Q}_{n,n-p,n-p-q}\,\xi_{n-p}\,\eta_{n-p-q}\,\delta_{n,m+p+q}, \end{aligned} \quad (74)$$

so sieht man, indem man die Faktoren von $\delta_{n,m-s}$ einzeln Null setzt, daß sich durch den Ansatz (71) alle Bedingungen gerade erfüllen lassen und daß höhere Glieder in (71) identisch verschwinden würden.

Im einzelnen gibt die Rechnung folgendes:

Die erste der Gleichungen (72) liefert nach Einsetzen der Ausdrücke (71):

$$\begin{aligned} 2\omega_0^2 x_n + |a_n|^2 + |a_{n-1}|^2 &= 0, \\ -3\omega_0^2 x_{n'} + a_n a_{n+1} &= 0, \\ \omega^{(1)}_{n,n-1} &= 0, \end{aligned} \quad (75)$$

die zweite ist identisch erfüllt. Man hat also:

$$\begin{aligned} x_n &= -\frac{|a_n|^2 + |a_{n-1}|^2}{2\omega_0^2}, \\ x_n' &= \frac{a_n a_{n+1}}{3\omega_0^2}. \end{aligned} \quad (76)$$

Die erste der Gleichungen (73) liefert:

$$\left.\begin{array}{r}2\omega_0 a_n \omega_{n,n+1}^{(2)} + 2 a_n x_{n+1} + 2 a_n x_n + \bar{a}_{n-1} x'_{n-1} + a_{n+1} x'_n = 0, \\ -8\omega_0^2 y'_n + a_n x'_{n+1} + a_{n+2} x'_n = 0, \\ \omega_{n,n-2}^{(1)} = 0,\end{array}\right\} (77)$$

die zweite Gleichung ist nicht identisch erfüllt, sondern liefert eine Bestimmungsgleichung für y_n:

$$\left.\begin{array}{r}a_n \bar{y}_n + \bar{a}_n y_n - a_{n-1} \bar{y}_{n-1} - \bar{a}_{n-1} y_{n-1} + 2|x'|^2 - 2|x'_{n-2}|^2 \\ -\dfrac{\omega_{n,n+1}^{(2)}}{\omega_0} |a_n|^2 - \dfrac{\omega_{n,n-1}^{(2)}}{\omega_0} |a_{n-1}|^2 = 0.\end{array}\right\} (78)$$

Die Lösung lautet:

$$\left.\begin{array}{r}\omega_{n,n+1}^{(2)} = \dfrac{1}{3\omega_0^3}(|a_{n+1}|^2 + |a_{n-1}|^2 + 3|a_n|^2), \\ y'_n = \dfrac{1}{12\omega_0^4} a_n a_{n+1} a_{n+2}.\end{array}\right\} (79)$$

Setzt man ferner zur Abkürzung

$$\eta_n = a_n \bar{y}_n + \bar{a}_n y_n, \qquad (80)$$

so bestimmt sich η aus der Gleichung

$$\left.\begin{array}{r}\eta_n - \eta_{n-1} = \dfrac{1}{\omega_0^4}(|a_n|^4 - |a_{n-1}|^4 + \dfrac{1}{9}|a_n|^2 |a_{n+1}|^2 \\ -\dfrac{1}{9}|a_{n-1}|^2 |a_{n-2}|^2).\end{array}\right\} (81)$$

Die Ausdrücke (76) und (79) zeigen, daß die Größen x_n, x'_n, y'_n sich durch die Lösung der nullten Näherung a_n ausdrücken. Ihre Phasen sind also durch die des harmonischen Oszillators festgelegt. Anders scheint es bei der Größe y_n zu liegen; denn zwar ist η_n aus (81) eindeutig zu bestimmen, aber dann läßt sich y_n aus (80) nicht völlig festlegen. Es ist wahrscheinlich, daß bei der folgenden Näherung eine ergänzende Bestimmungsgleichung für y_n entsteht; wir müssen diese Frage hier offen lassen, möchten aber auf ihre prinzipielle Bedeutung für die Geschlossenheit der ganzen Theorie hinweisen. Denn es kommt für alle statistischen Fragen durchaus darauf an, ob unsere Vermutung richtig ist, daß von den Phasen der $q(nm)$ eine in jeder Zeile (oder in jeder Kolonne) der Matrix unbestimmt bleibt.

Zum Schluß wollen wir die expliziten Formeln angeben, die man erhält, wenn man die vorher (§ 5) gefundene Lösung des harmonischen

Oszillators einsetzt. Diese lautet in der Normalform nach (63):

$$a_n = \sqrt{C(n+1)}\, e^{i\varphi_n}, \quad C = \frac{h}{4\pi\omega_0} = \frac{h}{8\pi^2 \nu_0}. \tag{82}$$

Damit erhält man nach (76), (79), (81):

$$\left.\begin{aligned}
x_n &= -\frac{C}{2\omega_0^2}(2n+1), \\
x'_n &= \frac{C}{3\omega_0^2}\sqrt{(n+1)(n+2)}\, e^{i(\varphi_n + \varphi_{n+1})}, \\
y'_n &= \frac{\sqrt{C^3}}{12\omega_0^4}\sqrt{(n+1)(n+2)(n+3)}\, e^{i(\varphi_n + \varphi_{n+1} + \varphi_{n+2})};
\end{aligned}\right\} \tag{83}$$

$$\left.\begin{aligned}
\omega^{(1)}_{n, n-1} &= 0, \quad \omega^{(1)}_{n, n-2} = 0, \\
\omega^{(2)}_{n, n-1} &= -\frac{5}{3}\frac{C}{\omega_0^3} n;
\end{aligned}\right\} \tag{84}$$

also

$$\eta_n - \eta_{n-1} = \frac{11}{9}\frac{C^2}{\omega_0^4}(2n+1),$$

$$\eta_n = a_n \bar{y}_n + \bar{a}_n y_n = \frac{11}{9}\frac{C^2}{\omega_0^4}(n+1)^2.$$

Setzt man $y_n = |y_n| e^{i\psi_n}$, so wird

$$|y_n|\cos(\varphi_n - \psi_n) = \frac{\eta_n}{2|a_n|} = \frac{11}{18}\frac{\sqrt{C^3}}{\omega_0^4}\sqrt{n+1}^3. \tag{85}$$

Mehr läßt sich in dieser Näherung über y_n nicht aussagen.

Wir wollen aber die Schlußformeln unter der Annahme $\psi_n = \varphi_n$ ausschreiben. Dann lauten sie (bis auf Glieder von höherer als zweiter Ordnung in λ):

$$\left.\begin{aligned}
\omega(n, n-1) &= \omega_0 - \lambda^2 \frac{5}{3}\frac{C}{\omega_0^3} n + \ldots, \\
\omega(n, n-2) &= 2\omega_0 + \ldots;
\end{aligned}\right\} \tag{86}$$

$$\left.\begin{aligned}
q(n,n) &= -\lambda \frac{C}{\omega_0^2}(2n+1) + \ldots, \\
q(n, n-1) &= \sqrt{Cn}\, e^{i\varphi_{n-1}}\left(1 + \lambda^2 \frac{11}{18}\frac{\dot{C}n}{\omega_0^4} + \ldots\right), \\
q(n, n-2) &= \lambda \frac{C}{3\omega_0^2}\sqrt{n(n-1)}\, e^{i(\varphi_{n-1} + \varphi_{n-2})} + \ldots, \\
q(n, n-3) &= \lambda^2 \frac{\sqrt{C^3}}{12\omega_0^4}\sqrt{n(n-1)(n-2)}\, e^{i(\varphi_{n-1} + \varphi_{n-2} + \varphi_{n-3})} + \ldots
\end{aligned}\right\} \tag{87}$$

Wir haben auch die Energie direkt ausgerechnet und gefunden:

$$W_n = h\nu_0\left(n+\frac{1}{2}\right) - \lambda^2 \frac{5}{3}\frac{C^2}{\omega_0^2}\left(n(n+1)+\frac{17}{30}\right) + \cdots \quad (88)$$

Die Frequenzbedingung ist in der Tat erfüllt; denn man hat mit Rücksicht auf (82):

$$W_n - W_{n-1} = h\nu_0 - \lambda^2 \frac{2C^2}{\omega_0^2} n + \cdots = \frac{h}{2\pi}\omega(n, n-1),$$

$$W_n - W_{n-2} = 2h\nu_0 + \cdots \quad\quad\quad = \frac{h}{2\pi}\omega(n, n-2).$$

An die Formel (88) kann man mit Heisenberg die Bemerkung knüpfen, daß schon in den Gliedern niederster Ordnung eine Abweichung von der klassischen Theorie vorhanden ist, die man durch Einführung einer „halbzahligen" Quantenzahl $n' = n + \frac{1}{2}$ formal beheben kann. Übrigens stimmen unsere Ausdrücke $\omega(n, n-1)$ nach (86) und die klassischen Frequenzen genau überein. Denn die klassische Energie ist [1]):

$$W_n^{(kl)} = h\nu_0 n - \lambda^2 \cdot \frac{5}{3}\frac{C_2}{\omega_0^2} n^2 + \cdots,$$

also die klassische Frequenz:

$$\omega_{kl} = \frac{1}{h}\frac{\partial W_n^{(kl)}}{\partial n} = h\nu_0 - \lambda^2 \frac{5}{3}\frac{C^2}{\omega_0^2} n + \cdots$$

$$= \omega_{qu}(n, n-1) = \frac{1}{h}\left(W_n^{(qu)} - W_{n-1}^{(qu)}\right).$$

Wir haben schließlich geprüft, daß der Ausdruck (88) auch aus der Kramers-Bornschen Störungsformel erhalten werden kann (bis auf die additive Konstante).

Kapitel IV. Bemerkungen zur Elektrodynamik.

Nach Heisenberg sollen die Quadrate der Absolutwerte $|q(nm)|^2$ der Elemente von q für den Fall, daß q kartesische Koordinate ist, maßgebend für die Sprungwahrscheinlichkeiten sein. Wir möchten hier zum Schluß noch ausführen, in welcher Weise diese Annahme aus allgemeineren Überlegungen heraus eine Begründung erhalten kann. Notwendig ist dazu ein Eingehen auf die Frage, wie die Grundgleichungen der Elektrodynamik im Sinne der neuen Theorie umzudeuten sind. Wir möchten aber betonen, daß die hier mitgeteilten Überlegungen nur vorläufigen Charakter haben; sie sollen unsere grundsätzliche Stellungnahme zu der Aufgabe erkennen lassen. Eine ausführliche Behandlung der hier

---

[1]) S. M. Born, Atommechanik (Berlin 1925), 4. Kapitel, § 42, S. 294; in der Formel (6) ist $a = 1/3$ zu setzen, um mit unserem Ansatz in Übereinstimmung zu kommen.

auftretenden Fragen soll später gegeben werden, wobei vor allem das Verhältnis der dargelegten Theorie zur Theorie der Lichtquanten erörtert werden wird.

Wir wollen hier nur solche Punkte zur Sprache bringen, die ohne Eingehen auf die exakte Form der Quantenbedingung für Systeme von mehreren Freiheitsgraden gewonnen werden können. Daß man dabei in der Elektrodynamik bereits ziemlich weit kommt, kann man durch folgende Überlegung einsehen. Der elektromagnetisch schwingende **Hohlraum** stellt ein System von **unendlich vielen Freiheitsgraden** dar. Trotzdem reichen die in den vorangehenden Kapiteln entwickelten Grundsätze, die sich ja nur auf Systeme von einem Freiheitsgrad beziehen, zu seiner Behandlung aus, weil er, nach Eigenschwingungen analysiert, in ein System **ungekoppelter Oszillatoren** übergeht. Es ist kaum ein Zweifel möglich, wie man dieses System zu behandeln hat. Dabei erweist sich der Umstand, daß die elektromagnetischen Grundgleichungen linear sind (Superpositionsprinzip), von besonderer Bedeutung; denn daraus folgt, daß die Ersatz-Oszillatoren **harmonisch** sind, und gerade beim harmonischen Oszillator besteht — im Gegensatz zum Verhalten anderer Systeme — die Gültigkeit des Energiesatzes unabhängig von der Quantenbedingung: Aus

$$H = \tfrac{1}{2}(p^2 + \omega_0^2 q^2)$$

folgt

$$\dot H = \tfrac{1}{2}(\dot p p + p \dot p + \omega_0^2 \dot q q + \omega_0^2 q \dot q)$$
$$= \tfrac{1}{2}\omega_0^2(-qp - pq + pq + qp)$$
$$= 0.$$

Man wird daher erwarten, daß in entsprechender Weise die Integralsätze der Elektrodynamik des Vakuums (Energie- und Impulssatz) ganz allgemein aus den matrizenmäßig umgedeuteten **Maxwell**schen Gleichungen allein ohne Eingehen auf die Quantenbedingung zu gewinnen sind. Indem wir dies zeigen, gewinnen wir zugleich das Mittel, die **Heisenberg**sche Behauptung von der Bedeutung der $|q(nm)|^2$ zu begründen.

§ 7. **Maxwellsche Gleichungen, Energie- und Impulssatz.** Wir wollen verabreden, daß **Vektoren**, wie üblich, stets durch deutsche Buchstaben bezeichnet werden, während die Unterscheidung von Zahlen und Matrizen durch Schwach- und Fettdruck beibehalten wird. Die Maßeinheiten wählen wir im Anschluß an das Lehrbuch von **Abraham**[1]).

Die elektromagnetischen Vorgänge im Vakuum wird man darstellen können als Superposition ebener Wellen. In einer solchen ebenen Welle

---

[1]) M. Abraham, Theorie der Elektrizität, II. Leipzig 1914.

werden wir die elektrische und die magnetische Feldstärke $\mathfrak{E}$, $\mathfrak{H}$ als Matrizen ansehen, deren Elemente harmonisch schwingende ebene Wellen sind, also z. B. bei geeigneter Lage des Koordinatensystems

$$\mathfrak{E} = \left(\mathfrak{E}(nm) e^{2\pi i \nu(nm)\left(t - \frac{x}{c}\right)} \right). \tag{89}$$

Freilich muß damit gerechnet werden, daß n, m sich im allgemeinen nicht mehr auf eine diskrete Menge von Werten beschränken und auch nicht mehr einzelne Zahlen, sondern Zahlensysteme (Vektoren) bezeichnen.

Die Maxwellschen Gleichungen wird man als Matrizengleichungen beibehalten:

$$\operatorname{rot} \mathfrak{H} - \frac{1}{c}\dot{\mathfrak{E}} = 0, \qquad \operatorname{rot} \mathfrak{E} + \frac{1}{c}\dot{\mathfrak{H}} = 0. \tag{90}$$

Die Differentiationen nach x, y, z, t sind dabei in jedem einzelnen Element der Matrix ausgeführt zu denken[1]).

Wir wollen nun den Energie-Impulssatz ableiten; dazu ist es notwendig, einige Bemerkungen über die Multiplikation von Matrizenvektoren vorauszuschicken.

Wir definieren das skalare Produkt durch

$$(\mathfrak{A}, \mathfrak{B}) = \mathfrak{A}\mathfrak{B} = \mathfrak{A}_x \mathfrak{B}_x + \mathfrak{A}_y \mathfrak{B}_y + \mathfrak{A}_z \mathfrak{B}_z, \tag{91}$$

das Vektorprodukt durch

$$[\mathfrak{A}\mathfrak{B}]_x = \mathfrak{A}_y \mathfrak{B}_z - \mathfrak{A}_z \mathfrak{B}_y. \tag{92}$$

Da die Matrizenmultiplikation nicht kommutativ ist, gelten die Beziehungen

$$\mathfrak{A}\mathfrak{B} = \mathfrak{B}\mathfrak{A}, \qquad [\mathfrak{A}\mathfrak{B}] = -[\mathfrak{B}\mathfrak{A}]$$

im allgemeinen nicht.

Dagegen behaupten wir:

$$\operatorname{div}[\mathfrak{A}\mathfrak{B}] = (\operatorname{rot}\mathfrak{A}, \mathfrak{B}) - (\mathfrak{A}, \operatorname{rot}\mathfrak{B}). \tag{93}$$

Wir definieren nun die Energiedichte W (als skalare Matrix) durch

$$W = \frac{1}{8\pi}(\mathfrak{E}^2 + \mathfrak{H}^2). \tag{94}$$

Dann wird nach (11)

$$8\pi \dot{W} = \mathfrak{E}\dot{\mathfrak{E}} + \dot{\mathfrak{E}}\mathfrak{E} + \mathfrak{H}\dot{\mathfrak{H}} + \dot{\mathfrak{H}}\mathfrak{H},$$

und nach (90):

$$\frac{8\pi}{c}\dot{W} = (\mathfrak{E}, \operatorname{rot}\mathfrak{H}) + (\operatorname{rot}\mathfrak{H}, \mathfrak{E}) - (\mathfrak{H}, \operatorname{rot}\mathfrak{E}) - (\operatorname{rot}\mathfrak{E}, \mathfrak{H}),$$

---

[1]) Unter Umständen ist eine andere Auffassung des elektromagnetischen Feldes erforderlich, bei der die räumlichen Koordinaten nicht als Zahlen, sondern selbst wieder als Matrizen erscheinen; das hat eine entsprechende Änderung der Bedeutung der räumlichen Differenzialquotienten in den Maxwellschen Gleichungen zur Folge. Wir kommen hierauf in der Fortsetzung der Arbeit zurück.

also nach (93)
$$\dot{\mathfrak{W}} + \operatorname{div} \mathfrak{S} = 0, \qquad (95)$$

wo
$$\mathfrak{S} = \frac{c}{8\pi}([\mathfrak{E}\,\mathfrak{H}] - [\mathfrak{H}\,\mathfrak{E}]). \qquad (96)$$

Das ist der Poyntingsche Satz für die Matrizenelektrodynamik; $\mathfrak{S}$ bedeutet den Strahlvektor.

In ähnlicher Weise läßt sich der Impulssatz ableiten: Man definiert die Maxwellschen Spannungen durch:

$$\left.\begin{aligned}T_{xx} &= \frac{1}{8\pi}(\mathfrak{E}_x^2 - \mathfrak{E}_y^2 - \mathfrak{E}_z^2) + (\mathfrak{H}_x^2 - \mathfrak{H}_y^2 - \mathfrak{H}_z^2), \\ T_{yz} &= \frac{1}{8\pi}(\mathfrak{E}_y\mathfrak{E}_z + \mathfrak{E}_z\mathfrak{E}_y + \mathfrak{H}_y\mathfrak{H}_z + \mathfrak{H}_z\mathfrak{H}_y)\end{aligned}\right\} \qquad (97)$$

und die Impulsdichte der Strahlung durch

$$\mathfrak{g} = \frac{1}{c^2}\mathfrak{S} = \frac{1}{8\pi c}([\mathfrak{E}\,\mathfrak{H}] - [\mathfrak{H}\,\mathfrak{E}]). \qquad (98)$$

Dann erhält man durch ähnliche Rechnung:

$$\dot{\mathfrak{g}}_x = \frac{\partial T_{xx}}{\partial x} + \frac{\partial T_{xy}}{\partial y} + \frac{\partial T_{xz}}{\partial z}. \qquad (99)$$

Natürlich gewinnen diese Beziehungen an Übersichtlichkeit, wenn man die vierdimensionale Darstellungsweise der Relativitätstheorie benutzt. Eine systematische Behandlung der vierdimensionalen Vektoranalysis und der Relativitätstheorie auf der Basis der Matrizentheorie mit ihrer nichtkommutativen Multiplikation soll an anderer Stelle gegeben werden.

§ 8. Kugelwellen. Strahlung eines Dipols. Indem wir unser Ziel, die Strahlung eines Oszillators zu berechnen, verfolgen, müssen wir jetzt Kugelwellen ins Auge fassen.

Hierzu werden wir den Hertzschen Vektor $\mathfrak{Z}$ als Matrizenvektor einführen; aus $\mathfrak{Z}$ gewinnt man $\mathfrak{E}$ und $\mathfrak{H}$ vermöge der Gleichungen:

$$\mathfrak{E} = \operatorname{grad}\operatorname{div}\mathfrak{Z} - \frac{1}{c^2}\ddot{\mathfrak{Z}}, \quad \mathfrak{H} = \frac{1}{c}\operatorname{rot}\dot{\mathfrak{Z}}. \qquad (100)$$

In der klassischen Theorie ist für eine Kugelwelle $\mathfrak{Z}$ proportional mit

$$\frac{1}{r}e^{2\pi i\nu\left(t - \frac{r}{c}\right)}.$$

Nun läßt sich bekanntlich dieser Ausdruck als Superposition ebener Wellen schreiben[1]), auf Grund der Identität

$$\frac{e^{i\varkappa r}}{r} = \frac{i\varkappa}{2\pi}\int e^{i\varkappa(\mathfrak{r}\mathfrak{s})}d\omega; \qquad (101)$$

---

[1]) Siehe etwa P. Debye, Ann. d. Phys. 30, 755, 1909; Formel (7''), S. 758.

dabei ist r der Zahlenvektor vom Zentrum der Kugelwelle zum Aufpunkt, $\mathfrak{s}$ ein Einheitsvektor, $d\omega = d\mathfrak{s}_x d\mathfrak{s}_y d\mathfrak{s}_z$. Mithin läßt sich auch in unserer Theorie aus ebenen Wellen, dargestellt durch Matrizen der Form (89), mittels Integration über die Richtung der Wellennormale die Darstellung einer Kugelwelle gewinnen:

$$\mathfrak{Z} = \left(e\mathfrak{q}(nm) \frac{e^{2\pi i \nu(nm)\left(t - \frac{r}{c}\right)}}{r} \right); \quad (102)$$

dabei stellt die Matrix $e\mathfrak{q} = (e\mathfrak{q}(nm))$ das elektrische Moment dar, das die Welle erregt.

Die Rechnungen, die von hier zur Bestimmung des elektromagnetischen Feldes und der Ausstrahlung führen, sind dieselben wie in der klassischen Theorie, da $\mathfrak{r}$ als Zahlenvektor mit jeder Matrix vertauschbar ist. Man erhält

$$\mathfrak{H} = -\frac{e}{c^2}\frac{1}{r^2}[\mathfrak{r}\,\ddot{\mathfrak{q}}],$$
$$\mathfrak{E} = \frac{e}{c^2}\frac{1}{r^3}[\mathfrak{r}[\mathfrak{r}\,\ddot{\mathfrak{q}}]] \quad (103)$$

und daraus

$$\mathfrak{S} = \frac{e}{4\pi c^3}\frac{\mathfrak{r}}{r}[\mathfrak{r}\,\ddot{\mathfrak{q}}]. \quad (104)$$

Die Integration über alle Raumrichtungen erfolgt in derselben Weise wie in der klassischen Theorie. Das Resultat für die pro Sekunde ausgestrahlte Energie lautet:

$$\int \mathfrak{S}\,d\mathfrak{f} = \frac{2\,e^2}{3\,c^3}\ddot{\mathfrak{q}}^2. \quad (105)$$

Um die mittlere Ausstrahlung zu erhalten, hat man diesen Ausdruck über die Zeit zu mitteln; dadurch entsteht die Diagonalmatrix:

$$\frac{2\,e^2}{3\,c^3}\overline{\ddot{\mathfrak{q}}^2}. \quad (106)$$

Schwingt der Oszillator in einer festen Richtung, so können wir den Matrizenvektor $\mathfrak{q}$ durch den Matrizenskalar $q = (q(nm))$ ersetzen; dann wird die Ausstrahlung

$$\frac{2\,e^2}{3\,c^3}\overline{\ddot{q}^2} = \frac{32\,\pi^4 e^2}{3\,c^3}\left(\sum_k \nu(nk)^4 |q(nk)|^2\right). \quad (107)$$

Wir können hier noch keine vollständige Theorie der Ausstrahlung geben, aus der man zwangsläufig auf die Zuordnung der einzelnen Glieder dieser Reihe zu den stationären Zuständen schließen könnte; denn dazu wäre eine genaue Untersuchung der Rückwirkung der Strahlung auf den Oszillator nötig, also eine Theorie der Dämpfung. Darauf werden wir später zurückkommen. Hier wollen wir nur prüfen, ob die Ausstrahlung wirklich durch die Größen $|q(nk)|^2$ bestimmt wird; der Ausdruck (107) zeigt, daß das der Fall ist, aber zugleich sehen wir, daß die hingeschriebene Größe nicht die gesamte, von einem stationären Zustand ausgehende spontane Strahlung ist. Denn die spontanen Übergänge erfolgen immer nur nach Zuständen kleinerer Energie, oder bei geeigneter Numerierung nach Zuständen kleinerer Quantenzahl. Wir können nun in ganz formaler Weise angeben, wie sich dieser Umstand in unserer Theorie ausdrücken wird; dazu bilden wir nicht den Mittelwert, sondern die Diagonalsumme der Strahlungsmatrix (105); das gibt

$$D\left(\frac{2\,e^2}{3\,c^3}\,\dddot{q}^2\right) = \frac{32\,\pi^4\,e^2}{3\,c^3}\sum_{nk}\nu(nk)^4\,|\,q(nk)\,|^2. \qquad (108)$$

Hier können wir rechter Hand umsummieren und schreiben:

$$\frac{64\,\pi^4\,e^2}{3\,c^3}\sum_{n}\left(\sum_{k<n}\nu(nk)^4\cdot|\,q(nk)\,|^2\right). \qquad (109)$$

Damit ist die gewünschte Zuordnung erreicht: Zu jedem Zustand n gehört die Strahlung, die den Übergängen zu allen Zuständen $k < n$ entspricht, jede mit der aus der klassischen Theorie bekannten Intensität. Das stimmt mit der Erfahrung überein, wenn man voraussetzt, daß die Indizes n nach wachsenden Energien W_n geordnet sind.

Damit ist Heisenbergs Annahme in dem oben gekennzeichneten, beschränkten Sinne gerechtfertigt.

Es sei gleich hier betont, daß diese Feststellung bezüglich der Sprungwahrscheinlichkeiten unabhängig ist von der Voraussetzung der Nichtentartung des Systems, d. h. der Verschiedenheit aller W_n. Zum Schluß heben wir noch hervor, daß mit den Übergangswahrscheinlichkeiten auch die statistischen Gewichte der Zustände festgelegt sind, und zwar muß jedem der durch eine Zeile und Spalte bzw. ein Diagonalglied von W gekennzeichneten Zustände das gleiche statistische Gewicht zugeschrieben werden. Daß dieses Ergebnis (in seiner Verallgemeinerung auf Systeme von mehreren Freiheitsgraden) von selbst auf das Grundprinzip der Bose-Einsteinschen Lichtquantenstatistik führt, soll später erläutert werden.

Anmerkung bei der Korrektur. Die angekündigte Verallgemeinerung der Theorie auf mehrere Freiheitsgrade ist inzwischen gemeinsam mit Herrn W. Heisenberg ausgearbeitet worden und wird in der Fortsetzung dieser Arbeit dargestellt werden. Dort werden auch verschiedene schon hier berührte Punkte ausführlicher erörtert werden, die inzwischen weiter geklärt werden konnten.

Born/Heisenberg/Jordan: „Zur Quantenmechanik. II"

Zur Quantenmechanik. II.

Von M. Born, W. Heisenberg und P. Jordan in Göttingen.

(Eingegangen am 16. November 1925.)

Die aus Heisenbergs Ansätzen in Teil I dieser Arbeit entwickelte Quantenmechanik wird auf Systeme von beliebig vielen Freiheitsgraden ausgedehnt. Die Störungstheorie wird für nicht entartete und eine große Klasse entarteter Systeme durchgeführt und ihr Zusammenhang mit der Eigenwerttheorie Hermitescher Formen nachgewiesen. Die gewonnenen Resultate werden zur Ableitung der Sätze über Impuls und Drehimpuls und zur Ableitung von Auswahlregeln und Intensitätsformeln benutzt. Schließlich werden die Ansätze der Theorie auf die Statistik der Eigenschwingungen eines Hohlraumes angewendet.

Einleitung. Die vorliegende Arbeit versucht den weiteren Ausbau der Theorie einer allgemeinen quantentheoretischen Mechanik, deren physikalische und mathematische Grundlagen in zwei vorausgegangenen Arbeiten der Verfasser[1]) dargestellt sind. Es erwies sich als möglich, die genannte Theorie auf Systeme von mehreren Freiheitsgraden zu erweitern[2]) (Kap. 2) und durch Einführung der „kanonischen Transformationen" das Problem der Integration der Bewegungsgleichungen auf bekannte mathematische Fragestellungen zurückzuführen; dabei ergab sich mittels dieser Theorie der kanonischen Transformationen einerseits eine Störungstheorie (Kap. 1, § 4), die eine weitgehende Ähnlichkeit mit der klassischen Störungstheorie aufweist, andererseits ein Zusammenhang der Quantenmechanik mit der mathematisch so hochentwickelten Theorie der quadratischen Formen unendlich vieler Variablen (Kap. 3). — Bevor wir aber auf die Darstellung dieser weiteren Entwicklung der Theorie eingehen, werden wir ihren physikalischen Inhalt genauer zu umgrenzen suchen.

Der Ausgangspunkt der versuchten Theorie war die Überzeugung, daß es nicht möglich sein werde, der Schwierigkeiten, die uns in der Quantentheorie gerade in den letzten Jahren auf Schritt und Tritt begegneten, Herr zu werden, ehe für die Mechanik der Atom- und Elektronenbewegungen ein mathematisches System von Beziehungen zwischen prinzipiell beobachtbaren Größen zur Verfügung stände von ähnlicher

---

[1]) W. Heisenberg, ZS. f. Phys. **33**, 879, 1925. M. Born und P. Jordan, ZS. f. Phys. **34**, 858, 1925. Im folgenden als (Teil) I zitiert.

[2]) Anm. bei der Korr. In einer inzwischen erschienenen Arbeit von P. Dirac (Proc. Roy. Soc. London **109**, 642, 1925) sind unabhängig einige der in Teil I und in dieser Arbeit enthaltenen Gesetzmäßigkeiten und weitere neue Folgerungen aus der Theorie angegeben worden.

558   M. Born, W. Heisenberg und P. Jordan.

Einfachheit und Einheit, wie das System der klassischen Mechanik. Ein solches System von quantentheoretischen Beziehungen zwischen beobachtbaren Größen wird allerdings gegenüber der bisherigen Quantentheorie den Mangel aufweisen müssen, daß es nicht unmittelbar geometrisch anschaulich interpretiert werden kann, da ja die Elektronenbewegungen nicht in den uns geläufigen Begriffen von Raum und Zeit beschrieben werden können; es wird ein charakteristischer Zug der neuen Theorie sein, daß sie ebensosehr eine Abänderung der bisherigen Kinematik wie der bisherigen Mechanik darstellt; es wird aber ein wichtiger Vorzug dieser Quantenmechanik darin bestehen, daß die Grundpostulate der Quantentheorie einen vollkommen organischen Bestandteil dieser Mechanik ausmachen, daß also z. B. die Existenz diskreter stationärer Zustände für die neue Theorie ebenso natürlich ist, wie etwa die Existenz diskreter Eigenschwingungsfrequenzen für die klassische Theorie (vgl. Kap. 3). Wenn man eben die fundamentalen, durch die quantentheoretischen Grundpostulate gegebenen Unterschiede zwischen Quantentheorie und klassischer Theorie im Auge behält, so scheint uns ein Formalismus, wie der in den beiden oben zitierten Arbeiten und im folgenden versuchte, wenn er sich als richtig erweisen sollte, eine Quantenmechanik darzustellen, die der klassischen so ähnlich ist, wie man nur irgendwie hoffen konnte. Wir erinnern hier nur an die Gültigkeit von Energie- und Impulssatz und an die Form der Bewegungsgleichungen (Kap. 1, § 2). Dieser Ähnlichkeit der neuen Teorie mit der klassischen entspricht es auch, daß von einem selbständigen Korrespondenzprinzip neben dieser Theorie wohl nicht die Rede sein kann; vielmehr kann die Theorie selbst als exakte Formulierung des Bohrschen Korrespondenzgedankens aufgefaßt werden. Es wird eine wichtige Aufgabe für die weitere Entwicklung der Theorie sein, die Art dieser Korrespondenz genauer zu untersuchen und den Übergang von der symbolischen Quantengeometrie in die anschauliche klassische Geometrie zu beschreiben. Im Hinblick auf diese Frage scheint es uns ein besonders wesentlicher Zug der neuen Theorie, daß in ihr die kontinuierlichen Spektra und die Linienspektra der Atome gleichberechtigt nebeneinander auftreten, d. h. als Lösung ein und derselben Bewegungsgleichung erscheinen und mathematisch eng miteinander verknüpft sind (vgl. Kap. 3, § 3); eine Unterscheidung zwischen „gequantelten" und „ungequantelten" Bewegungen verliert in dieser Theorie offenbar jeden Sinn, da in ihr nicht von einer Quantenbedingung die Rede ist, die bestimmte Bewegungen aus einer großen Anzahl von möglichen aussondert; an Stelle dieser Bedingung tritt vielmehr eine

Zur Quantenmechanik. II.

quantenmechanische Grundgleichung (Kap. 1, § 1), die für alle möglichen Bewegungen Geltung hat und die notwendig ist, um dem Bewegungsproblem überhaupt einen bestimmten Sinn zu geben.

Obwohl wir nun gerne aus der mathematischen Einheitlichkeit und Einfachheit der hier versuchten Theorie schließen möchten, daß sie schon wesentliche Züge der wirklichen Verhältnisse beim Problem des Atombaues wiedergibt, so muß man sich doch darüber klar sein, daß die Theorie eine Lösung der prinzipiellen Schwierigkeiten der Quantentheorie noch nicht geben kann. Die Kräfte, die dem Strahlungswiderstand der klassischen Theorie entsprechen, sind noch nicht in die Theorie eingearbeitet und für den Zusammenhang des Problems der Kopplung mit der hier versuchten Quantenmechanik sind nur einige undeutliche Anzeichen vorhanden (vgl. Kap. 1, § 5). Trotzdem scheint es, als ob diese prinzipiellen quantentheoretischen Schwierigkeiten vom Standpunkt der neuen Theorie aus ein anderes Aussehen zeigten, als bisher und als ob doch eine mehr als bisher begründete Hoffnung zur späteren Lösung dieser Probleme bestünde. Denken wir z. B. an die Frage der Stoßprozesse. Auf die grundsätzlichen Schwierigkeiten, die in der bisherigen Theorie einer Vereinigung der Grundpostulate der Quantentheorie mit der Gültigkeit des Energiesatzes bei schnellen Stößen im Wege stehen, hat in letzter Zeit besonders Bohr[1]) hingewiesen. In der hier versuchten Theorie ergeben sich nun sowohl die Grundpostulate, wie der Energiesatz als mathematische Folgen der quantenmechanischen Gleichungen und die Ergebnisse der Franck-Hertzschen Stoßversuche scheinen so eine naturgemäße mathematische Konsequenz der Theorie; daher darf man hoffen, daß bei einer künftigen Behandlung der Stoßprobleme auf Grund der Quantenmechanik eben wegen des organischen Zusammenhanges der Grundpostulate mit dieser Mechanik Schwierigkeiten der erwähnten Art nicht auftreten werden.

Der Fragenkomplex der anomalen Zeemaneffekte zeigt zunächst vom Standpunkt der hier versuchten Theorie aus kaum ein anderes Aussehen als bisher. Der in den Grundvoraussetzungen dieser Theorie enthaltene innige Zusammenhang der „aperiodischen" und der „periodischen Bahnen" bringt zwar mit sich, daß wir nicht sicher sein können, daß das Larmorsche Theorem allgemein gilt (Kap. 4, § 2); die Voraussetzungen für die Gültigkeit dieses Theorems sind beim Oszillator, nicht aber ohne weiteres beim Kernatom erfüllt. Doch ist es nicht wahrscheinlich, daß dieser Gesichtspunkt zu einer Deutung der anomalen Zeemaneffekte führen

---

[1]) N. Bohr, ZS. f. Phys. **34**, 142, 1925.

kann; vielmehr dürfte die Quantenmechanik bei den Zeemaneffekten mit denselben Schwierigkeiten zu kämpfen haben wie die bisherige Theorie; das Problem der anomalen Zeemaneffekte ist aber neuerdings durch eine Note von Uhlenbeck und Goudsmit[1]) in ein neues Stadium getreten. Diese Verfasser machen die Annahme, daß das Elektron selbst ein mechanisches und magnetisches Moment besitze (deren Verhältnis doppelt so groß sein solle, wie bei Atomen), daß es also eigentlich gar keine anomalen Zeemaneffekte gebe; durch diese Annahme fallen die Schwierigkeiten bei den statistischen Gewichten fort und es ergibt sich eine qualitative Deutung sämtlicher mit dem Problem der Multiplettstruktur und der Zeemaneffekte zusammenhängenden Phänomene; die Frage, ob man dadurch schon eine quantitative Deutung dieser Erscheinungen erhält, kann allerdings erst durch genauere Untersuchungen mit den Methoden der Quantenmechanik beantwortet werden; einige Resultate des Kap. 4 scheinen bezüglich der Zeemaneffekte diese Hoffnung auf die Möglichkeit einer späteren quantitativen Deutung zu bestärken.

Schließlich haben wir noch versucht, ein bekanntes statistisches Problem mit den durch die Theorie gegebenen neuen Methoden zu behandeln: Bekanntlich kann man durch Quantelung der Eigenschwingungen eines (in spiegelnde Wände eingeschlossenen) Hohlraums nach den bisherigen Methoden zu Ergebnissen kommen, die eine gewisse Ähnlichkeit mit den Ansätzen der Lichtquantentheorie aufweisen und die eine Ableitung der Planckschen Formel gestatten. Man erhält aber, wie stets von Einstein[2]) hervorgehoben wurde, bei einer solchen halbklassischen Behandlung der Hohlraumstrahlung einen falschen Wert für das mittlere Schwankungsquadrat der Energie in einem Teilvolumen. Dieses Ergebnis muß als besonders schwerwiegender Einwand gegen die bisherigen Methoden der Quantentheorie angesehen werden, weil es sich einerseits hier um ein Versagen der Theorie schon beim einfachen Problem des harmonischen Oszillators handelt, und weil andererseits die genannte Schwierigkeit auch bei jeder Statistik der Eigenschwingungen irgend eines mechanischen Systems, z. B. eines Kristallgitters, auftreten würde. Wir haben nun gefunden, daß die auf Grund der Kinematik und Mechanik der hier versuchten Theorie durchgeführte entsprechende Rechnung zum richtigen Werte des Schwankungsquadrates, wie zur Planckschen Formel führt, was wohl als wichtige Stütze für die hier versuchte Quantenmechanik anzusehen ist.

---

[1]) G. Uhlenbeck und S. Goudsmit, Naturwiss. **13**, 953, 1925.
[2]) A. Einstein, Phys. ZS. **10**, 185, 817, 1909.

Zur Quantenmechanik. II.

Kapitel 1. Systeme von einem Freiheitsgrad.

§ 1. Grundprinzipien. I. Eine quantentheoretische Größe a — sei es Koordinate oder Impuls oder irgend eine Funktion beider — wird repräsentiert durch die Gesamtheit der Größen

$$a(nm)\, e^{2\pi i \nu(nm)t} \qquad (1)$$

oder auch unter Weglassung des für alle zum System gehörigen Größen gleichen (nur von den Indizes n und m abhängigen) Faktors $e^{2\pi i \nu(nm)t}$ durch die Gesamtheit der Zahlen

$$a(nm). \qquad (2)$$

Wir können also von einer (übrigens unendlichen) „Matrix" a sprechen.

II. Die Rechenoperationen, wie Addition, Multiplikation der quantentheoretischen Größen sind entsprechend den für Matrizen gültigen Rechenregeln definiert.

III. Gegeben sei eine durch Additionen und Multiplikationen von Matrizen definierte Funktion $f(X_1, X_2, \ldots X_s)$, wo die $X_1, X_2, \ldots X_s$ quantentheoretische Größen bedeuten. Dann führen wir zwei Arten von Differentialquotienten der Funktion f nach einer der Größen X (etwa X_1) ein:

a) Differentialquotient erster Art:

$$\frac{\partial f}{\partial X_1} = \lim_{\alpha \to 0} \frac{f(X_1 + \alpha \mathbf{1}, X_2, \ldots, X_s) - f(X_1, X_2, \ldots, X_s)}{\alpha}, \qquad (3)$$

wo α eine Zahl und $\mathbf{1}$ die durch

$$\mathbf{1} = (\delta_{nm}), \quad \delta_{nm} = \begin{cases} 1 & \text{für } n = m \\ 0 & \text{\,,\,\,} n \neq m \end{cases}$$

definierte Einheitsmatrix ist.

b) Differentialquotient zweiter Art, definiert durch [1])

$$\frac{\partial f}{\partial X_1}(nm) = \frac{\partial D(f)}{\partial x_1(mn)}, \qquad (4)$$

wo $D(f)$ die Diagonalsumme der Matrix f bedeutet.

Äußerlich werden wir die beiden Arten von Differentiationen durch den Bruchstrich [dicker Bruchstrich für a), dünner für b)] unterscheiden.

Die Differentiation zweiter Art wurde in Teil I ausschließlich benutzt, da sie eine einfache Formulierung des Variationsprinzips der Quantenmechanik ermöglicht und daher als naturgemäß erscheint. Für manche Rechnungen ist jedoch der Differentialquotient erster Art bequemer zu handhaben. Allgemein mag bemerkt werden, daß die Einführung eines Differentialquotienten in der Quantenmechanik etwas

---

[1]) Vgl. Teil I.

künstlich ist und daß die Operationen der linken Seite von (6) das naturgemäße Analogon zum Differentialquotienten der klassischen Theorie darstellen. Es ist für die Formulierung der kanonischen Gleichungen wichtig, festzustellen, daß für die Energiefunktion $H(pq)$ die beiden Arten (3) und (4) der Differentiation identisch werden[1]).

IV. Das Rechnen mit den quantentheoretischen Größen würde wegen der Nichtgültigkeit des kommutativen Gesetzes der Multiplikation in gewissem Sinne unbestimmt bleiben, wenn nicht der Wert von $pq - qp$ vorgeschrieben würde[2]). Wir führen daher als fundamentale quantenmechanische Relation ein:

$$pq - qp = \frac{h}{2\pi i} \mathbf{1}. \tag{5}$$

Auf die korrespondenzmäßig-physikalische Bedeutung dieser Relation werden wir später zu sprechen kommen. An dieser Stelle scheint es uns wichtig, hervorzuheben, daß Gleichung (5), Kap. 1, die einzige unter den Grundgleichungen der hier versuchten Quantenmechanik ist, in welchen die Plancksche Konstante h vorkommt. Es ist befriedigend, daß die Konstante h an dieser Stelle schon in so einfacher Form in die Grundlagen der Theorie eingeht; außerdem erkennt man aus (5), Kap. 1, daß die neue Theorie im Limes $h = 0$ in die klassische übergehen dürfte, wie es physikalisch gefordert werden muß.

---

[1]) In der Tat wurden ja für die Energiefunktion H in Teil I nicht irgendwelche Funktionen etwa der Form

$$H^* = \sum a_{sr} p^s q^r$$

zugelassen, sondern durch symmetrisierte Funktionen ersetzt, die zu denselben Hamiltonschen Gleichungen Anlaß gaben:

$$H = \sum a_{sr} \frac{1}{s+1} \sum_{l=0}^{s} p^{s-l} q^r p^l.$$

Für diese symmetrisierten Funktionen H aber gilt nach den in Teil I abgeleiteten Formeln

$$\frac{\partial H}{\partial p} = \sum a_{sr} \frac{1}{s+1} \left\{ \sum_{l=0}^{s-1} (s-l) p^{s-1-l} q^r p^l + \sum_{l=1}^{s} l p^{s-l} q^r p^{l-1} \right\}$$

$$= \sum a_{sr} \sum_{l=0}^{s-1} p^{s-1-l} q^r p^l = \frac{\partial H}{\partial p}.$$

$$\frac{\partial H}{\partial q} = \sum a_{sr} \frac{r}{s+1} \sum_{l=0}^{s} p^{s-l} q^{r-1} p^l = \sum a_{sr} \sum_{j=0}^{r-1} q^{r-1-j} p^s q^j = \frac{\partial H}{\partial q}.$$

[2]) Die Bewegungsgleichungen lassen lediglich erkennen, daß diese Differenz eine Diagonalmatrix sein muß.

Aus der Gleichung (5), Kap. 1 kann noch eine später wichtige Beziehung abgeleitet werden:

Sei $f(pq)$ irgend eine Funktion von p und q, so gilt:

$$\left. \begin{array}{l} fq - qf = \dfrac{\partial f}{\partial p} \dfrac{h}{2\pi i}, \\[2mm] pf - fp = \dfrac{\partial f}{\partial q} \dfrac{h}{2\pi i}. \end{array} \right\} \qquad (6)$$

Denn nehmen wir einmal an, diese Gleichungen seien richtig für irgend zwei Funktionen φ und ψ, dann sind sie auch richtig für $\varphi + \psi$ und $\varphi \cdot \psi$. Für $\varphi + \psi$ ist dies trivial, für $\varphi \cdot \psi$ ergibt eine leichte Rechnung:

$$\varphi \cdot \psi q - q \varphi \psi = \varphi(\psi q - q \psi) + (\varphi q - q \varphi)\psi$$
$$= \left(\varphi \frac{\partial \psi}{\partial p} + \frac{\partial \varphi}{\partial p} \psi\right) \frac{h}{2\pi i} = \frac{\partial(\varphi \psi)}{\partial p} \frac{h}{2\pi i};$$

analog für $p \varphi \psi - \varphi \psi p$.

Nun gilt die Relation (6) für p und q, also auch für jede Funktion f, die formal nach Potenzen von p und q entwickelbar ist.

§ 2. Die kanonischen Gleichungen, Energiesatz und Frequenzbedingung Seien jetzt eine Energiefunktion $H(pq)$ und die zugehörigen kanonischen Gleichungen

$$\dot{p} = -\frac{\partial H}{\partial q}; \quad \dot{q} = \frac{\partial H}{\partial p} \qquad (7)$$

gegeben. Aus dem Kombinationsprinzip für

$$\nu(nm) + \nu(mk) = \nu(nk) \qquad (8)$$

folgt, daß ν dargestellt werden kann in der Form

$$\nu(nm) = \frac{W_n - W_m}{h}. \qquad (9)$$

Wir führen jetzt eine quantentheoretische Größe W ein als „Termgröße", definiert durch

$$W(nm) = \begin{cases} W_n & \text{für } n = m \\ 0 & \text{ } n \neq m. \end{cases}$$

W ist also eine Diagonalmatrix.

Dann gilt für irgend eine quantentheoretische Größe:

$$\dot{a} = \frac{2\pi i}{h}(Wa - aW). \qquad (10)$$

In der Tat war ja (vgl. Teil I) $\dot{a}$ definiert durch

$$\dot{a}(nm) = 2\pi i \nu(nm) a(nm).$$

Zu den Grundpfeilern der Theorie, die wir hier aufzubauen suchen, gehört der Energiesatz ($H =$ const) und die Frequenzbedingung
$$\left(\nu(nm) = \frac{H_n - H_m}{h}; \; H_n = W_n + \text{const}\right).$$

Den Beweis für diese beiden Sätze führen wir, indem wir die Beziehungen (6) und (10) in Gl. (7) (Kap. I) einsetzen.

Dann ergibt sich:
$$\left.\begin{array}{l} Wq - qW = Hq - qH \\ Wp - pW = Hp - pH \end{array}\right\} \quad (11)$$

oder auch
$$(W-H)q - q(W-H) = 0,$$
$$(W-H)p - p(W-H) = 0.$$

Die Größe $W - H$ ist also mit p und q, daher auch mit jeder Funktion von p, q, insbesondere auch mit H vertauschbar:
$$(W-H)H - H(W-H) = 0.$$

Daraus folgt nach (10), Kap. 1:
$$\dot{H} = 0. \quad (12)$$

Damit ist der Energiesatz bewiesen, H ist als Diagonalmatrix $H(nm) = \delta_{nm} H_n$ erkannt. Aus (11), Kap. 1, folgt nun unmittelbar auch die Frequenzbedingung:
$$q(nm)(H_n - H_m) = q(nm)(W_n - W_m), \quad (13)$$

d. h.
$$\frac{H_n - H_m}{h} = \nu(nm). \quad (14)$$

Wir haben bisher aus den kanonischen Gleichungen mit Hilfe der Grundgleichung (5), Kap. 1, Energiesatz und Frequenzbedingung bewiesen. Nachträglich aber können wir den Beweis auch umkehren. Wir wissen, daß Energiesatz und Frequenzbedingung richtig sind. Wenn also die Energiefunktion H als analytische Funktion irgendwelcher Variablen P, Q gegeben ist, so gelten immer dann, wenn
$$PQ - QP = \frac{h}{2\pi i} 1$$

ist, die kanonischen Gleichungen:
$$\dot{Q} = \frac{\partial H}{\partial P}, \quad \dot{P} = -\frac{\partial H}{\partial Q}. \quad (15)$$

Dies folgt unmittelbar daraus, daß die Größen $PH - HP$ bzw. $HQ - QH$ in doppelter Weise, nämlich entsprechend (6), Kap. 1, und entsprechend Gleichung (10), Kap. 1, interpretiert werden können.

§ 3. **Kanonische Transformationen.** Unter einer „kanonischen Transformation" der Variablen p, q in neue Variable P, Q wird man nach dem Vorhergehenden eine Transformation verstehen, bei welcher

$$pq - qp = PQ - QP = \frac{h}{2\pi i} \qquad (16)$$

ist; denn dann gelten für P, Q wie für p, q die kanonischen Gleichungen (7), Kap. 1, bzw. (15), Kap. 1.

Eine allgemeine Transformation, die dieser Bedingung genügt, heißt

$$\left.\begin{array}{l} P = SpS^{-1} \\ Q = SqS^{-1} \end{array}\right\}, \qquad (17)$$

wo S eine beliebige quantentheoretische Größe bedeutet; wir möchten vermuten, daß (17), Kap. 1, sogar die allgemeinste kanonische Transformation darstellt. Die Transformation (17), Kap. 1, hat noch die einfache Eigenschaft, daß für irgend eine Funktion $f(P, Q)$ gilt:

$$f(P, Q) = S f(p, q) S^{-1}, \qquad (18)$$

wobei $f(p, q)$ aus $f(P, Q)$ dadurch hervorgeht, daß P durch p, Q durch q unter Beibehaltung der Funktionsform ersetzt wird. Der Beweis dieser Behauptung für Funktionen im Sinne unserer Definition folgt unmittelbar aus der Bemerkung, daß der Satz für Summe und Produkt mit Summanden bzw. Faktoren p, q gilt.

Die Wichtigkeit der kanonischen Transformation beruht auf folgendem Satze: Wenn irgend ein Wertepaar p_0, q_0 gegeben ist, das der Gleichung (15), Kap. 1, genügt, so kann man das Problem der Integration der kanonischen Gleichungen für eine Energiefunktion $H(pq)$ reduzieren auf das folgende Problem: Es ist eine Funktion S so zu bestimmen, daß mit

$$p = S p_0 S^{-1}, \quad q = S q_0 S^{-1} \qquad (19)$$

die Funktion

$$H(pq) = S H(p_0 q_0) S^{-1} = W \qquad (20)$$

eine Diagonalmatrix wird. Gleichung (20), Kap. 1, ist das Analogon zur Hamiltonschen partiellen Differentialgleichung; S entspricht in gewisser Weise der Wirkungsfunktion.

§ 4. **Störungstheorie.** Es sei vorgelegt das durch die Energiefunktion definierte mechanische Problem:

$$H = H_0(pq) + \lambda H_1(pq) + \lambda^2 H_2(pq) + \cdots \qquad (21)$$

Wir nehmen das durch die Energiefunktion $H_0(pq)$ definierte mechanische Problem als gelöst an; es seien also Lösungen p_0, q_0 bekannt, die der Bedingung $p_0 q_0 - q_0 p_0 = \frac{h}{2\pi i} \mathbf{1}$ genügen und

$H_0(p_0 q_0) = W_0$ zu einer Diagonalmatrix machen. Dann suchen wir eine Transformationsfunktion S so zu bestimmen, daß

$$p = S p_0 S^{-1}, \quad q = S q_0 S^{-1}, \qquad (22)$$

und daß

$$H(p q) = S H(p_0 q_0) S^{-1} = W,$$

d. h. gleich einer Diagonalmatrix wird. Wir versuchen zur Lösung den Ansatz:

$$S = 1 + \lambda S_1 + \lambda^2 S_2 + \cdots \qquad (23)$$

Dann ist

$$S^{-1} = 1 - \lambda S_1 + \lambda^2 (S_1^2 - S_2) + \lambda^3 \cdots \qquad (24)$$

Nehmen wir für H den Ausdruck (21), Kap. 1, so können wir nach Potenzen von λ ordnen und erhalten die Näherungsgleichungen:

$$\left.\begin{array}{r} H_0(p_0 q_0) = W_0 \\ S_1 H_0 - H_0 S_1 + H_1 = W_1 \\ S_2 H_0 - H_0 S_2 + H_0 S_1^2 - S_1 H_0 S_1 + S_1 H_1 - H_1 S_1 + H_2 = W_2 \\ \cdots \cdots \cdots \cdots \cdots \cdots \cdots \cdots \cdots \cdots \cdots \cdots \\ S_r H_0 - H_0 S_r + F_r(H_0, \ldots, H_r, S_0, \ldots, S_{r-1}) = W_r \end{array}\right\} \quad (25)$$

wobei $H_0, H_1, \ldots$ stets mit den Argumenten p_0, q_0 zu nehmen sind.

Die erste Gleichung (25), Kap. 1, ist erfüllt. Die übrigen lassen sich der Reihe nach auflösen, und zwar in ganz analoger Weise wie in der klassischen Theorie: Man bildet erst den Mittelwert zur Festlegung der Energiekonstante und kann dann ohne weiteres die Lösung hinschreiben:

$$\left.\begin{array}{l} W_r = \overline{F_r}, \\ S_r(mn) = \dfrac{F_r(mn)}{h \nu_0(mn)} (1 - \delta_{nm}), \end{array}\right\} \qquad (26)$$

wobei $\nu_0(nm)$ die Frequenzen der ungestörten Bewegung sind.

Diese Lösung genügt der Bedingung

$$S \cdot \tilde{S}^* = 1, \qquad (27)$$

wo der Cirkumflex die Vertauschung von Zeilen und Spalten (Transposition) bedeutet und der Stern Übergang zur konjugierten komplexen Größe. Da wir auf diese Relation später von einem allgemeineren Standpunkt aus zurückkommen werden, wollen wir sie hier nur für die erste Näherung bestätigen, die wir sogleich ausrechnen werden; für diese lautet sie

$$S_1 + \tilde{S}_1^* = 0. \qquad (28)$$

Die Bedeutung der Gleichung (8), Kap. 1, beruht darauf, daß aus ihr der Hermitesche Charakter der Matrizen $\boldsymbol{p}$, $\boldsymbol{q}$ folgt; denn nach (22), Kap. 1, wird [1])

$$q^* = S^* q_0^* S^{*-1} = \tilde{S}^{-1} \tilde{q}_0 \tilde{S} = \tilde{q},$$

und analog für $\boldsymbol{p}$.

In erster Näherung folgt aus (26), Kap. 1, wie in der klassischen Theorie:

$$W_1 = \overline{H}_1; \qquad (29)$$

sodann

$$S_1(mn) = \frac{H_1(mn)}{h\nu_0(mn)}(1 - \delta_{mn}). \qquad (30)$$

Dieser Ausdruck erfüllt in der Tat die Bedingung (28), Kap. 1, wegen der Voraussetzung, daß H_1 eine Hermitesche Form ist. Nunmehr kann man die Energie in zweiter Näherung berechnen und findet:

$$W_2 = \overline{H}_2 + \frac{1}{h}\sum_l{}' \frac{H_1(nl) H_1(ln)}{\nu_0(nl)}, \qquad (31)$$

wo der Akzent am Summenzeichen bedeutet, daß die Glieder mit verschwindendem Nenner ($l = n$) fortzulassen sind.

In dieser Weise kann man fortfahren und sukzessive alle Glieder der Reihen $\boldsymbol{W}$ und $\boldsymbol{S}$ bestimmen. Setzt man die Reihe für $\boldsymbol{S}$ in (22), Kap. 1, ein, so erhält man die Entwicklungen

$$\boldsymbol{q} = \boldsymbol{q}_0 + \lambda \boldsymbol{q}_1 + \lambda^2 \boldsymbol{q}_2 + \cdots,$$
$$\boldsymbol{p} = \boldsymbol{p}_0 + \lambda \boldsymbol{p}_1 + \lambda^2 \boldsymbol{p}_1 + \cdots$$

mit bekannten Koeffizienten. So lautet z. B. die erste Näherung

$$\boldsymbol{q}_1 = \boldsymbol{S}_1 \boldsymbol{q}_0 - \boldsymbol{q}_0 \boldsymbol{S}_1,$$
$$\boldsymbol{p}_1 = \boldsymbol{S}_1 \boldsymbol{p}_0 - \boldsymbol{p}_0 \boldsymbol{S}_1;$$

oder ausführlich:

$$\left. \begin{array}{l} q_1(mn) = \dfrac{1}{h}\sum_k{}' \left(\dfrac{H_1(mk) q_0(kn)}{\nu_0(mk)} - \dfrac{q_0(mk) H_1(kn)}{\nu_0(kn)} \right) \\[2mm] p_1(mn) = \dfrac{1}{h}\sum_k{}' \left(\dfrac{H_1(mk) q_0(kn)}{\nu_0(mk)} - \dfrac{q_0(mk) H_1(kn)}{\nu_0(kn)} \right) \end{array} \right\} \quad (32)$$

Die Formeln (32), Kap. 1, bedeuten die Ergebnisse der Kramersschen Dispersionstheorie [2]) im Grenzfall unendlich kleiner Frequenz des äußeren Feldes; diese Möglichkeit einer einfachen Ableitung der sonst auf Grund von Korrespondenzbetrachtungen gewonnenen Formeln scheint uns sehr

---

[1]) Man beachte die Rechenregel $\widetilde{(ab)} = \tilde{b}\tilde{a}$.
[2]) H. A. Kramers, Nature **113**, 673, 1924; **114**, 310, 1924. Vgl. auch R. Ladenburg, ZS. f. Phys. **4**, 451, 1921; R. Ladenburg und F. Reiche, Naturwiss. **11**, 584, 1923.

zugunsten der hier versuchten Theorie zu sprechen. Gleichung (31), Kap. 1, wurde von Born[1]) durch Umdeutung der entsprechenden klassischen Formeln erhalten. Die Glieder $m = n$ der Gleichung (32), Kap. 1, entsprechen der Kramersschen Formel für das gewöhnliche Dispersionslicht, die anderen Glieder $m \neq n$ entsprechen den von Kramers und Heisenberg[2]) angegebenen Formeln für das „Streulicht der Kombinationsfrequenzen". Die letzteren Ausdrücke wurden von Pauli[3]) zur Berechnung der Intensitäten der in äußeren elektrischen Feldern auftretenden (sonst „verbotenen") Übergänge bei Hg benutzt. Für die Ableitung der allgemeinen Dispersionsformeln (wenn die Frequenz des äußeren Feldes nicht verschwindet) sind noch allgemeinere Betrachtungen über die Wirkung zeitlich veränderlicher äußerer Kräfte notwendig, zu denen wir jetzt übergehen werden.

§ 5. **Systeme, bei denen die Zeit explizite in der „Energiefunktion" vorkommt.** Die Behandlung der quantenmechanischen Wirkung äußerer Kräfte, die explizite von der Zeit abhängen, scheint uns deshalb von besonderem Interesse, weil bei diesem Problem einige Unterschiede zwischen der quantentheoretischen und der klassischen Mechanik charakteristisch zu Tage kommen. Das Problem der Wirkung zeitlich veränderlicher äußerer Kräfte ist aufzufassen als Grenzfall des Problems der Wechselwirkung zweier Systeme, wobei der Einfluß der Wechselwirkung auf das eine System (es heiße A) so gering ist, daß die Wirkungen auf das andere System (B) durch diesen Einfluß nicht verändert werden. Betrachten wir also jetzt vom Standpunkt der Quantenmechanik die Kopplung zweier Systeme A, B; die Hamiltonsche Funktion zerfalle in drei Teile H_A, λH_B und $\varepsilon \lambda H_{AB}$ (λ sei ein zunächst willkürlicher Parameter, ε eine kleine Größe). Das System A sei bekannt. Zur Berechnung der Bewegungen von B genügt es in der klassischen Theorie, wenn man für die Koordinaten von B die Bewegungsgleichungen [aus der Hamiltonschen Funktion $\lambda (H_B + \varepsilon H_{AB})$] aufstellt, wobei man für die Koordinaten von A ihre Lösungen als Funktion der Zeit (für die bestimmten vorliegenden Werte der Konstanten in A) einsetzt. Hierdurch tritt eben bei Vernachlässigung der Rückwirkung neben den Konstanten von A nur die Zeit als neue Variable im Störungsproblem für B auf. In der Quantenmechanik liegen die Verhältnisse ebenso, wenn wir uns auf die Störungen erster Ordnung (d. h. die mit ε proportionalen Glieder

---

[1]) M. Born, ZS. f. Phys. **26**, 379, 1924.
[2]) H. A. Kramers und W. Heisenberg, ZS. f. Phys. **31**, 681, 1925.
[3]) W. Pauli, Verhandl. d. dän. Akad. d. Wiss. (Im Erscheinen.)

in den Koordinaten, Impulsen usw. von B) beschränken. Anders aber ist es bei den Störungen höherer Ordnung. Denn bei der Berechnung der Störungen höherer Ordnung kommen Produktbildungen vor aus Größen, von denen mehr als eine die Koordinaten von A implizite enthält. Dies bedeutet aber nach den Regeln der quantenmechanischen Produktbildung, daß es keineswegs genügt, die „äußeren Kräfte als Funktionen der Zeit" für die bestimmten Werte der Konstanten in A zu kennen, sondern diese äußeren Kräfte müssen uns für alle Werte der Konstanten bekannt sein. Damit scheint aber der Begriff der äußeren Kräfte eigentlich den Sinn zu verlieren. Die Auflösung dieser Schwierigkeit scheint uns in der Bemerkung zu liegen, daß die Rückwirkung selbst zu Gliedern der Ordnung $\lambda \varepsilon^2$ in den Koordinaten von B Anlaß gibt, daß also eine gleichzeitige Vernachlässigung der Rückwirkung und Berechnung der Glieder mit ε^2 in B nur dann einen Sinn hat, wenn auch λ als sehr klein betrachtet werden kann, d. h. physikalisch, wenn eine Abänderung der Größen in A um Beträge von der Ordnung der entsprechenden Größen in B keine merkliche Änderung der Wirkung von A auf B herbeiführen würde. In dieser Annäherung aber läßt sich auch die quantenmechanische Produktbildung und daher die Berechnung der Störungen höherer Ordnung in ε wieder durchführen, und zwar reduzieren sich die Regeln dieser Produktbildung einfach auf die der klassischen Multiplikation, da ja die in H_{AB} eingehenden Koordinaten, Amplituden und Frequenzen in dieser Näherung nicht von den Konstanten in A abhängen. In diesem Sinne könnte z. B. die Wirkung eines starken elektromagnetischen Wechselfeldes auf ein Atom durchaus als Wirkung einer „äußeren Kraft" unter Vernachlässigung der Rückwirkung berechnet werden, da die Energie des Feldes im Vergleich zu der des Atoms als unendlich angesehen werden kann. Auch die Wirkung einer α-Partikel auf die Elektronen eines Atoms könnte wegen der relativ großen Energie der α-Partikel als „äußere Kraft", wie in der klassischen Theorie aufgefaßt werden und auch die Fourierentwicklung der dabei auf die Elektronen wirkenden Kraft nach der Zeit wäre in dieser Näherung die klassische. Aber die Wirkung der Kräfte eines einzelnen Atoms auf ein anderes kann niemals als Wirkung äußerer Kräfte gedeutet werden — d. h. nur in den Gliedern erster Ordnung, in denen eine solche Deutung stets möglich ist —, da für die Glieder höherer Ordnung die Vernachlässigung der Rückwirkung zu falschen Resultaten führen würde.

Das Ergebnis unserer Überlegungen fassen wir dahin zusammen: Unter gewissen Voraussetzungen hat es, wie in der klassischen Theorie, einen Sinn, von der Wirkung bestimmter zeitlich veränderlicher Kräfte auf das Atom zu sprechen. In diesem Falle gelten für das Rechnen mit der explizite auftretenden Zeit die Rechenregeln der klassischen Theorie: Sei z. B. das äußere Kraftfeld periodisch mit der Periode ν_0, so lautet das allgemeine Glied einer Koordinate q:

$$q(mn, \tau) \cdot e^{2\pi i [\nu(mn) + \tau \nu_0] t}, \tag{33}$$

das allgemeine Glied von q^2:

$$\sum_{k, \tau'} q(mk, \tau - \tau') q(kn, \tau') e^{2\pi i [\nu(mn) + \tau \nu_0] t}. \tag{34}$$

Der Fall der zeitlich veränderlichen äußeren Kräfte scheint uns deshalb ein bemerkenswertes Beispiel für den korrespondenzmäßigen Übergang der quantentheoretischen Kinematik in die klassische.

Wenn es sich nur um die Berechnung der Wirkungen erster Ordnung der äußeren Kräfte handelt, so bleiben die durch die folgenden Rechnungen zu gewinnenden Resultate auch richtig, wenn die am Anfang genannten Voraussetzungen nicht erfüllt sind — in genauer Analogie zur klassischen Theorie.

Nach den vorausgehenden Überlegungen läßt sich die mathematische Behandlung der Systeme, in denen (bei Gültigkeit der erwähnten Voraussetzungen) die Zeit explizite auftritt, einfach in Analogie zu den entsprechenden klassischen Methoden durchführen. Nehmen wir wieder an, die äußere Kraft sei periodisch in der Zeit mit der Periode ν_0, die Hamiltonsche Funktion sei[1])

$$\boldsymbol{H} = H(\boldsymbol{p}_k, \boldsymbol{q}_k, \cos 2\pi \nu_0 t). \tag{35}$$

Dann führen wir einen neuen Freiheitsgrad mit den Variabeln q', p' ein und nehmen als Hamiltonsche Funktion des neuen Problems, in dem die Zeit nicht mehr explizite vorkommt:

$$\boldsymbol{H'} = H(\boldsymbol{p}_k, \boldsymbol{q}_k; q') + 2\pi \nu_0 \sqrt{1 - q'^2}\, \boldsymbol{p'}. \tag{36}$$

Die kanonischen Gleichungen für $\boldsymbol{p}_k$, $\boldsymbol{q}_k$ bleiben dabei die bisherigen, nur steht für $\cos 2\pi \nu_0 t$ stets q'. Die neu dazu kommenden Gleichungen heißen:

$$\left.\begin{aligned} \dot{q}' &= \frac{\partial H'}{\partial p'} = 2\pi \nu_0 \sqrt{1 - q'^2}, \\ \dot{p}' &= -\frac{\partial H'}{\partial q'} = -\frac{\partial H}{\partial q'} + 2\pi \nu_0 \frac{q'}{\sqrt{1 - q'^2}} \cdot p'. \end{aligned}\right\} \tag{37}$$

---

[1]) Wir nehmen hier einen Augenblick die Ergebnisse des nächsten Kapitels über Systeme mit mehreren Freiheitsgraden vorweg.

Die erste Gleichung sagt aus, daß q' wirklich (bis auf willkürliche Wahl des Anfangspunktes der Zeit) gleich $\cos 2\pi\nu_0 t$ wird, so daß die kanonischen Gleichungen für p_k, q_k dieselbe Form haben, wie beim früheren Problem; die zweite Gleichung (37), Kap. 1, gibt eine Bestimmung von p'. Durch (36), Kap. 1, ist also das Problem (35), Kap. 1, wirklich auf die sonst behandelten Fälle zurückgeführt.

Uns interessiert vor allem die Frage, welche Veränderungen wir an den Störungsformeln (25), Kap. 1, vorzunehmen haben, wenn die Zeit explizite in H_1, H_2, ..., nicht aber in H_0 auftritt. Eine einfache Überlegung zeigt, daß die Störungsformeln für unseren Fall aus den früheren dadurch hervorgehen, daß überall, wo früher ein Glied der Form $H_0 S_r - S_r H_0$ auftrat, jetzt $H_0 S_r - S_r H_0 + \dfrac{h}{2\pi i}\dfrac{\partial S_r}{\partial t}$ gesetzt wird. (H_0 kommt nur in solchen Verbindungen vor). Also heißen die niedrigsten Ordnungen der neuen Störungsformeln:

$$\left.\begin{array}{r}H_0(p_0, q_0) = W_0, \\ S_1 H_0 - H_0 S_1 - \dfrac{h}{2\pi i}\dfrac{\partial S_1}{\partial t} + H_1 = W_1, \\ S_2 H_0 - H_0 S_2 - \dfrac{h}{2\pi i}\dfrac{\partial S_2}{\partial t} + \left(H_0 S_1 - S_1 H_0 + \dfrac{h}{2\pi i}\dfrac{\partial S_1}{\partial t}\right) S_1 \\ + S_1 H_1 - H_1 S_1 + H_2 = W_2, \\ \cdots \cdots \cdots \cdots \cdots \cdots \cdots \cdots\end{array}\right\} \quad (38)$$

Wir möchten vermuten, daß diese Formeln (38), Kap. 1, auch dann gelten, wenn die Annahme, daß die äußeren Kräfte periodisch in der Zeit seien, nicht zutrifft — obwohl wir diese Annahme bei der Ableitung der Formeln benutzt haben.

Die Gleichungen erster Ordnung der Formeln (38), Kap. 1, die ja auch noch richtig bleiben, wenn die Voraussetzungen der „äußeren Kräfte" nicht mehr erfüllt sind, beantworten zusammen mit (22), Kap. 1:

$$q = q_0 + \lambda(S_1 q_0 - q_0 S_1),$$
$$p = p_0 + \lambda(S_1 p_0 - p_0 S_1),$$

die Fragen der Dispersionstheorie in einem allgemeinen Sinne. In der Tat, setzen wir:

$$H_1 = E \cdot e q_0 \cos 2\pi\nu_0 t,$$

so folgt

$$\left.\begin{array}{l}H_1(mn, 1) = \dfrac{Ee}{2} q_0(mn), \quad H_1(mn, -1) = \dfrac{Ee}{2} q_0(mn), \\ S_1(mn, 1) = \dfrac{Ee}{2h}\dfrac{q_0(mn)}{\nu_0(mn) + \nu_0}, \quad S_1(mn, -1) = \dfrac{Ee}{2h}\dfrac{q_0(mn)}{\nu_0(mn) - \nu_0}.\end{array}\right\} \quad (39)$$

Daraus folgt [vgl. (22), Kap. 1]

$$q_1(mn, +1) = \frac{Ee}{2h} \sum_k \left(\frac{q_0(mk) q_0(kn)}{\nu_0(mk) + \nu_0} - \frac{q_0(mk) q_0(kn)}{\nu_0(kn) + \nu_0} \right). \quad (40)$$

Wenn wir noch annehmen, daß wir kartesische Koordinaten, d. h. $p = m\dot{q}$ haben:

$$q_1(mn, 1) = \frac{Ee}{2h \cdot 2\pi i m} \sum_k \frac{q_0(mk) p_0(kn) - p_0(mk) q_0(kn)}{(\nu_0(mk) + \nu_0)(\nu_0(kn) + \nu_0)}; \quad (41)$$

ebenso

$$q_1(mn, -1) = \frac{Ee}{2h \cdot 2\pi i m} \sum_k \frac{q_0(mk) p_0(kn) - p_0(mk) q_0(kn)}{(\nu_0(mk) - \nu_0)(\nu_0(kn) - \nu_0)}. \quad (42)$$

Die Gleichungen (40), (41), (42), Kap. 1, stimmen überein mit den Formeln der Kramersschen Dispersionstheorie[1]). Besonders interessant scheint noch der Fall sehr hoher Frequenz des einfallenden Lichtes $|\nu_0| \gg |\nu_0(mk)|$ bzw. $|\nu_0(kn)|$. Dann erhält man in erster Näherung:

$$q_1 = -\frac{Ee}{h \, 2\pi i \nu_0^2 m} (p_0 q_0 - q_0 p_0) \cos 2\pi \nu_0 t$$

oder wegen (5), Kap. 1:

$$q_1 = +\frac{Ee}{4\pi^2 m \nu_0^2} \cos 2\pi \nu_0 t. \quad (43)$$

Dieses Ergebnis bedeutet, daß eben die quantenmechanische Vertauschungsrelation (5), Kap. 1, schließlich verursacht, daß für hinreichend hohe Frequenzen das Elektron sich bei der Streuung wie ein freies Elektron verhält. Das Streulicht der Frequenzen $\nu_0(mn) + \nu_0 \, (m \neq n)$ verschwindet, das Streulicht der Frequenz ν_0 hat die bei Streuung durch ein freies Elektron zu erwartende Intensität[2]).

Kapitel 2. Grundlagen der Theorie der Systeme von beliebig vielen Freiheitsgraden.

§ 1. Die kanonischen Bewegungsgleichungen; Störungstheorie bei nichtentarteten Systemen. Bei $f > 1$ Freiheitsgraden liegt es nahe, statt einer Darstellung der quantentheoretischen Größen durch zweidimensionale Matrizen eine solche durch $2f$-dimensionale Matrizen zu wählen, entsprechend der $2f$-dimensionalen Mannigfaltigkeit der stationären Zustände im klassischen J-Raum:

$$\left. \begin{array}{l} \boldsymbol{q}_k = (q_k(n_1 \ldots n_f, m_1 \ldots m_f)), \\ \boldsymbol{p}_k = (p_k(n_1 \ldots n_f, m_1 \ldots m_f)). \end{array} \right\} \quad (1)$$

---

[1]) Vgl. die Diskussion der für $\nu_0 = 0$ gewonnenen Resultate auf S. 567.
[2]) Vgl. die Arbeiten von W. Kuhn, ZS. f. Phys. **33**, 408, 1925; W. Thomas, Naturwiss. **13**, 627, 1925; F. Reiche und W. Thomas, ZS. f. Phys. **34**, 510, 1925.

Doch ist diese Darstellung, wenngleich unter Umständen sehr bequem und übersichtlich, durchaus nicht notwendig. Auch bei mehreren Freiheitsgraden werden die dynamischen Grundgleichungen die Form von Matrizengleichungen haben; aber die Matrizen können auch zweidimensional geschrieben werden, wie bisher. Denn schon bei einem Freiheitsgrad zeigte sich, daß die in der Zeilenanordnung der Matrizen zum Ausdruck kommende **Reihenfolge der stationären Zustände** (im Gegensatz zur bisherigen Theorie) ganz beliebig und durch keine innere Eigenschaft des Systems bestimmt ist. Diese Bemerkung kann nun ohne weiteres auf die mehrdimensionalen Matrizen übertragen werden; man kann beliebige Umordnungen vornehmen, speziell auch die $2f$-dimensionalen Matrizen in zweidimensionale verwandeln. Denn die grundlegenden Definitionen der Addition und Multiplikation sowie der zeitlichen Differentiation sind offenbar ganz unabhängig von irgendwelchen Ordnungsbeziehungen zwischen den Zeigersystemen $n_1, n_2, \ldots, n_f$, welche einzeln genommen die **Zustände**, paarweise die **Übergänge** bezeichnen.

Es ist danach auch klar, daß die allgemeinen **Regeln** der Matrizenanalysis, wie sie in I., Kap. I, und in Kap. 1 dieser Arbeit dargelegt wurden, ohne weiteres auch in der Theorie der Systeme von mehreren Freiheitsgraden anzuwenden sind. Ebenso überträgt sich unmittelbar die Ableitung der Bewegungsgleichungen aus dem Variationsprinzip von I., Kap. II, so daß wir sogleich anschreiben können:

$$\dot{q}_k = \frac{\partial H}{\partial p_k}; \quad \dot{p}_k = -\frac{\partial H}{\partial q_k}. \tag{2}$$

Als wesentlich neue, über die Theorie der Systeme mit einem Freiheitsgrad hinausgehende Annahme kommen bei mehreren Freiheitsgraden die allgemeinen Vertauschungsrelationen der p_k und q_k hinzu. Ebenso wie bei einem Freiheitsgrad würde ja das Rechnen mit den quantentheoretischen Größen in gewisser Weise unbestimmt, wenn nicht die „Vertauschungsrelationen" angegeben würden.

Als naheliegende Verallgemeinerung von (5), Kap. 1, bieten sich folgende Gleichungen dar:

$$\left. \begin{array}{l} p_k q_l - q_l p_k = \dfrac{h}{2\pi i} \delta_{kl}, \\ p_k p_l - p_l p_k = 0, \\ q_k q_l - q_l q_k = 0. \end{array} \right\} \tag{3}$$

Wenn H die (symmetrisierte) Energiefunktion bedeutet, kann auf Grund dieser Beziehungen (2), Kap. 2, ersetzt werden durch

$$\dot q_k = \frac{\partial H}{\partial p_k}, \quad \dot p_k = -\frac{\partial H}{\partial q_k}. \tag{2'}$$

Ferner folgt aus diesen Relationen[1]), wie oben in Kap. 1 dieser Arbeit:

$$\left.\begin{array}{r}p_k f(q_1 \ldots q_f, p_1 \ldots p_f) - f p_k = \dfrac{h}{2\pi i}\dfrac{\partial f}{\partial q_k}, \\[6pt] f q_k - q_k f = \dfrac{h}{2\pi i}\dfrac{\partial f}{\partial p_k}.\end{array}\right\} \tag{4}$$

Der Beweis von Energiesatz und Frequenzbedingung wird dann aus (2') und (4), Kap. 2, wie in Kap. 1 geführt. Ebenso läßt sich auf Grund von (3) und (4) zeigen, daß immer dann, wenn für ein System P_k, Q_k die Relationen (3), Kap. 2, erfüllt sind und die Energiefunktion als analytische Funktion der P_k und Q_k gegeben ist, die kanonischen Bewegungsgleichungen (2'), Kap. 2, gelten.

Man wird also eine Transformation der Variablen p_k, q_k in neue Variablen P_k, Q_k dann als „kanonisch" bezeichnen, wenn sie die Relation (3), Kap. 2, ungeändert läßt.

Eine sehr allgemeine Klasse solcher Transformationen ist wieder durch die Formeln

$$\left.\begin{array}{l}P_k = S p_k S^{-1}, \\ Q_k = S q_k S^{-1}\end{array}\right\} \tag{5}$$

gegeben. Diese Transformation hat auch wieder die Eigenschaft, jede Funktion $f(PQ)$ überzuführen in

$$f(P_1, \ldots, P_f, Q_1, \ldots, Q_f) = S f(p_1, \ldots, p_f, q_1, \ldots, q_f) S^{-1}. \tag{6}$$

Wenn ein System $p_1^0, \ldots, p_f^0, q_1^0, \ldots, q_f^0$ bekannt ist, das den Gleichungen (3), Kap. 2, genügt, so reduziert sich das Problem der Integration der Gleichungen (2), Kap. 2, wieder auf das andere Problem: Es ist eine Funktion S zu suchen, die den Gleichungen

$$\left.\begin{array}{l}p_k = S p_k^0 S^{-1}, \\ q_k = S q_k^0 S^{-1}\end{array}\right\} \tag{5a}$$

genügt, und die

$$H(pq) = S H(p^0 q^0) S^{-1} = W \tag{7}$$

in eine Diagonalmatrix überführt.

Gleichung (7) stellt wieder das Analogon zur Hamiltonschen partiellen Differentialgleichung dar.

---
[1]) Die physikalische Bedeutung dieser Relationen bei der Dispersionstheorie wird diskutiert von H. A. Kramers, Physika, Dez. 1925.

Zur Quantenmechanik. II.

Die Gleichungen (3), Kap. 2, zusammen mit (2), Kap. 2, würden offenbar viel zu viel Forderungen an die p_k, q_k stellen, wenn alle diese Gleichungen voneinander unabhängig wären. Es muß als eine interessante mathematische Aufgabe angesehen werden, die Gleichungen (3) aus einem Minimum unabhängiger und widerspruchsfreier Voraussetzungen abzuleiten; doch soll auf diese Frage hier nicht eingegangen werden. Wir begnügen uns mit der Bemerkung, daß

$$\frac{d}{dt} \sum_k (p_k q_k - q_k p_k) = 0$$

aus den Bewegungsgleichungen (1), Kap. 2, allgemein zu folgern ist. Dagegen soll allgemein gezeigt werden, daß die Gleichungen (3), Kap. 2, zusammen mit den Bewegungsgleichungen (2), Kap. 2, bzw. der gleichwertigen Forderung (7), Kap. 2, erfüllbar sind (natürlich von singulären Ausnahmefällen abgesehen).

Dieser Beweis ist zu liefern im Zusammenhang mit der Verallgemeinerung der Störungstheorie von Kap. 1, § 4, für beliebig viele Freiheitsgrade. Wir denken uns die Energiefunktion $H(pq)$ derart als

$$H = H_0(pq) + \lambda H_1(pq) + \lambda^2 H_2(pq) + \cdots \quad (8)$$

geschrieben, daß

$$H_0(pq) = \sum_{k=1}^{f} H^{(k)}(p_k q_k)$$

wird. Für $\lambda = 0$ haben wir also f ungekoppelte Systeme von je einem Freiheitsgrad; die f Probleme

$$H = H^{(k)}(p_k q_k)$$

seien gelöst durch

$$q_k = q_k^0, \quad p_k = p_k^0$$

mit q_k^0, p_k^0 als zweidimensionalen Matrizen

$$q_k^0 : (q_k^0(nm)); \quad p_k^0 : (p_k^0(nm)). \quad (10)$$

Wenn wir diese f ungekoppelten Systeme formal als ein einziges System von f Freiheitsgraden betrachten, so sind die $q_k^0\, p_k^0$ als $2f$-dimensionale Matrizen

$$\left.\begin{array}{l} q_k^0 = (q_k^0(n_1 \ldots n_f; \quad m_1 \ldots m_f)), \\ p_k^0 = (p_k^0(n_1 \ldots n_f; \quad m_1 \ldots m_f)) \end{array}\right\} \quad (11)$$

darzustellen, für welche gilt:

$$q_k^0(n_1 \ldots n_f; \quad m_1 \ldots m_f) = \delta_k\, q_k^0(n_k m_k),$$
$$p_k^0(n_1 \ldots n_f; \quad m_1 \ldots m_f) = \delta_k\, p_k^0(n_k m_k),$$

wobei $\delta_k = 1$, wenn $n_j = m_j$ für alle j außer $j = k$, $\delta_k = 0$, wenn für irgend ein j ($\neq k$) nicht $n_j = m_j$ ist. Daraus aber erkennt man: Erstlich bleiben die Gleichungen

$$p_k^0 q_k^0 - q_k^0 p_k^0 = \frac{h}{2\pi i} 1, \qquad (12)$$

ursprünglich für die zweidimensionalen Matrizen (10), Kap. 2, geltend, auch für die $2f$-dimensionalen Matrizen (11), Kap. 2, in Kraft. Zweitens ergeben sich die Beziehungen

$$\left.\begin{array}{l} p_k^0 q_l^0 - q_l^0 p_k^0 = 0 \text{ für } l \neq k, \\ p_k^0 p_l^0 - p_l^0 p_k^0 = q_k^0 q_l^0 - q_l^0 q_k^0 = 0. \end{array}\right\} \qquad (13)$$

Für $\lambda = 0$ gelten daher wirklich alle Gleichungen (13), Kap. 2. Es soll gezeigt werden, daß p, q derart bestimmt werden können, daß (3), Kap. 2, auch für die höheren Näherungen gleichzeitig mit $H = W$ erfüllt wird. Vorauszusetzen ist dabei wiederum, daß das System H_0 als nicht-entartet gewählt wurde, d. h. daß unter den Diagonalgliedern von H_0 bei Einsetzen von $q = q^0$, $p = p^0$ keine zwei gleich sind. In diesem Falle haben wir nur wieder den Ansatz (5a), Kap. 2,

$$q_k = S q_k^0 S^{-1}; \quad p_k = S p_k^0 S^{-1} \qquad (14)$$

zu machen und

$$S = 1 + \lambda S_1 + \lambda^2 S_2 + \cdots$$

derart zu bestimmen, daß die Gleichung $H = W$ erfüllt wird. Die Gleichungen (3), Kap. 2, sind dann sämtlich auch befriedigt, da sie durch (14) in (12), (13) übergehen. Also ist der verlangte Beweis geführt.

Die Gleichungen (3) sind invariant gegenüber einer linearen orthogonalen Transformation der q_k und p_k. Denn setzt man

$$q_k' = \sum_l a_{kl} q_l,$$
$$p_k' = \sum_l a_{kl} p_l, \qquad \sum_l a_{kl} a_{jl} = \delta_{kj},$$

so wird

$$p_k' q_l' - q_l' p_k' = \sum_{hj} a_{kh} a_{lj} (p_h q_j - q_j p_h) = \delta_{kl} \frac{h}{2\pi i}$$

und entsprechend für die anderen Relationen. Fordern wir daher die Bedingungen (3), Kap. 2, für ein kartesisches Koordinatensystem, so gelten sie auch in jedem andern kartesischen Koordinatensystem.

Anhangsweise sei hier noch darauf hingewiesen, daß ein wohlbekannter Satz der klassischen Mechanik sich auf Grund der Festsetzungen (3), Kap. 2, ohne weiteres in die neue Theorie überträgt. Es sei

$$H = E_{\text{kin}} + E_{\text{pot}} = \tfrac{1}{2} \sum_k \frac{p_k^2}{m_k} + E_{\text{pot}}, \qquad (15)$$

und E_pot eine homogene Funktion der Koordinaten vom Grade n. Es wird dann nach (3), Kap. 2:

$$E_\text{pot} = \frac{1}{n} \sum_k \frac{\partial E_\text{pot}}{\partial q_k} q_k \qquad (16)$$

und

$$\frac{d}{dt} \sum_k p_k q_k = \sum_k (\dot{p}_k q_k + p_k \dot{q}_k) = 2 E_\text{kin} - n E_\text{pot},$$

also für die Mittelwerte

$$\overline{E}_\text{kin} = \frac{n}{2} \overline{E}_\text{pot}. \qquad (17)$$

Z. B. wird für $n = 2$ (harmonische Schwingungen) $\overline{E}_\text{kin} = \overline{E}_\text{pot}$ und für $n = -1$ (Coulombsche Kräfte) $\overline{E}_\text{kin} = -\frac{1}{2} \overline{E}_\text{pot}$.

§ 2. Entartete Systeme. Wir wollen nun die entarteten Systeme ins Auge fassen. Wird das Verschwinden einiger der Frequenzen $\nu(nm)$ zugelassen (der Einfachheit halber denken wir uns die Matrizen zweidimensional dargestellt), so kann die Energiekonstanz $\dot{H} = 0$ noch immer durch die in I und hier ausgeführten Überlegungen aus den Bewegungsgleichungen und den Vertauschungsregeln (3), Kap. 2, abgeleitet werden. Aber $\dot{H} = 0$ hat nicht mehr notwendig die Folge, daß H eine Diagonalmatrix ist, und der Beweis des Frequenzsatzes wird damit undurchführbar. Es sind also bei entarteten Systemen die Bewegungsgleichungen zusammen mit (3), Kap. 2, allein nicht ausreichend zur eindeutigen Festlegung der Eigenschaften des Systems, und es ist eine Verschärfung dieser Grundgleichungen nötig. Es liegt nahe anzunehmen, daß diese Verschärfung so zu fassen ist: Als Grundgleichungen sollen allgemein gewählt werden können die Vertauschungsrelationen und

$$H = W = \text{Diagonalmatrix}. \qquad (18)$$

Durch diese Forderung ist offenbar die Gültigkeit der Frequenzbedingung auch für die entarteten Systeme gesichert. Sehr wahrscheinlich wird dabei auch (von singulären Fällen abgesehen) die Energie W stets eindeutig bestimmt sein. Dagegen werden die Koordinaten q_k nicht eindeutig festgelegt. Man kann sich, wenn man eine Lösung p_k, q_k von $H(p\,q) = W$ besitzt, neue Lösungen verschaffen durch den Ansatz

$$\left. \begin{array}{l} p' = S p S^{-1}, \\ q' = S q S^{-1}. \end{array} \right\} \qquad (19)$$

Damit wird

$$H(p'\,q') = W' = S W S^{-1},$$

und die Forderung $W' = W$ ergibt $WS - SW = \dot{S}\dfrac{h}{2\pi i} = 0$, also
$$S = \text{const.} \tag{20}$$

Betrachten wir zunächst dieses Ergebnis in seiner Bedeutung für die nichtentarteten Systeme. Hier muß nach (20), Kap. 2, die Matrix S eine Diagonalmatrix werden, und die Gleichungen (19), Kap. 2, bedeuten

$$\left.\begin{aligned} p'\,(n\,m) &= p\,(n\,m)\,S_n\,S_m^{-1}, \\ q'\,(n\,m) &= q\,(n\,m)\,S_n\,S_m^{-1}, \end{aligned}\right\} \tag{19'}$$

wenn wir kurz S_n für $S\,(n\,n)$ schreiben.

Die Unbestimmtheit der Lösung, die hierdurch angezeigt ist, wird wesentlich herabgemindert durch die Forderung, daß auch die neue Lösung $p'\,q'$ eine „reelle", durch Hermitesche Matrizen dargestellte Bewegung werden soll; denn das ergibt

$$|\,S_n\,S_m^{-1}\,| = |\,S_m\,S_n^{-1}\,|,$$

oder
$$|\,S_n\,| = |\,S_m\,|. \tag{21}$$

Die hier zutage tretende Unbestimmtheit bedeutet also eine Willkür der **Phasenkonstanten**; und zwar erhalten wir hier einen allgemeinen Beweis der schon in I aufgestellten Vermutung, daß in jedem Problem für jeden Zustand n je eine Phase φ_n unbestimmt bleibt. Man übersieht auch an Hand von (19'), in welcher Weise diese Phasen in die Elemente der Matrizen p, q eingehen. In Teil I wurde weiter vermutet, daß außer dieser beschriebenen Phasenwillkür bei nichtentarteten Systemen keine Nichteindeutigkeit mehr zu erwarten sei. Nun könnten wir offenbar bei der Störungsrechnung von Kap. 1, § 4, zu jeder der „periodischen" Matrizen S_n noch eine konstante Matrix hinzu addieren. Doch bedeutet das natürlich nicht, daß in jeder Näherung neue unbestimmt bleibende Phasen hinzukommen. Man übersieht leicht, daß durch Ausnutzung dieser Möglichkeit keine allgemeinere Lösung p, q gefunden werden könnte, sofern p^0, q^0 von vornherein mit unbestimmten Phasen angenommen war.

Gehen wir nun zu entarteten Systemen über, so können wir aus (20) nicht mehr folgern, daß S eine Diagonalmatrix sei, und es ergibt sich durch (19) wirklich die Möglichkeit, von p, q wesentlich verschiedene Lösungen p', q' abzuleiten. Es scheint, daß diese Nichteindeutigkeit in der Natur der Sache liegt. Die entarteten Systeme besitzen offenbar eine **Labilität**, dank deren durch beliebig kleine Störungen endliche Änderungen der Koordinaten herbeigeführt werden können, und die darin ihren mathematischen Ausdruck findet, daß bei völliger Abwesenheit von Störungen die Lösung der dynamischen

Gleichungen teilweise unbestimmt bleibt. Natürlich werden bei jedem einzelnen wirklichen Atom die für die physikalischen Eigenschaften des Systems, insbesondere die Übergangswahrscheinlichkeiten maßgebenden Koordinaten stets durch äußere Störungen oder durch die Vorgeschichte des Systems eindeutig festgelegt sein.

Wir wollen nun den Einfluß beliebiger Störungen auf das entartete System untersuchen. Sei also

$$H(pq) = H_0 + \lambda H_1 + \lambda^2 H_2 + \cdots, \qquad (22)$$

und sei p^0, q^0 eine beliebige, aber fest gewählte Lösung des ungestörten Problems:

$$H_0(p_0 q_0) = W_0. \qquad (23)$$

Der Ansatz
$$p = S p^0 S^{-1},$$
$$q = S q^0 S^{-1},$$

mit
$$S = S_0(1 + \lambda S_1 + \lambda^2 S_2 + \cdots), \qquad (24)$$
$$S^{-1} = (1 - \lambda(S_1 + \lambda S_2 \cdots) + \lambda^2 \cdots) S_0^{-1}, \qquad (25)$$

ergibt dann, wenn wir in $H_0, H_1 \ldots$ die Argumente p^0, q^0 auslassen:

$$S_0 H_0 S_0^{-1} = W_0, \qquad (26)$$

$$S_0 S_1 H_0 S_0^{-1} - S_0 H_0 S_1 S_0^{-1} + S_0 H_1 S_0^{-1} = W_1, \qquad (27)$$

$$S_0 S_2 H_0 S_0^{-1} - S_0 H_0 S_2 S_0^{-1} + S_0 F_2(H_0 H_1 H_2; S_1) S_0^{-1} = W_2, \qquad (28)$$

. . . .

$$S_0 S_r H_0 S_0^{-1} - S_0 H_0 S_r S_0^{-1}$$
$$+ S_0 F_r(H_0 H_1 \cdots H_r, S_1 \cdots S_{r-1}) S_0^{-1} = W_r. \qquad (29)$$

Das sind fast wieder die Gleichungen (26), Kap. 1, nur mit dem Unterschied, daß auf der linken Seite überall vorn mit S_0 und hinten mit S_0^{-1} multipliziert ist.

Die Gleichung (26), Kap. 2, ist bereits oben erörtert worden; es wird $S_0(nm)$ gleich Null außer für verschwindendes $\nu_0(nm)$. Die noch verbleibende Willkür in S_0 muß nun nach Möglichkeit ausgenutzt werden, um die nächste Gleichung lösbar zu machen. Es kann natürlich nicht von jeder Lösung von $H = H_0$, also insbesondere auch nicht von der ausgewählten p^0, q^0 erwartet werden, daß sie den Grenzfall $\lambda = 0$ der Lösung p, q des Problems (22), Kap. 2, liefert. Die Funktion S_0 soll dazu dienen, aus p^0, q^0 diejenige Lösung des entarteten Problems herzustellen, welche diese verlangte Eigenschaft besitzt.

Die Gleichung (27) kann umgeschrieben werden in

$$S_1 H_0 - H_0 S_1 + H_1 = S_0^{-1} W_1 S_0. \qquad (30)$$

Um sie lösbar zu machen, muß S_0 so bestimmt werden, daß

$$\overline{H_1} = S_0^{-1} W_1 S_0 \tag{31}$$

mit einer Diagonalmatrix W_1 wird. Für die gleichzeitige Befriedigung dieser Gleichung und der durch (26), Kap. 2, gestellten Forderungen kann hier natürlich ebensowenig eine allgemeine Anweisung gegeben werden, wie für die Bestimmung der säkulären Störungen in der klassischen Theorie. Später werden wir aber mit einer neuen, algebraischen Methode zu einer einfachen Behandlung einer großen Klasse von Entartungen gelangen (Kap. 3).

Ist (31), Kap. 2, erfüllt, so kann (30), Kap. 2, wie in Kap. 1 gelöst werden. Willkürlich bleiben dabei diejenigen Glieder $S_1(nm)$ von S_1, für die $\nu_0(nm)$ verschwindet, und diese Unbestimmtheit muß benutzt werden, um in der nächsten Näherungsgleichung, die zu

$$S_2 H_0 - H_0 S_2 + F_2 = S_0^{-1} W_2 S_0 \tag{32}$$

umgeschrieben werden kann, die zur Lösbarkeit notwendige Beziehung

$$\overline{F_2(H_0, H_1, H_2; S_1)} = S_0^{-1} W_2 S_0 \tag{31'}$$

mit einer Diagonalmatrix W_2 zu erfüllen. Die Fortsetzung des Verfahrens ist klar.

Die Schwierigkeit liegt darin, daß man in jeder Näherung Gleichungen zu befriedigen hat durch Matrizen, die schon größtenteils festgelegt sind, so daß nicht zu übersehen ist, ob diese Gleichungen wirklich lösbar sein werden. Es besteht jedoch bekanntlich eine ganz entsprechende Schwierigkeit in der klassischen Theorie. Beseitigt werden diese Schwierigkeiten wenigstens für die höheren Näherungen, wenn in irgend einer Näherung das System nichtentartet wird.

Seien z. B. in

$$q = q^0 + \lambda q^{(1)} + \cdots,$$
$$p = p^0 + \lambda p^{(1)} + \cdots$$

$p^{(1)}$, $q^{(1)}$ wirklich bestimmt worden, so daß also mit

$$Q = q_0 + \lambda q^{(1)}$$
$$P = p^0 + \lambda p^{(1)}$$

gilt:
$$H(PQ) = W_0 + \lambda W_1 + \lambda^2 H_2' + \lambda^3 H_3' + \cdots,$$

und sei
$$\nu_0(nm) + \lambda \nu_1(nm) \neq 0 \text{ für } n \neq m.$$

Wenn wir $W_0 + \lambda W_1$ kurz mit H_0' bezeichnen und den Ansatz
$$p = SPS^{-1}$$
$$q = SQS^{-1}$$
machen, so ist
$$S(H_0' + \lambda^2 H_2' + \lambda^3 H_3' + \cdots) S^{-1} = W$$
zu machen, was nach dem Verfahren von Kap. 1 durch
$$S = 1 + \lambda^2 S_2 + \lambda^3 S_3 + \cdots$$
erzielt werden kann. Die Verallgemeinerung dieser Betrachtungen für den Fall, daß erst mit der r-ten Näherung ein nicht entartetes System $W = W_0 + \lambda W_1 + \cdots + \lambda^r W_r$ erreicht wird, ergibt sich von selbst[1]).

Am Schluß scheint es uns noch wichtig, darauf hinzuweisen, daß die bekannten Konvergenzschwierigkeiten bei den Reihen der klassischen Störungstheorie, die in der Diskussion des Dreikörperproblems eine so große Rolle spielen, hier in der quantenmechanischen Störungstheorie nicht auftreten; vielmehr dürften hier die im Endlichen verlaufenden Bahnen im allgemeinen auch periodisch sein.

Kapitel 3. Zusammenhang mit der Theorie der Eigenwerte Hermitescher Formen.

§ 1. Allgemeine Methode. Im voranstehenden ist die Lösung der quantentheoretischen Grundgleichungen in möglichst engem Anschluß an die klassische Theorie entwickelt worden. Hinter diesem Formalismus der Störungstheorie verbirgt sich aber ein sehr einfacher, rein algebraischer Zusammenhang, und es lohnt sich wohl, diesen ans Licht zu ziehen. Denn abgesehen von der tieferen Einsicht in die mathematische Struktur der Theorie gewinnt man dabei auch den Vorteil, die von der Mathematik vorbereiteten Methoden und Ergebnisse verwerten zu können. So werden wir zu einer neuen Definition der Energiekonstanten („Terme") gelangen, die auch im Falle aperiodischer Bewegungen, also kontinuierlich veränderlicher Indizes gültig bleibt. Hierdurch gewinnt man die Aussicht, Methoden zur direkten Energieberechnung ohne explizite Lösung des Bewegungsproblems zu finden, die der Sommerfeldschen Methode der komplexen Integration in der bisherigen Theorie entsprechen. Sodann werden wir die Störungen einer großen Klasse entarteter Systeme vollständig behandeln können, was mit den vorher erörterten Störungsmethoden noch nicht möglich war.

---

[1]) Die analogen Fälle der klassischen Mechanik sind von M. Born und W. Heisenberg, Ann. d. Phys. **74**, 1, 1924, diskutiert worden.

Ist ein Problem von f Freiheitsgraden durch die Energiefunktion $H(p,q)$ vorgelegt, so können wir zunächst irgend ein System von Matrizen $p_k^0\, q_k^0$ derart wählen, daß jedenfalls die Vertauschungsregeln (3), Kap. 2, erfüllt sind; z. B. können die p_k, q_k eines Systems ungekoppelter harmonischer Oszillatoren genommen werden.

Dann kann man, wie oben Kap. 2, § 1, erwähnt, die dynamische Aufgabe, d. h. die Bestimmung der p_k, q_k, auch so formulieren:

Es soll eine Transformation $(p_k^0\, q_k^0) \to (p_k\, q_k)$ gefunden werden, welche die Gleichungen (3), Kap. 2, invariant läßt und zugleich die Energie in eine Diagonalmatrix verwandelt.

Man übersieht die Transformation von Matrizen am besten, wenn man sie als Koeffizientensysteme von linearen Transformationen bzw. bilinearen Formen auffaßt. Wir schicken daher einige bekannte Sätze der Algebra solcher Formen voraus.

Zu jeder Matrix $\boldsymbol{a} = (a(nm))$ gehört eine bilineare Form

$$A(xy) = \sum_{nm} a(nm)\, x_n y_m \qquad (1)$$

zweier Reihen von Variablen $x_1, x_2, \ldots$ und $y_1, y_2, \ldots$ Ist die Matrix vom Hermiteschen Typus, d. h. ist die transponierte Matrix $\tilde{\boldsymbol{a}} = (a(mn))$ gleich der zur ursprünglichen konjugiert komplexen Matrix:

$$\tilde{\boldsymbol{a}} = \boldsymbol{a}^*, \quad a(mn) = a^*(nm), \qquad (2)$$

so nimmt die Form A reelle Werte an, wenn man für die Variablen y_n die konjugiert komplexen Werte x_n setzt:

$$A(x\,x^*) = \sum_{nm} a(nm)\, x_n x_m^*. \qquad (1\,\text{a})$$

Es sei an die leicht zu beweisende Rechenregel erinnert:

$$\widetilde{(\boldsymbol{a}\boldsymbol{b})} = \tilde{\boldsymbol{b}}\,\tilde{\boldsymbol{a}}. \qquad (3)$$

Wir unterwerfen nun die x_n einer linearen Transformation

$$x_n = \sum_l v(ln)\, y_l \qquad (4)$$

mit der (komplexen) Matrix $\boldsymbol{v} = (v(ln))$.

Dann geht die Form A über in:

$$A(x\,x^*) = B(y\,y^*) = \sum_{nm} b(nm)\, y_n y_m^* \qquad (5)$$

mit

$$b(nm) = \sum_{kl} v(nk)\, a(kl)\, v^*(ml),$$

oder in Matrizenschreibweise:
$$b = v\, a\, \tilde{v}^*. \tag{6}$$
Man sagt, die Matrix b gehe durch die Transformation v aus a hervor.

Die Matrix b ist wieder vom Hermiteschen Typus, denn es gilt nach (3), Kap. 3,
$$\tilde{b} = v^* \tilde{a}\, \tilde{v} = v^* a^* \tilde{v} = b^*. \tag{7}$$

Wir nennen die Matrix v orthogonal, wenn die zugehörige Transformation die Hermitesche Einheitsform
$$E(x x^*) = \sum_n x_n x_n^*$$
invariant läßt; nach dem soeben gewonnenen Resultat ist das dann und nur dann der Fall, wenn
$$v\, \tilde{v}^* = 1, \quad \text{oder} \quad \tilde{v}^* = v^{-1}. \tag{8}$$
So sind z. B. die in I, § 2, erwähnten Permutationsmatrizen reelle orthogonale Matrizen.

Bei endlicher Variablenzahl ist es bekanntlich immer möglich, eine Form orthogonal auf eine Summe von Quadraten zu transformieren [Hauptachsen-Transformation][1]):
$$A(x x^*) = \sum_n W_n y_n y_n^*. \tag{9}$$
Für die Matrizen bedeutet das: Es gibt eine Matrix, für die
$$v\, \tilde{v}^* = 1 \quad \text{und} \quad v\, a\, \tilde{v}^* = v\, a\, v^{-1} = W, \tag{10}$$
wo $W = (W_n \delta_{nm})$ eine Diagonalmatrix ist.

Bei unendlichen Matrizen gilt in allen bisher untersuchten Fällen ein analoger Satz; nur kann es vorkommen, daß rechter Hand der Index n außer einer Reihe diskreter Zahlen auch einen kontinuierlichen Wertebereich durchläuft, dem in (9) und in der Transformation (4) ein Integralbestandteil entspricht[2]).

Die Größen W_n heißen „Eigenwerte", ihre Gesamtheit ist das „mathematische" Spektrum der Form, bestehend aus „Punkt"- und

---

[1]) Wir nennen die Koeffizienten der transformierten Form W_n, weil sie in der Quantendynamik die Bedeutung der „Energie" haben.

[2]) Die Theorie der quadratischen (bzw. Hermiteschen) Formen von unendlich vielen Variablen ist bisher hauptsächlich nur für eine besondere Klasse („beschränkte" Formen) durchgeführt worden (D. Hilbert, Grundzüge einer allgemeinen Theorie der linearen Integralgleichungen; E. Hellinger, Crelles Journ. **136**, 1, 1910). Hier handelt es sich aber gerade um nicht beschränkte Formen. Trotzdem dürfen wir wohl annehmen, daß die Sätze in der Hauptsache ebenso lauten.

„Strecken"-Spektrum. Dieses ist, wie wir sehen werden, mit dem „Termspektrum" der Physik identisch, während das „Frequenzspektrum" durch Differenzbildung daraus entsteht.

Diese Hauptachsen-Transformation liefert uns nun unmittelbar die Lösung unseres dynamischen Problems: es sollte eine solche Transformation $(p^0\,q^0) \to (p\,q)$ gefunden werden, welche die Gleichungen (3), Kap. 2, invariant läßt und zugleich die Energie in eine Diagonalmatrix überführt.

Denn nach dem obigen Satze der Algebra gibt es eine orthogonale Matrix S, für die also

$$S\tilde{S}^* = 1, \quad \tilde{S}^*S = 1 \qquad (11)$$

ist, von der Art, daß durch die Transformation

$$\begin{aligned}p_k &= Sp_k^0\tilde{S}^* = Sp_k^0 S^{-1},\\ q_k &= Sq_k^0\tilde{S}^* = Sq_k^0 S^{-1}\end{aligned} \Bigg\} \qquad (12)$$

1. der Hermitesche Charakter von p_k^0, q_k^0 auch für die p_k, q_k erhalten bleibt, 2. die Gleichungen (3), Kap. 2, invariant sind, 3. die Energie in eine Diagonalmatrix

$$H(p\,q) = SH(p^0\,q^0)S^{-1} = W \qquad (13)$$

übergeführt wird.

Wir wollen die Frage der Eindeutigkeit dieser Lösung diskutieren, vor allem, ob nicht durch eine andere orthogonale Transformation T andere Energiewerte erzeugt werden können. Angenommen, es wäre

$$TH(p^0\,q^0)T^{-1} = W'$$

eine von W verschiedene Diagonalmatrix. Dann hätte man

$$TS^{-1}SHS^{-1}ST^{-1} = TS^{-1}W(TS^{-1})^{-1},$$

und unsere Frage bedeutet, ob es möglich ist, aus einer Diagonalmatrix W eine andere W' durch

$$W' = MWM^{-1}, \quad M\tilde{M}^* = 1 \qquad (14)$$

zu bilden, derart, daß W' nicht durch Permutation der Diagonalglieder aus W zu erhalten ist.

Die Gleichung (14), Kap. 3, aber läßt sich schreiben

$$W'M - MW = 0,$$

und bedeutet daher

$$M(nm)(W'_n - W_m) = 0. \qquad (14\,\text{a})$$

Aus der Orthogonalität von M folgt für $m = n$ insbesondere

$$\sum_k |M(nk)|^2 = 1, \quad \sum_k |M(kn)|^2 = 1;$$

folglich können bei festem n weder alle $M(nk)$ noch alle $M(kn)$ verschwinden. Dann ergibt aber (14a), Kap. 3, daß es zu jedem n sicherlich ein m gibt, für das $W_n' = W_m$ ist, d. h. alle W_n' kommen unter den W_m vor. Und ebenso folgt auch das Umgekehrte.

Daher führen alle aus dem Ansatz (12), Kap. 3, (bei bestimmten p_k^0, q_k^0) ableitbaren Lösungen auf dieselben Werte für die Energien der stationären Zustände im Einklang mit der in Kap. 2 ausgesprochenen Vermutung, daß die vorkommenden Energien durch die dynamischen Grundgleichungen stets eindeutig bestimmt sind.

Entartete Systeme werden dadurch charakterisiert sein, daß mehrfache Eigenwerte vorkommen. Die Mehrfachheit des Eigenwertes W_n, d. h. die Anzahl der linear unabhängigen Lösungen $v(ln)$ der Gleichung (4), Kap. 3, wird das statistische Gewicht des betreffenden Zustandes angeben.

Die Wichtigkeit der Gleichung (9), Kap. 3, für unsere physikalische Theorie beruht darauf, daß es in der Algebra endlicher oder beschränkter unendlicher Formen verschiedene Methoden[1]) gibt, die Eigenwerte einer Form zu bestimmen, ohne die Transformation wirklich durchzuführen. Man kann hoffen, daß solche Methoden bei der späteren Behandlung bestimmter physikalischer Systeme gute Dienste leisten werden.

§ 2. **Anwendung auf die Störungstheorie.** Im folgenden wollen wir zeigen, daß die hier dargelegte algebraische Auffassung des dynamischen Problems nicht nur zu genau den Formeln führt, die früher Kap. 1, § 4, im Anschluß an die Störungstheorie der klassischen Mechanik abgeleitet worden sind, sondern daß sie bei der Behandlung entarteter Systeme der bisherigen Theorie noch erheblich überlegen ist.

Wir nehmen also wieder an, H habe die Form

$$H = H_0 + \lambda H_1 + \lambda^2 H_2 + \cdots,$$

wo das durch H_0 bestimmte dynamische Problem die Lösung p_k^0, q_k^0 hat. Diese Größen nehmen wir als die Ausgangskoordinaten, aus denen durch eine orthogonale Transformation S die p_k, q_k zu finden sind. Die vorausgesetzte Form von H bedeutet natürlich grundsätzlich keine Beschränkung der Allgemeinheit, insofern man ja von H stets einen Anteil H_0 von beliebiger, gewünschter Form abtrennen kann; nur wird die

---

[1]) Bei endlichen Formen sind die Eigenwerte die Wurzeln einer algebraischen Gleichung. Hier und auch bei beschränkten unendlichen Matrizen kann man sie z. B. nach dem Verfahren von Graeffe und Bernoulli bestimmen; siehe etwa C. Courant und D. Hilbert, Methoden der mathematischen Physik I, § 3, S. 14, 15. Berlin, Springer, 1924.

Konvergenz der Potenzreihe nach λ wesentlich von der geschickten Wahl von $\boldsymbol{H}_0$ abhängen.

Um die Hermitesche Form
$$\sum_{mn} H_{mn} x_m x_n^*$$
auf ihre Hauptachsen zu transformieren, kann man bekanntlich so verfahren:

Man suche die linearen Gleichungen
$$W x_k - \sum_l H(kl) x_l = 0 \qquad (15)$$
zu lösen; das ist nur möglich für gewisse Werte des Parameters W, nämlich $W = W_n$, wo W_n wieder die Eigenwerte (Energiewerte) bedeuten. Wir nehmen zunächst an, daß keine Entartung vorliegt, also alle W_n verschieden sind. Dann gehört zu jedem W_n eine bis auf einen Faktor bestimmte Lösung $x_k = x_{kn}$; es gelten also die Identitäten
$$W_n x_{kn} - \sum_l H(kl) x_{ln} = 0,$$
$$W_m x_{km}^* - \sum_l H^*(kl) x_{lm}^* = 0.$$

Multipliziert man die erste mit x_{km}^*, die zweite mit x_{kn} und summiert über k, so folgt durch Subtraktion wegen des Hermiteschen Charakters von H:
$$(W_n - W_m) \sum_k x_{kn} x_{km}^* = 0.$$

Durch geeignete Wahl des Proportionalitätsfaktors kann man es ferner erreichen, daß
$$\sum_k x_{kn} x_{kn}^* = 1$$
ist. Folglich bilden die x_{kn} eine orthogonale Matrix
$$\boldsymbol{S} = (x_{kn}).$$

Diese ist es gerade, welche die gegebene Form auf eine Quadratsumme transformiert; denn setzt man
$$x_k = \sum_n x_{kn} y_n$$
in die Form ein, so erhält man
$$\sum_{kl} H(kl) x_k x_l^* = \sum_{kl} \sum_{mn} H(kl) x_{km} x_{ln}^* y_m y_n^*$$
$$= \sum_{mn} \sum_l W_m x_{lm} x_{ln}^* y_m y_n^*$$
$$= \sum_m W_m y_m y_m^*.$$

Nach unserer Voraussetzung haben nun die Koeffizienten der Gleichungen (15), Kap. 3, die Form:
$$H(kl) = \delta_{kl} W_l^0 + \lambda H_1(kl) + \lambda^2 H_2(kl) + \cdots$$
Daher suchen wir die Lösung von (15), Kap. 3, durch Entwicklungen der Form:
$$\left.\begin{aligned} W &= W^0 + \lambda W^{(1)} + \lambda^2 W^{(2)} + \cdots \\ x_k &= x_k^0 + \lambda x_k^{(1)} + \lambda^2 x_k^{(2)} + \cdots \end{aligned}\right\} \quad (16)$$
zu gewinnen. Setzen wir das in (15), Kap. 3, ein, so bekommen wir die Näherungsgleichungen:

$$\left.\begin{aligned} \text{a)} \quad & x_k^0 (W^0 - W_k^0) = 0, \\ \text{b)} \quad & x_k^{(1)}(W^0 - W_k^0) = -x_k^0 W^{(1)} + \sum_l H^{(1)}(kl) x_l^0, \\ \text{c)} \quad & x_k^{(2)}(W^0 - W_k^0) = -(x_k^{(1)} W^{(1)} + x_k^{(0)} W^{(2)}) \\ & \qquad + \sum_l \left(H^{(1)}(kl) x_l^{(1)} + H^{(2)}(kl) x_l^0 \right). \end{aligned}\right\} \quad (17)$$

Aus (17a), Kap. 3, folgt, daß W gleich einem der W_k werden muß; denn sonst würden alle x_k^0 verschwinden, und dann würde man aus den folgenden Näherungsgleichungen auch das Verschwinden von $x_k^{(1)}$, $x_k^{(2)}$ ... der Reihe nach erschließen können.

Nehmen wir nun das Ausgangssystem als nicht entartet, also alle W_k^0 als verschieden an, so lautet die Lösung von (17a), Kap. 3:
$$W = W_n^0; \quad x_{nn}^0 = y_n^0; \quad x_{kn}^0 = 0 \text{ für } k \neq n. \quad (18)$$
Dabei ist y_n^0 eine beliebige Zahl.

Setzen wir das in (17b), Kap. 3, ein, so hat man, je nachdem $k = n$ oder $k \neq n$ ist:
$$0 = y_n^0 (-W^{(1)} + H^{(1)}(nn)),$$
$$x_k^{(1)}(W_n^0 - W_k^0) = H^{(1)}(kn) y_n^0, \quad k \neq n.$$
Die Lösung lautet also:
$$W^{(1)} = H^{(1)}(nn); \quad x_{nn}^{(1)} = y_n^{(1)}; \quad x_{kn}^{(1)} = -\frac{H^{(1)}(kn)}{h \nu_0(kn)} y_n^0 \text{ für } k \neq n, \quad (19)$$
wo $y_n^{(1)}$ wiederum eine beliebige Zahl ist.

Nunmehr folgt ebenso aus (17c), Kap. 3:
$$\left.\begin{aligned} W^{(2)} &= H^{(2)}(nn) - \frac{1}{h} {\sum_l}' \frac{H^{(1)}(nl) H^{(1)}(ln)}{\nu_0(ln)}, \\ x_{nn}^{(2)} &= y_n^{(2)} \\ x_{kn}^{(2)} &= \Big(\frac{1}{h^2} {\sum_l}' \frac{H^{(1)}(kl) H^{(1)}(ln)}{\nu_0(kn) \nu_0(ln)} - \frac{H^{(1)}(nn) H^{(1)}(kn)}{h^2 \nu_0(kn)^2} \\ & \qquad - \frac{H^{(2)}(kn)}{h \nu_0(kn)}\Big) y_n^0 - \frac{H^{(1)}(kn)}{h \nu_0(kn)} y_n^{(1)}. \end{aligned}\right\} \quad (20)$$

Ebenso leicht gewinnt man die Lösung der dritten Näherung; wir geben nur den Energiewert an:

$$W^{(3)} = H^{(3)}(nn) - \frac{1}{h}\sum_{l}{}' \frac{H^{(1)}(nl)H^{(2)}(ln) + H^{(2)}(nl)H^{(1)}(ln)}{\nu_0(ln)}$$
$$+ \frac{1}{h^2}\left(\sum_{kl}{}' \frac{H^{(1)}(nl)H^{(1)}(lk)H^{(1)}(kn)}{\nu_0(ln)\nu_0(kn)} - H^{(1)}(nn)\sum_{l}{}' \frac{H^{(1)}(nl)H^{(1)}(ln)}{\nu_0(ln)^2}\right).$$

Die vorläufig willkürlichen Größen $y_n^{(0)}$, $y_n^{(1)}$, ... dienen dazu, die Lösung zu normieren (orthogonal ist sie von selbst); die Bedingung

$$\sum_k x_{kn} x_{kn}^* = 1$$

liefert für

$$x_{kn} = x_{kn}^0 + \lambda x_{kn}^{(1)} + \lambda^2 x_{kn}^{(2)} + \cdots$$

die Gleichungen:

$$\sum_k x_{kn}^0 x_{kn}^{*0} = 1$$
$$\sum_k \left(x_{kn}^0 x_{kn}^{*(1)} + x_{kn}^{(1)} x_{kn}^{*0}\right) = 0$$
$$\cdots\cdots\cdots\cdots\cdots\cdots\cdots\cdots$$

Setzt man hier die eben gefundene Lösung ein, so folgt der Reihe nach

$$|y_n^0|^2 = 1$$
$$y_n^0 y_n^{*(1)} + y_n^{*0} y_n^{(1)} = 0$$
$$\cdots\cdots\cdots\cdots\cdots\cdots\cdots\cdots$$

Setzen wir nun

$$y_n^{(p)} = a_n^{(p)} e^{i\varphi_n(p)}, \qquad (21)$$

so erhalten wir:

$$\left.\begin{array}{l} a_n^0 = 1 \\ 2 a_n^{(1)} \cos\left(\varphi_n^0 - \varphi_n^{(1)}\right) = 0 \\ \cdots\cdots\cdots\cdots\cdots\cdots\cdots\cdots \\ 2 a_n^{(r)} \cos\left(\varphi_n^0 - \varphi_n^{(r)}\right) = F^{(r)}\left(a^{(r-1)}, \varphi^{(r-1)}, \ldots\right). \end{array}\right\} \qquad (22)$$

Man kann also die Phasenkonstanten φ_n^0, $\varphi_n^{(1)}$, ... beliebig wählen; dann sind die a_n^0, $a_n^{(1)}$, ... sukzessive berechenbar und eindeutig bestimmt. Das steht in Übereinstimmung mit unserem früher (§ 3) gefundenen Resultat, daß die Phasen der Diagonalglieder von S unbestimmt bleiben.

Setzt man die gefundenen Werte $a_n^0 = 1, \ldots$ in (21) Kap. 3 und dies in (18), (19), (20), Kap. 3, ein, so sieht man, daß das früher durchgeführte „Störungsverfahren" gerade die Lösung geliefert hat, bei der die Phasen $\varphi_n^{(p)}$ verschwinden, also die Diagonalglieder von S reell sind.

Wir betrachten nun den Fall, daß das Ausgangssystem entartet ist, und zwar sei W_n^0 ein r-facher Eigenwert; das bedeutet, die Gleichung (17a), Kap. 3, hat die Lösung

$$W = W_n; \; x_{nn}^0 = y_{1,n}^0, \; x_{n,n+1}^0 = y_{2,n} \ldots \\ x_{n,n+r-1}^0 = y_{r,n}^0, \\ x_{kn}^0 = 0 \text{ für } k \neq n, n+1, \ldots, n+r-1. \quad (23)$$

Dann verschwindet die linke Seite von (17b), Kap. 3, für

$$k = n, n+1, \ldots, n+r-1;$$

das liefert (r) Gleichungen:

$$W^{(1)} y_{kn}^0 - \sum_{l=r}^{r} H^{(1)}(n+k, n+l) y_{ln}^0 = 0; \; k = 1, 2, \ldots, r, \quad (24)$$

deren Koeffizientenschema wieder vom Hermiteschen Typus ist.

Setzt man die Determinante gleich Null, so erhält man eine Säkulargleichung vom r-ten Grade für $W^{(1)}$:

$$\text{Det.} \left(W^{(1)} \delta_{kl} - H^{(1)}(n+k, n+l) \right) = 0, \quad (25)$$

deren Wurzeln sicherlich reell sind. Zu jeder Wurzel gehören eine oder mehrere unabhängige Lösungen der Gleichungen (24), Kap. 3.

Wählt man eine solche Lösung aus, so kann man für diese das Näherungsverfahren fortsetzen; doch soll das hier nicht weiter ausgeführt werden.

Es genügt uns, eingesehen zu haben, daß man mit unserer algebraischen Methode alle Entartungen von endlicher Vielfachheit beherrscht, d. h. sie auf die Lösung von algebraischen Gleichungen zurückführen kann. Wenn z. B. jeder Eigenwert zweifach ist, also zu jedem eine verschwindende Frequenz $\nu_0(nm)$ gehört, so führt das Störungsproblem auf eine quadratische Gleichung

$$\begin{vmatrix} W^{(1)} - H^{(1)}(n,n) & -H^{(1)}(n,n+1) \\ -H^{(1)}(n+1,n) & W^{(1)} - H^{(1)}(n+1,n+1) \end{vmatrix} = 0.$$

Dieser Fall liegt vor, wenn zwei ursprünglich gleiche, nicht entartete Systeme (wobei alle Frequenzen eines einzelnen Systems verschieden sein sollen) durch irgendwelche Kräfte gekoppelt werden.

Eine interessante Bedeutung hat ferner die Orthogonalitätsrelation

$$\sum_k x_{kn}^0 x_{kn}^{*0} = 1$$

bei entarteten Systemen. Wegen (23) geht diese Relation über in

$$\sum_{l=1}^{r} y_{ln}^0 y_{ln}^{*0} = 1.$$

Hieraus folgt, wenn m irgend eine Zahl der Reihe $n, n+1, \ldots n+r-1$, und k irgend eine Zahl außerhalb dieser Reihe bedeutet, daß die Summen

$$\sum_{m=n}^{n+r-1} p^0(mk) p^{*0}(mk),$$

$$\sum_{m=n}^{n+r-1} q^0(mk) q^{*0}(mk)$$

auch bei Entartung eindeutig bestimmt sind, d. h. daß diese Summen gegen die Transformationen, die nach (19), Kap. 2, bei Entartung aus gewissen Lösungen p, q neue, davon wesentlich verschiedene Lösungen $p'q'$ hervorgehen lassen, invariant sind. Dieses Ergebnis gibt eine mathematische Darstellung der sogenannten spektroskopischen Stabilität, die in den neueren Theorien über die Feinstrukturintensitäten (vgl. Kap. 4) eine wichtige Rolle gespielt hat.

§ 3. **Kontinuierliche Spektra.** Das gleichzeitige Auftreten von kontinuierlichen Spektra und Linienspektra als Lösungen derselben Bewegungsgleichungen und derselben Vertauschungsrelationen schien uns ein besonders wesentlicher Zug der neuen Theorie. Trotz dieses engen Zusammenhangs beider Arten von Spektra bestehen aber zwischen den kontinuierlichen und den diskreten Spektra mathematisch wie physikalisch charakteristische Unterschiede, entsprechend dem Unterschied zwischen Fourierreihe und Fourierintegral in der klassischen Theorie; es erscheint uns deshalb notwendig, auch die Behandlung der kontinuierlichen Spektra hier in groben Umrissen darzustellen. Die mathematische Theorie der bei unendlichen quadratischen Formen auftretenden Streckenspektra ist im Anschluß an die grundlegenden Untersuchungen von Hilbert ausführlich entwickelt worden von Hellinger (l. c.) für den Fall beschränkter quadratischer Formen. Wenn wir uns hier erlauben, die Ergebnisse Hellingers auf die bei uns auftretenden unbeschränkten Formen zu übertragen, so scheint uns dies deshalb berechtigt, weil die Methoden Hellingers offenbar vollständig dem physikalischen Sinne des gestellten Problems entsprechen.

Betrachten wir zunächst kurz das klassische Analogon unseres Problems, die aperiodische Bewegung und ihr Fourierintegral. Während in einer Fourierreihe zu einer Schwingung $e^{2\pi i \nu t}$ stets eine gewisse Amplitude $a(\nu)$ gehört, tritt beim Fourierintegral an Stelle von $a(\nu)$ eine Größe der Form $\varphi(\nu) d\nu$, wo man $\varphi(\nu)$ gewissermaßen als Amplitudendichte pro Frequenzintervall $d\nu$ bezeichnen kann. In ähnlicher Weise kann man, was physikalisch unmittelbar einleuchtet, alle Größen, wie Intensität, Polarisation usw., stets nur auf einen Frequenzbereich $d\nu$ zwischen ν und $\nu + d\nu$ beziehen, nicht aber auf eine bestimmte Frequenz selbst. Ganz ähnliche Verhältnisse werden wir auch in der Quantenmechanik zu erwarten haben. An Stelle der Größen $q(kl)$ werden Größen der Form $q(k, W) \, dW$ bzw. $q(W, W') \, dW \, dW'$ treten, je nachdem der eine der beiden Indizes oder beide im kontinuierlichen Gebiet liegen. Ja, an Stelle der Energie W selbst wird eine „Gesamtenergie" pro Intervall dW treten müssen, da ja im kontinuierlichen Gebiet die Wahrscheinlichkeit, daß das Atom eine ganz bestimmte Energie W hat, Null ist. Um über diese Fragen Klarheit zu schaffen, werden wir im folgenden die mathematische Theorie nach Hellinger kurz skizzieren.

Bei unendlichen quadratischen Formen kann der Fall eintreten, daß die Form

$$\sum_{mn} H(mn) \, x_m x_n^*$$

nicht durch eine orthogonale Substitution in die Gestalt $\sum_n W_n y_n y_n^*$ übergeführt werden kann. Dann dürfen wir in Analogie zu den Ergebnissen bei beschränkten Formen annehmen, daß es eine Darstellung mit kontinuierlichem Spektrum

$$\sum_{mn} H(mn) \, x_m x_n^* = \sum_n W_n y_n y_n^* + \int W(\varphi) \, y(\varphi) y^*(\varphi) \, d\varphi \quad (26)$$

gibt, bei der die ursprünglichen Variablen durch eine „orthogonale Transformation" mit neuen Variablen $y(n)$, $y(\varphi)$ zusammenhängen; nur muß man genauer auseinandersetzen, was man hier unter einer orthogonalen Transformation versteht.

Betrachten wir wieder die linearen Gleichungen (15), Kap. 3,

$$W x_k - \sum_l H(kl) \, x_l = 0, \quad (27)$$

so wird der betrachtete Fall eines Integralbestandteils in (26), Kap. 3, dann eintreten, wenn es nicht nur diskrete Werte W_n gibt, für die diese Gleichungen lösbar sind, sondern auch ein Kontinuum solcher Werte, eine oder mehrere „Strecken" der W-Achse (Streckenspektrum). Für irgend einen Punkt W dieses Kontinuums existiert eine Lösung $x_l(W)$ (oder mehrere, was wir der Einfachheit halber ausschließen wollen); für zwei solche W-Werte, W' und W'', gelten also die Gleichungen:

$$\left. \begin{array}{l} W' x_k(W') - \sum_l H(kl) \, x_l(W') = 0, \\ W'' x_k^*(W'') - \sum_l H^*(kl) \, x_l^*(W'') = 0, \end{array} \right\} \quad (28)$$

aus denen man, wie oben, schließt

$$(W' - W'') \sum_k x_k(W') x_k(W'') = 0. \tag{29}$$

Versucht man zu diesen Orthogonalitätsrelationen die Normierungsbedingung

$$\sum_k |x_k(W)|^2 = 1$$

hinzuzufügen, so sieht man, daß die Funktion der zwei Veränderlichen

$$\sum_k x_k(W') x_k(W'')$$

unstetig in einem schlimmen Sinne wäre, wenn sie überhaupt existierte. Tatsächlich konvergiert die betrachtete Summe nicht, stellt also auch keine Funktion dar.

Daher ist eine andere Art der Normierung notwendig. Nach Hellinger setzt man

$$\sum_k |\int x_k(W)\, dW|^2 = \varphi(W). \tag{30}$$

Die Reihe auf der linken Seite ist im allgemeinen konvergent und stellt eine monotone Funktion $\varphi(W)$ dar, die mit gewissen Einschränkungen willkürlich gewählt werden kann, da ja die $x_k(W)$ nur bis auf einen von k unabhängigen Faktor bestimmt sind. Auf die physikalische Bedeutung dieser Funktion $\varphi(W)$, durch welche die Lösungen $x_k(W)$ festgelegt werden, werden wir später eingehen. Hellinger nennt $\varphi(W)$ die „Basisfunktion" und zeigt, daß sich die Orthogonalitätsbedingungen in folgende Form bringen lassen: Es seien $\varDelta_1$ und $\varDelta_2$ irgend zwei Intervalle des Streckenspektrums und $\varDelta_{12}$ das ihnen gemeinsame Teilstück (das auch fehlen kann); dann gilt:

$$\left.\begin{array}{l}\sum_k \int_{\varDelta_1} x_k(W')\, dW' \int_{\varDelta_2} x_k(W'')\, dW'' = \int_{\varDelta_{12}} d\varphi(W) \\ = \varphi(W^{(2)}) - \varphi(W^{(1)}),\end{array}\right\} \tag{31}$$

wo $W^{(1)}, W^{(2)}$ die Endpunkte von $\varDelta_{12}$ sind. Rechts steht also Null, wenn die Strecken $\varDelta_1, \varDelta_2$ sich nicht überdecken.

Denkt man sich die Intervalle $\varDelta_1, \varDelta_2, \varDelta_{12}$ sehr klein, so kann man symbolisch schreiben

$$\sum_k x_k(W')\, dW' \cdot x_k(W'')\, dW'' = d\varphi(W). \tag{32}$$

Diese Beziehung legt den Gedanken nahe, allgemein mit den Größen $x_k(W)\, dW$ als „Differentiallösungen" von (27), Kap. 3, zu operieren, wobei man nur zu beachten hat, daß die betreffenden Gleichungen stets im Sinne von (31), Kap. 3, zu interpretieren sind; diese Differentiallösungen sind dann in gewöhnlicher Weise orthogonal, aber nicht auf 1, sondern auf das Differential der Basisfunktion $\varphi(W)$ normiert.

Die Gesamtheit der diskreten Werte x_{kn} und der in einem Index diskret, im anderen kontinuierlich verteilten $x_k(W)$ bildet die Elemente der „orthogonalen" Matrix:

$$S = (x_{kn}, x_k(W)\,dW),$$

die man schematisch so darstellen kann:

$$S = \begin{pmatrix} \cdots \\ \cdots \\ \cdots \end{pmatrix} \qquad (33)$$

Die Orthogonalitäts- und Normalisierungsgleichungen für die ganze Matrix zerfallen in vier verschiedene Typen:

$$\left.\begin{aligned}&\sum_k x_{km} x_{kn}^* = \delta_{mn};\\ &\sum_k x_{kn} x_k^*(W)\,dW = 0; \qquad \sum_k x_k(W)\,dW \cdot x_{kn}^* = 0;\\ &\sum_k x_k(W')\,dW'\, x_k^*(W'')\,dW'' = d\varphi.\end{aligned}\right\} \quad (34)$$

Man kann aber auch die Orthogonalitätsrelationen für die Kolonnen anschreiben; diese lauten:

$$\sum_n x_{kn} x_{ln}^* + \int \frac{x_k(W)\,dW \cdot x_l^*(W)\,dW}{d\varphi}$$

$$= \sum_n x_{kn} x_{ln}^* + \int \frac{dW}{\varphi'} x_k(W)\, x_l^*(W) = \delta_{kl}, \qquad (35)$$

wo $\varphi' = \dfrac{d\varphi}{dW}$ gesetzt ist.

Mit Hilfe dieser Matrix hat man die Variablen x_n in neue y_n, $y(\varphi)\,d\varphi$ zu transformieren; man setze:

$$\left.\begin{aligned} y_n &= \sum_k x_{kn} \cdot x_k \\ y(\varphi)\,d\varphi &= \sum_k x_k(W)\,dW \cdot x_k. \end{aligned}\right\} \qquad (36)$$

Dann ergibt eine einfache Rechnung:

$$\sum_n W_n y_n y_n^* + \int W(\varphi) y(\varphi) y^*(\varphi) d\varphi = \sum_{kl} H(kl) x_k x_l^*. \quad (37)$$

Damit ist die Hauptachsentransformation ausgeführt.

Untersuchen wir nun weiter, welche Darstellung der Koordinaten- und Impulsmatrizen man mit Hilfe dieser orthogonalen Transformation erhält, d. h. was die Gleichungen

$$\left.\begin{array}{l} p = S p_0 S^{-1} \\ q = S q_0 S^{-1} \end{array}\right\} \quad (38)$$

oder allgemein

$$f(pq) = S f(p_0 q_0) S^{-1} \quad (39)$$

hier bedeuten. Wir finden z. B. für p vier Typen von Elementen:

$$\left.\begin{array}{l} p(mn) = \sum_{kl} x_{km}^* p^0(kl) x_{ln} \\ p(m, W) dW = \sum_{kl} x_{km}^* p^0(kl) x_l(W) dW, \\ p(W, n) dW = \sum_{kl} x_k^*(W) dW \cdot p^0(kl) x_{ln}, \\ p(W', W'') dW' dW'' = \sum_{kl} x_k^*(W') dW' p^0(kl) x_l(W'') dW''. \end{array}\right\} \quad (40)$$

In ähnlicher Weise werden allgemein entsprechend unserer früher ausgesprochenen Erwartung an Stelle der Amplituden $p(mn)$ im Falle eines kontinuierlich veränderlichen Index „Amplitudendichten" $p(mW) dW$ treten, die sich auf ein Intervall dW beziehen. Dabei ist es aber nicht notwendig, als den kontinuierlich veränderlichen Index eben die Energie zu nehmen. Man könnte statt der Energie z. B. die Größe $\varphi(W)$ einführen. An Stelle von $p(mW) dW$ würde dann $p(m\varphi) \dfrac{dW}{d\varphi} d\varphi$ treten. Schließlich wird die Energie W_n im kontinuierlichen Falle ersetzt durch die Größe $W(\varphi) d\varphi$. An Stelle der Energie des einzelnen Atoms tritt also eine Art Gesamtenergie pro Intervall dW. Daher bedeutet $d\varphi$ im wesentlichen die Anzahl der Atome, deren Energie zwischen W und $W + dW$ liegt oder die a priori-Wahrscheinlichkeit dafür, daß die Energie des Atoms zwischen W und $W + dW$ liegt. Hier erkennen wir den Unterschied zwischen den Fällen der diskreten stationären Zustände einerseits und der kontinuierlichen Zustandsmannigfaltigkeiten andererseits am deutlichsten und wir sehen einen einfachen Zusammenhang des Problems der statistischen Gewichte mit der Frage nach der Normierung der Lösung von (27), Kap. 3. Im Falle diskreter Zustände machen wir bei nicht mehrfachen Eigenwerten den einfachen physikalischen Ansatz, daß jeder Zustand das statistische Gewicht 1 haben soll. Dem entspricht es, daß wir eine Normierung der x_{kn} auf Grund der Forderung

$$\sum_k x_{kn} x_{kn}^* = 1$$

durchführten. Im Falle kontinuierlicher Zustandsmannigfaltigkeiten war eine so einfache Festlegung der a priori-Wahrscheinlichkeiten nicht möglich, zu ihrer Bestimmung und damit auch zur Bestimmung der Funktion φ sind eingehendere Untersuchungen des betreffenden Problems notwendig. Daher dürfte sich auch der Zusammenhang der Übergangswahrscheinlichkeiten mit den Amplituden im Falle kontinuierlicher Spektra etwas verwickelter gestalten, als bei den Linienspektra.

Die durch (40), Kap. 3, und entsprechende Formen dargestellten Matrizen von p, q oder $f(p, q)$ lassen sich allgemein durch nebenstehendes Schema anschaulich machen: Die physikalische Bedeutung dieses Schemas leuchtet ein.

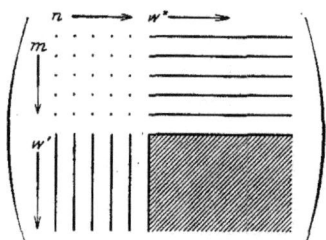

Es gibt vier Arten von „Übergängen", die etwa ein einfaches Analogon bilden zu den in der bisherigen Theorie des Wasserstoffatoms postulierten „Übergängen":
1. von Ellipse zu Ellipse, 2. von Ellipse zu Hyperbel, 3. von Hyperbel zu Ellipse, 4. von Hyperbel zu Hyperbel.

Gegen die Formeln (38) und (40), Kap. 3, kann noch eingewendet werden, daß die unendlichen Summen der rechten Seite sicher in manchen Fällen nicht konvergieren, also auch keine Funktion darstellen, da ja auch in der klassischen Theorie eine Darstellung einer Funktion $f(p, q)$ durch Fourierintegrale manchmal nicht möglich ist, z. B. dann nicht, wenn die betreffenden Funktionen f für große Zeiten linear mit der Zeit anwachsen (was im allgemeinen für die Koordinate der Fall sein wird). Auf diesen Einwand kann man aber erwidern, daß die beobachtbaren Wirkungen des Atoms (wie die Strahlung, die Kraft auf ein anderes Atom usw.) im allgemeinen nicht zu dieser Art von Funktionen gehören, daß also die ihnen entsprechenden Summen vom Typus der Formeln (40), Kap. 3, konvergieren dürften.

Kapitel 4. Physikalische Anwendungen der Theorie.

§ 1. Sätze über Impuls und Drehimpuls; Intensitätsformeln und Auswahlregeln. Als Anwendung der allgemeinen Theorie, wie sie im vorangehenden begründet wurde, sollen nun die bekannten Tatsachen bezüglich der „Quantelung" des Drehimpulses und einige damit zusammenhängende Gesetzmäßigkeiten abgeleitet werden.

M. Born, W. Heisenberg und P. Jordan,

Wir werden dabei zugleich einige charakteristische Beispiele für die **Integration** der quantenmechanischen Bewegungsgleichungen kennenlernen. Die früher besprochenen Störungsmethoden können natürlich erst dann erfolgreich angewandt werden, wenn eine Reihe besonders einfacher Beispiele, welche als ungestörte Systeme H_0 gewählt werden können, auf andere Weise integriert worden sind. Die quantenmechanischen Bewegungsgleichungen, wie sie aus der Komponentenzerlegung der Matrizengleichungen entspringen, bieten nun die besondere Schwierigkeit, daß — abgesehen vom Beispiel des harmonischen Oszillators — in jeder einzelnen Gleichung bereits unendlich viele Unbekannte auftreten. Ein im folgenden mehrfach gebrauchtes und wie es scheint, sehr häufig anwendbares Verfahren, diese Schwierigkeit zu überwinden, besteht im folgenden. Man sucht zunächst in Analogie zur klassischen Theorie Integrale der Bewegungsgleichungen, also Funktionen $A(p, q)$, welche auf Grund der Bewegungsgleichungen und der Vertauschungsregeln zeitlich konstant sind und daher bei nichtentarteten periodischen Systemen Diagonalmatrizen werden. Ist nun $\varphi(p, q)$ irgend eine Funktion, so kann die Differenz

$$\varphi A - A \varphi = \psi$$

vermittelst der Vertauschungsregeln berechnet werden; wenn A eine Diagonalmatrix ist, ergibt sich ein System von Gleichungen, die nur je endlich viele Unbekannte, nämlich je eine einzige Komponente der Matrizen φ und ψ (und je zwei Diagonalglieder von A) enthalten.

Ist in kartesischen Koordinaten $H = H'(p) + H''(q)$ — worin also auch die relativistische Mechanik enthalten ist —, so ist sofort zu sehen, daß die Komponenten des Drehimpulses $\mathfrak{M}$:

$$\left.\begin{aligned} M_x &= \sum_{k=1}^{f/3} (p_{ky} q_{kz} - q_{ky} p_{kz}), \\ M_y &= \sum_{k=1}^{f/3} (p_{kz} q_{kx} - q_{kz} p_{kx}), \\ M_z &= \sum_{k=1}^{f/3} (p_{kx} q_{ky} - q_{kx} p_{ky}) \end{aligned}\right\} \quad (1)$$

unter den gleichen allgemeinen Bedingungen konstant werden, wie in der klassischen Theorie. Denn es ergibt sich für die zeitliche Ableitung etwa von M_z eine Summe

$$\dot{M}_z = \varphi(q) + \psi(p),$$

und wegen der Vertauschbarkeit aller p untereinander und aller q untereinander verschwinden φ, ψ, unter denselben Bedingungen wie klassisch.

Die gleiche Bemerkung ist anzuwenden auf den Translationsimpuls

$$\mathfrak{p} = \sum_{k=1}^{f/3} \mathfrak{p}_k; \quad \text{d. h.} \quad p_x = \sum_{k=1}^{f/3} p_{kx}, \ldots, \tag{2}$$

der ebenfalls konstant wird. Also gilt auch der Schwerpunktsatz, wie in der klassischen Theorie.

Wir merken hier sogleich eine später zu benutzende Formel an, die aus den Vertauschungsrelationen (3), Kap. 2, abzuleiten ist. Es wird:

$$M_x M_y - M_y M_x = \sum_{kl} \{(p_{ky}q_{kz} - q_{ky}p_{kz})(p_{lz}q_{lx} - q_{lz}p_{lx})$$
$$- (p_{kz}q_{kx} - q_{kz}p_{kx})(p_{ly}q_{lz} - q_{ly}p_{lz})\},$$
$$= \sum_{kl} \{p_{ky}q_{lx}(q_{kz}p_{lz} - p_{lz}q_{kz})$$
$$+ q_{ky}p_{lx}(p_{kz}q_{lz} - q_{lz}p_{kz}),$$
$$= \frac{h}{2\pi i} \sum_{k} (p_{kx}q_{ky} - q_{kx}p_{ky}),$$

also
$$M_x M_y - M_y M_x = \varepsilon M_z, \quad \left(\varepsilon = \frac{h}{2\pi i}\right). \tag{3}$$

Man sieht übrigens aus dieser Formel unmittelbar, daß der Flächensatz wie in der klassischen Theorie stets für höchstens eine oder für alle drei Achsen gilt.

Für das Folgende wollen wir annehmen, daß das uns vorliegende Problem bei Behandlung nach den im vorigen Kapitel entwickelten Methoden zu diskreten Energiewerten (Punktspektrum) führt. Ist dann $\dot{M}_z = 0$ bei einem nichtentarteten System — dies wird z. B. der Fall sein, wenn Kräfte mit Symmetrie um die z-Achse auf das Atom wirken —, so muß M_z eine Diagonalmatrix werden; die einzelnen Diagonalglieder sind als Drehmomente des Atoms um die z-Achse für die einzelnen Zustände des Atoms anzusehen. Zur Untersuchung der Elektronenbewegungen in diesem Falle beachten wir zunächst, daß aus (1), Kap. 4,
$$q_{lz}M_z - M_z q_{lz} = 0 \tag{4}$$
folgt, was wegen $M_z(nm) = \delta_{nm} M_{zn}$ bedeutet:
$$q_{lz}(nm)(M_{zn} - M_{zm}) = 0. \tag{5}$$

Man sieht: Bei einem Quantensprung, bei dem sich das Drehmoment M_z ändert, liegt die „Schwingungsebene" der erzeugten „Kugelwelle" senkrecht zur z-Achse. Weiter wird

$$\left. \begin{array}{l} q_{lx}M_z - M_z q_{lx} = -\varepsilon q_{ly}, \\ q_{ly}M_z - M_z q_{ly} = \varepsilon q_{lx}, \end{array} \right\} \tag{6}$$

also
$$\left. \begin{array}{l} q_{lx}(nm)(M_{zn} - M_{zm}) = -\varepsilon q_{ly}(nm), \\ q_{ly}(nm)(M_{zn} - M_{zm}) = \varepsilon q_{lx}(nm). \end{array} \right\} \tag{7}$$

Bei Sprüngen ohne Änderung von M_z ist das ausgestrahlte Licht parallel der z-Achse linear polarisiert. Aus (7), Kap. 4, folgt weiter

$$\left\{(M_{zn} - M_{zm})^2 - \frac{h^2}{4\pi^2}\right\} q_{l\eta}(nm) = 0; \quad \eta = x, y. \tag{8}$$

Man schließt endlich: Bei jedem Quantensprung ändert sich M_{zn} um 0 oder um $\pm \dfrac{h}{2\pi}$. Das im letzteren Falle ausgestrahlte Licht ist nach (7), Kap. 4, zirkular polarisiert. Nach dem obigen Ergebnis betreffs der möglichen Änderungen von M_z kann M_{zn} dargestellt werden in der Form

$$M_{zn} = \frac{h}{2\pi}(n_1 + C), \quad n_1 = \cdots -2, -1, 0, 1, 2 \cdots \tag{9}$$

Gäbe es Zustände, deren Drehmoment nicht in diese Reihe paßt, so könnten zwischen diesen und den in (9), Kap. 4, gegebenen keine Übergänge und keinerlei Wechselwirkung eintreten. Man kann (9), Kap. 4, zum Anlaß nehmen, um eine Spaltung von n in zwei Komponenten durchzuführen, von denen die eine die in (9), Kap. 4, eingeführte Zahl n_1 ist, während die andere n_2 die verschiedenen n mit gleichem n_1 abzählt. Unsere Matrizen werden dann vierdimensional, und die gewonnenen Ergebnisse bezüglich der Elektronenbewegungen lassen sich so zusammenfassen:

$$q_{lz}(nm) = \delta_{n_1, m_1} q_{lz}(nm); \tag{10}$$

$$\left.\begin{array}{l} q_{lx}(nm) = \delta_{1, |n_1 - m_1|} q_{lx}(nm), \\ q_{ly}(nm) = \delta_{1, |n_1 - m_1|} q_{ly}(nm); \end{array}\right\} \tag{10'}$$

$$q_{lx}(n_1, n_2; n_1 \pm 1, m_2) \mp i q_{ly}(n_1, n_2; n_1 \pm 1, m_2) = 0. \tag{10''}$$

Aus (4), Kap. 4, und (6), Kap. 4, folgt ferner, wenn $\mathbf{q}_l^2 = q_l^2 = q_{lx}^2 + q_{ly}^2 + q_{lz}^2$ gesetzt wird:

$$\mathbf{q}_l^2 M_z - M_z \mathbf{q}_l^2 = 0. \tag{11}$$

Diese Beziehung bedeutet, daß $\mathbf{q}_l^2$ in bezug auf die „Quantenzahl" n_1 eine Diagonalmatrix ist.

Die Relationen (4) bis (7), Kap. 4, und (10), (11), Kap. 4, sind auch dann richtig, wenn wir für q_{lx}, q_{ly}, q_{lz} einsetzen:

$$p_{lx}, p_{ly}, p_{lz} \quad \text{oder auch} \quad M_x, M_y, M_z.$$

Also gilt insbesondere

$$\left.\begin{array}{l} M_x(nm) = \delta_{1, |n_1 - m_1|} M_x(nm); \quad M_y(nm) = \delta_{1, |n_1 - m_1|} M_y(nm), \\ M_x(n_1, n_2; n_1 \pm 1, m_2) \mp i M_y(n_1, n_2; n_1 \pm 1, m_2) = 0. \end{array}\right\} \tag{12}$$

Ferner ist [vgl. Gleichung (1), Kap. 4] $\mathfrak{M}^2 = M^2 = M_x^2 + M_y^2 + M_z^2$ in bezug auf n_1 eine Diagonalmatrix; denn es gilt

$$M^2 M_z - M_z M^2 = 0. \qquad (13)$$

Für ein System, in welchem alle drei Flächensätze gelten, können die konstanten Komponenten von $\mathfrak{M}$ gewiß nicht sämtlich Diagonalmatrizen sein. Denn sonst wären auf jede dieser Komponenten die oben für $M_z =$ Diagonalmatrix ausgeführten Betrachtungen anzuwenden, was zu Widersprüchen führen würde. Ein solches System ist also notwendig entartet.

Wir wollen nun ein System $H = H_0 + \lambda H_1 + \cdots$ von folgender Art betrachten: Für $\lambda = 0$ sollen alle drei Flächensätze gelten. Für $\lambda \neq 0$ soll das System nichtentartet sein; dabei soll die Konstanz von M_z bestehen bleiben. Die Energie H_0 hängt nicht von n_1 ab. Die Ergebnisse, die bei dieser Untersuchung für $\lambda \neq 0$ gewonnen werden, können zum Teil auch auf das entartete System H_0 übertragen werden, nämlich soweit, als sie unabhängig sind erstens von λ und zweitens von der ausgezeichneten Richtung z.

Die vorausgesetzte Entartung des Systems für $\lambda = 0$ wird dadurch ausgedrückt, daß $\dot{M}_x, \dot{M}_y, \dfrac{d}{dt}(M^2)$ keine Glieder mit der nullten Potenz von λ enthalten. Es wird also

$$\left.\begin{array}{l} \nu_0(nm) M_\eta(nm) = 0, \quad \eta = x, y; \\ \nu_0(nm) M^2(nm) = 0. \end{array}\right\} \qquad (14)$$

Da W_0 von der früher eingeführten Quantenzahl n_1 unabhängig ist, also $\nu_0(n_1, n_2; m_1, n_2) = 0$, während stets $\nu_0(n_1, n_2; m_1, m_2) \neq 0$ für $n_2 \neq m_2$ ist, so folgt aus (14), Kap. 4:

$$\left.\begin{array}{l} M_\eta^0(nm) = \delta_{n_2 m_2} M_\eta^0(nm), \\ M^{0^2}(nm) = \delta_{n_2 m_2} M^{0^2}(nm). \end{array}\right\} \qquad (15)$$

Das Quadrat des Gesamtimpulses M^{0^2} ist wegen (13), (15), Kap. 4, eine Diagonalmatrix. Die Doppelsumme, welche ein Element der Matrix M_x^0, M_y^0 darstellt, zieht sich in eine einfache Summe zusammen:

$$\left.\begin{array}{l} \displaystyle\sum_{k_1 k_2} M_x^0(n_1 n_2; k_1 k_2) M_y^0(k_1 k_2; m_1 m_2) \\ = \delta_{n_2 m_2} \displaystyle\sum_{k_1} M_x^0(n_1 n_2; k_1 n_2) M_x^0(k_1 n_2; m_1 n_2), \end{array}\right\} \qquad (16)$$

die wegen der endlichen Anzahl der bei festem n_2 möglichen n_1 (die Glieder von $M^{0^2} = M_x^{0^2} + M_y^{0^2} + M_z^{0^2} \geq M_z^2$ hängen nicht von n_1 ab) nur eine endliche Anzahl von Summanden enthält. Wir können in (3), Kap. 4, angewandt für M_x^0, M_y^0, M_z^0, jeweils die zu einem bestimmten n_2 gehörigen Gleichungen nach n_1 summieren und erhalten bei festem n_2[1]):

$$\sum_{n_1} M_z(n_1 n_2; m_1 n_2) = \sum_{n_1} (n_1 + C) \frac{h}{2\pi} = 0. \quad (17)$$

Wenn wir noch beachten, daß nach (12), Kap. 4, und (16), Kap. 4, die Summe (17), Kap. 4, für jede einzelne lückenlose Reihe der n_1 verschwindet, so folgt, daß die bei festem n_2 möglichen Werte von $n_1 + C$ eine lückenlose Reihe bilden und symmetrisch zu Null liegen, also notwendig entweder ganze Zahlen oder „halbe Zahlen", d. h. Zahlen der Reihe $\cdots -\frac{3}{2}, -\frac{1}{2}, \frac{1}{2}, \frac{3}{2}, \cdots$ sein müssen. Führen wir nachträglich für das Moment M_z um die z-Achse statt $(n_1 + C)\frac{h}{2\pi}$ die bisher in der Literatur übliche Bezeichnung $m\frac{h}{2\pi}$ ein, so haben wir also gezeigt, daß für m die Auswahlregel $m \rightarrow \begin{cases} m+1 \\ m \\ m-1 \end{cases}$ gilt, und daß m entweder „ganz"- oder „halbzahlig" ist.

Unser Ergebnis zeigt ferner, daß Verbote einzelner Zustände, wie sie z. B. in der bisherigen Theorie des Wasserstoffs notwendig waren, um Zusammenstöße des Elektrons mit dem Kerne zu verhüten, in der hier versuchten Theorie keinen Platz haben.

Wir werden nun über (5), Kap. 4, und (8), Kap. 4, hinausgehend auch das Auswahlprinzip für die „Quantenzahl des Gesamtimpulses", ferner die Intensitäten beim Zeemaneffekt aus den Grundgleichungen unserer Theorie herzuleiten suchen.

Erinnern wir uns an die klassische Theorie dieser Auswahlregeln: Es ist dort nur nötig, ein Koordinatensystem einzuführen, dessen Z-Achse mit der Richtung des Gesamtimpulses zusammenfällt, dann werden für die neuen Koordinaten dieselben Resultate hinsichtlich $\mathfrak{M}$ abgeleitet werden können, wie vorher für M_z. Konstruieren wir uns also klassisch ein solches Koordinatensystem x', y', z': Es wird jedenfalls gelten müssen:

$$z' = x \frac{M_x}{M} + y \frac{M_y}{M} + z \frac{M_z}{M},$$

damit die z'-Achse die Richtung des Gesamtimpulses habe. (Den Index ^{0} bei den Impulsen und Koordinaten werden wir im folgenden der Einfach-

---

[1]) Auf die Tatsache, daß bei endlicher Diagonalsumme $D(ab)$ stets $D(ab) = D(ba)$ ist, wurde schon in I. aufmerksam gemacht.

heit halber wieder weglassen; es beziehen sich die Rechnungen stets auf den Grenzfall $\lambda = 0$.) Ferner können wir es so einrichten, daß die x'-Achse in der x, y-Ebene liegt. Dadurch ist dann alles festgelegt und es gilt:

$$x' = y \frac{M_y}{\sqrt{M_x^2 + M_y^2}} - x \frac{M_y}{\sqrt{M_x^2 + M_y^2}},$$

$$y' = \frac{z(M_x^2 + M_y^2) - x M_z M_x - y M_z M_y}{M \sqrt{M_x^2 + M_y^2}}.$$

Versuchen wir nun ein analoges Verfahren in der Quantenmechanik. Wir führen die drei Größen ein:

$$\left. \begin{array}{l} Z_l = q_{lx} M_x + q_{ly} M_y + q_{lz} M_z, \\ X_l = q_{ly} M_x - M_y q_{lx}, \\ Y_l = M_x q_{lz} M_x + M_y q_{lz} M_y - q_{lx} M_z M_x - M_y M_z q_{ly}. \end{array} \right\} \quad (18)$$

Zur Ableitung der gesuchten Auswahlregeln brauchen wir noch einige Vertauschungsrelationen, die sich aus (4), Kap. (4), und (6), Kap. 4, ergeben $\left(\varepsilon = \frac{h}{2\pi i} \right)$:

$$q_{lx} M^2 - M^2 q_{lx} = 2\varepsilon (q_{lz} M_y - M_z q_{ly}) \quad (19)$$

und die durch zyklische Vertauschung hieraus hervorgehenden Gleichungen für q_{ly}, q_{lz}. Dann folgt[1]) aus (3), (4), (6) und (19), Kap. 4:

$$\left. \begin{array}{l} X_l M^2 - M^2 X_l = 2\varepsilon Y_l, \\ Y_l M^2 - M^2 Y_l = \varepsilon (X_l M^2 + M^2 X_l), \\ Z_l M^2 - M^2 Z_l = 0. \end{array} \right\} \quad (20)$$

---

[1]) Die erste und dritte Formel von (20), Kap. 4, ergibt sich aus ganz einfacher Rechnung. Die zweite Gleichung (20), Kap. 4, kann etwa folgendermaßen abgeleitet werden. Nach (18), Kap. 4, gilt:

$$Y_l = M_x q_{lz} M_x + M_y q_{ly} M_y - q_{lx} M_z M_x - M_y M_z q_{ly},$$

und wegen (6), Kap. 4:

$$Y_l = q_{lz} (M_x^2 + M_y^2) - \varepsilon q_{ly} M_x + \varepsilon M_y q_{lx} + \varepsilon^2 q_{lz}$$
$$\quad - q_{lx} M_z M_x - M_y M_z q_{ly}$$
$$= q_{lz}(M^2 - M_z^2) - \varepsilon \cdot X_l + \varepsilon^2 q_{lz} - q_{lx} M_z M_x - M_y M_z q_{ly}.$$

Bei der Berechnung von $Y_l M^2 - M^2 Y_l$ ist jetzt zu beachten, daß M^2 mit M_x, M_y, M_z vertauschbar ist. Es folgt daher für den zweiten Teil der oben angeschriebenen Formel für Y_l:

$$(q_{lx} M_z M_x + M_y M_z q_{ly}) M^2 - M^2 (q_{lx} M_z M_x + M_y M_z q_{ly}) = \text{(vgl. 19, Kap. 4)}$$
$$= 2\varepsilon (q_{lz} M_y M_z M_x - M_z q_{ly} M_z M_x + M_y M_z q_{lx} M_z - M_y M_z M_x q_{lz}).$$

Ferner folgt aus den Vertauschungsrelationen, wenn man beachtet, daß nach (19, Kap. 4) $q_{lz} M^2 - M^2 q_{lz} = 2\varepsilon X_l$ ist:

$$q_{lz} M_y M_z M_x - M_y M_z M_x q_{lz} = \varepsilon (M_y M_z q_{ly} - q_{lx} M_z M_x),$$
$$M_y M_z q_{lx} M_z - M_z q_{ly} M_z M_x = -X_l \cdot M_z^2 - \varepsilon (M_z q_{ly} M_y - q_{lx} M_x M_z),$$

Diese Gleichungen sind ganz analog zu den für die Auswahlregeln von M_z maßgebenden Relationen (4) und (6), Kap. 4; da wir weiter unten zeigen werden, daß sich die q_{lx}, q_{ly}, q_{lz} wirklich als lineare Funktionen mit für $\lambda = 0$ zeitlich konstanten Koeffizienten der X_l, Y_l, Z_l ausdrücken lassen, so können wir aus (20), Kap. 4, direkt die Auswahlregeln für M bestimmen. Da M^2 eine Diagonalmatrix ist, so folgt aus (20), Kap. 4:

$$\left. \begin{aligned} X_l(nm)(M_m^2 - M_n^2) &= -2\varepsilon Y_l(nm), \\ Y_l(nm)(M_m^2 - M_n^2) &= \varepsilon X_l(nm)(M_m^2 + M_n^2), \\ Z_l(nm)(M_m^2 - M_n^2) &= 0. \end{aligned} \right\} \quad (21)$$

Die letzte der Gleichungen (21), Kap. 4, sagt aus, daß in Z keine Schwingungen vorkommen, die einer Änderung von M^2 entsprechen. Aus den beiden ersten Gleichungen folgt

$$X_l(nm)\left\{(M_m^2 - M_n^2)^2 - \frac{h^2}{2\pi^2}(M_m^2 + M_n^2)\right\} = 0. \quad (22)$$

Setzen wir nun $M_m^2 = \left(\frac{h}{2\pi}\right)^2 (a_m^2 - \frac{1}{4})$ (wo a_m irgend eine Funktion der Quantenzahlen bedeutet), so ergibt (22), Kap. 4,

$$X_l(nm)((a_n - a_m)^2 - 1)((a_n + a_m)^2 - 1) = 0,$$

oder, wenn $X_l(nm)$ nicht verschwindet,

$$a_n = \pm a_m \pm 1. \quad (23)$$

Es bedeutet keine Beschränkung der Allgemeinheit, wenn wir a_m stets als positiv $\geq \frac{1}{2}$ annehmen. Die a_m bilden also eine Reihe der Form $C, 1+C, 2+C, \ldots$, wo C eine Konstante $\geq \frac{1}{2}$ vorstellt. Setzen wir $a_m = j + \frac{1}{2}$, so wird

$$M^2 = j(j+1) \cdot \left(\frac{h}{2\pi}\right)^2 \quad (24)$$

und für j gilt das Auswahlprinzip $j \to \begin{cases} j+1 \\ j \\ j-1 \end{cases}$.

Dieses Ergebnis erinnert formal an die in die Landésche g-Formel eingehenden Werte von M^2.

---

und schließlich ergibt sich die gesuchte Formel (20), Kap. 4:

$$\begin{aligned} Y_l M^2 - M^2 Y_l &= 2\varepsilon X_l(M^2 - M_z^2 + \varepsilon^2) - \varepsilon(X_l M^2 - M^2 X_l) + 2\varepsilon X_l M_z^2 \\ &\quad - 2\varepsilon^2(q_{lx} M_x M_z - q_{lx} M_z M_x + M_y M_z q_{ly} - M_z M_y q_{ly}) \\ &= 2\varepsilon X_l(M^2 - M_z^2 + \varepsilon^2) - \varepsilon(X_l M^2 - M^2 X_l) + 2\varepsilon X_l M_z^2 - 2\varepsilon^3 X_l \\ &= \varepsilon(X_l M^2 + M^2 X_l). \end{aligned}$$

Führen wir nun wieder für M_z die Bezeichnung $m\dfrac{h}{2\pi}$ ein, so entnehmen wir aus (12), Kap. 4, und den Relationen:

$$M^2 = M_x^2 + M_y^2 + M_z^2 \text{ und}$$
$$(M_x + iM_y)(M_x - iM_y) = M_x^2 + M_y^2 - i\varepsilon M_z = M^2 - M_z^2 - i\varepsilon M_z:$$

$$\left.\begin{aligned}M_x(j, m-1; j, m) + iM_y(j, m-1; j, m) &= \frac{h}{2\pi}\sqrt{j(j+1) - m(m-1)}, \\ M_x(j, m; j, m-1) - iM_y(j, m; j, m-1) &= \frac{h}{2\pi}\sqrt{j(j+1) - m(m-1)}.\end{aligned}\right\} \quad (25)$$

Der Maximalwert $m_{\max}$ von m bei einem gegebenen Werte von j ist dadurch charakterisiert, daß die Sprünge $m_{\max} \to m_{\max} + 1$ nicht vorkommen, d. h. daß für diese Sprünge z. B. die rechte Seite von (24), Kap. 4, verschwindet. Dies ergibt

$$j = m_{\max}.$$

Also kann auch j nur „halb-" oder „ganzzahlig" sein.

Die Berechnung der Intensitätsformeln beim Zeemaneffekt, d. h. der Abhängigkeit q_{lx}, q_{ly}, q_{lz} von m erscheint jetzt sehr einfach. Wir entnehmen aus (18), Kap. 4, durch Auflösen nach q_{lx}, q_{ly}, q_{lz} die Relationen

$$\left.\begin{aligned}q_{lz} &= (Z_l M_z + \varepsilon X_l + Y_l) M^{-2}, \\ q_{lx} + iq_{ly} &= [Z_l - q_{lz}(M_z + i\varepsilon) + iX_l](M_x - iM_y)^{-1}, \\ q_{lx} - iq_{ly} &= [Z_l - q_{lz}(M_z - i\varepsilon) - iX_l](M_x + iM_y)^{-1}.\end{aligned}\right\} \quad (26)$$

Diese Gleichungen erbringen auch den früher versäumten Beweis, daß die q_{lx}, q_{ly}, q_{lz} dargestellt werden können als lineare Funktionen der X_l, Y_l, Z_l mit für $\lambda = 0$ zeitlich konstanten Koeffizienten. Zugleich enthalten die Gleichungen (26), Kap. 4, die gesuchten Intensitätsformeln. Um dies einzusehen, bemerken wir zunächst, daß die X_l, Y_l, Z_l in bezug auf m Diagonalmatrizen sind. Denn es gilt:

$$\left.\begin{aligned}X_l M_z - M_z X_l &= 0, \\ Y_l M_z - M_z Y_l &= 0, \\ Z_l M_z - M_z Z_l &= 0.\end{aligned}\right\} \quad (27)$$

Jetzt zerfällt unser Problem in zwei Teile, in die Diskussion der Intensitäten bei den Sprüngen $j \to j$ und $j \to j-1$ (die Sprünge $j \to j+1$ geben dann nichts Neues). Wir behandeln zunächst die Übergänge $j \to j$. Für diese sind nach (20), Kap. 4, nur Glieder in Z_l

vorhanden. Wir nennen diese Glieder $Z_l(j; m)$. Dann ergibt (26), Kap. 4, unter Berücksichtigung von $M_z = m \dfrac{h}{2\pi}$ und (24), Kap. 4:

$$\left.\begin{aligned}
q_{lz}(j, m) &= \frac{2\pi}{h} Z_l(j, m) \frac{m}{j(j+1)}, \\
(q_{lx}+i q_{ly})(j, m-1; j, m) &= \frac{2\pi}{h} Z_l(j, m-1) \sqrt{\frac{j(j+1)-m(m-1)}{j(j+1)}}, \\
(q_{lx}-i q_{ly})(j, m; j, m-1) &= \frac{2\pi}{h} Z_l(j, m) \sqrt{\frac{j(j+1)-m(m-1)}{j(j+1)}}.
\end{aligned}\right\} \quad (28)$$

Um schließlich noch die Abhängigkeit der Größe $Z_l(j, m)$ von m zu erhalten, benutzen wir etwa die Relation

$$M_x q_{ly} - q_{ly} M_x = \varepsilon q_{lz}; \qquad (29)$$

sie ergibt in unserem Falle, daß $Z_l(j, m)$ nicht von m abhängt. Wir erhalten so für die Übergänge $j \to j$:

$$\left.\begin{aligned}
& q_{lz}(j, m) : (q_{lx}+i q_{ly})(j, m-1; j, m) : (q_{lx}-i q_{ly})(j, m; j, m-1) \\
& = m : \sqrt{j(j+1)-m(m-1)} : \sqrt{j(j+1)-m(m-1)}.
\end{aligned}\right\} \quad (30)$$

Analog behandeln wir die Sprünge $j \to j-1$. Für diese ist nach (21), Kap. 4, $X_l(j, m; j-1, m) = \dfrac{\varepsilon}{j} Y_l(j, m; j-1, m)$. Drücken wir aus (26), Kap. 4, die Intensitäten durch $X_l(j, m; j-1, m)$ aus, so ergibt sich:

$$\left.\begin{aligned}
q_{lz}(j, m; j-1, m) &= i\frac{2\pi}{h} X_l(j, m; j-1, m) \frac{1}{j}, \\
(q_{lx}+i q_{ly})(j, m-1; j-1, m) \\
&= i\frac{2\pi}{h} X_l(j, m-1; j-1, m-1) \frac{\sqrt{j-m}}{j\sqrt{j+m-1}}, \\
(q_{lx}-i q_{ly})(j, m; j-1, m-1) \\
&= -i\frac{2\pi}{h} X_l(j, m; j-1, m) \frac{\sqrt{j+m-1}}{j\sqrt{j-m}}.
\end{aligned}\right\} \quad (31)$$

Um schließlich noch die Abhängigkeit der Größe $X_l(j, m; j-1, m)$ von m festzulegen, benutzen wir wieder die Relation (29), Kap. 4, die uns hier nach einfacher Rechnung ergibt:

$$X_l(j, m; j-1, m) = A(j, j-1) \sqrt{j^2 - m^2}. \qquad (32)$$

Wir erhalten so

$$\left.\begin{aligned}
& q_{lz}(j, m; j-1, m) : (q_{lx}+i q_{ly})(j, m-1; j-1, m) \\
& : (q_{lx}-i q_{ly})(j, m; j-1, m-1) = \sqrt{j^2-m^2} : \sqrt{(j-m)(j-m+1)} \\
& \qquad : -\sqrt{(j+m)(j+m-1)}.
\end{aligned}\right\} \quad (33)$$

Die Sprünge $j \to j+1$ geben im wesentlichen dieselben Intensitäten; es gilt dann:

$$\left.\begin{array}{l} q_{lz}(j, m; j+1, m) : (q_{lx} + i q_{ly})(j, m; j+1, m+1) \\ : (q_{lx} - i q_{ly})(j, m+1; j+1, m) = \sqrt{(j+1)^2 - m^2} \\ : \sqrt{(j+m+2)(j+m+1)} : -\sqrt{(j-m+1)(j-m)}. \end{array}\right\} \quad (34)$$

Die Formeln (30), (33), (34), Kap. 4, stimmen mit den auf korrespondenzmäßigem Wege gefundenen Intensitätsformeln[1]) überein.

Auf eine einfache Folgerung aus (21), Kap. 4, müssen wir noch hinweisen: Die Sprünge $\Delta j = 0$ kommen nur in der „Z_f-Richtung" vor. Wenn wir die Bewegung eines einzigen Elektrons um einen Kern, also den Fall des Wasserstoffatoms betrachten, so folgt direkt aus (1), Kap. 4, daß Z verschwindet. Also kommen dann Sprünge $\Delta j = 0$ überhaupt nicht vor.

§ 2. **Der Zeemaneffekt.** Wenn man die Lorentzsche Kraft eines Magnetfeldes $\mathfrak{H}$ auf das Elektron $e/c\,[\mathfrak{v}\,\mathfrak{H}]$ in die Quantenmechanik übernimmt, so scheint es zunächst selbstverständlich, daß sich für die Atome der normale Zeemaneffekt ergibt. Denn genau unter denselben Voraussetzungen, unter denen klassisch das Larmorsche Theorem für das Kernatom abgeleitet werden kann — nämlich Vernachlässigung der Glieder mit $\mathfrak{H}^2$ —, ergibt sich auch hier das Larmorsche Theorem. Trotzdem besteht ein gewisser Unterschied zwischen der Quantenmechanik und der klassischen Theorie in der Berechtigung der Vernachlässigung von $\mathfrak{H}^2$. In der klassischen Theorie ist die Vernachlässigung von $\mathfrak{H}^2$ sicher für die Bahnen kleiner Dimensionen erlaubt, sicher nicht erlaubt für sehr große Bahnen oder gar Hyperbelbahnen. In der Quantenmechanik sind alle diese Bahnen — die weit außen liegenden, wie die innersten — wegen der der Quantenmechanik eigentümlichen Kinematik so eng miteinander verknüpft, daß die Berechtigung zur Vernachlässigung der Größe $\mathfrak{H}^2$ nicht ohne weiteres einleuchtet. Sind doch selbst vom Normalzustand aus die Wahrscheinlichkeiten von Übergängen zu freien Elektronen beträchtlich.

Für den Oszillator sind wir also des normalen Zeemaneffekts sicher; für das Kernatom dagegen scheint es nicht völlig ausgeschlossen, daß der enge Zusammenhang der weit außen und weit innen liegenden Bahnen zu Ergebnissen führt, die etwas vom normalen Zeemaneffekt abweichen. Wir

---

[1]) S. Goudsmit und R. de L. Kronig, Naturwiss. **13**. 90, 1925; H. Hönl, ZS. f. Phys. **32**, 340, 1925.

müssen aber hervorheben, daß eine Reihe gewichtiger Gründe gegen die Möglichkeit einer Deutung der anomalen Zeemaneffekte auf dieser Grundlage sprechen. Vielmehr wird man vielleicht hoffen dürfen, daß die Uhlenbeck-Goudsmitsche Hypothese (vgl. S. 560) später eine quantitative Beschreibung der genannten Phänomene gestattet.

§ 3. Gekoppelte harmonische Resonatoren. Statistik der Wellenfelder. Ein System gekoppelter harmonischer Oszillatoren, gegeben durch

$$H = \tfrac{1}{2} \sum_{k=1}^{f} \frac{p_k^2}{m_k} + Q(q), \qquad (35)$$

mit einer quadratischen Form $Q(q)$ der Koordinaten (mit Zahlen als Koeffizienten) stellt das denkbar einfachste System von mehreren Freiheitsgraden dar. Wie in Kap. 2, § 1, festgestellt wurde, bleiben die Vertauschungsregeln invariant bei gleichzeitiger orthogonaler Transformation der Koordinaten und Impulse. Es kann deshalb das System (35), Kap. 4, wie in der klassischen Theorie in ein System ungekoppelter Oszillatoren übergeführt werden. Insbesondere sind die Schwingungen eines Kristallgitters wie in der klassischen Theorie nach Eigenschwingungen zu zerlegen. Jede einzelne Eigenschwingung ist in der früher ausführlich erörterten Weise als einfacher linearer Oszillator zu behandeln, und die Zusammenfassung sämtlicher ungekoppelter Oszillatoren zu einem einzigen System hat in der in Kap. 2, § 1, erläuterten Weise zu geschehen. Dasselbe wird auch dann gelten, wenn wir zum Grenzfall eines Systems von unendlich vielen Freiheitsgraden übergehen und etwa die Schwingungen eines zum Kontinuum idealisierten elastischen Körpers oder endlich eines elektromagnetischen Hohlraums betrachten.

Auch in der bisherigen Quantentheorie sind die Schwingungen eines elektromagnetischen Hohlraums oft Gegenstand eingehender Untersuchungen gewesen. Denn einerseits handelt es sich hier eben um das denkbar einfachste, nach den bisherigen Methoden zu behandelnde Problem des harmonischen Oszillators, andererseits weist das bekannte Ergebnis, daß die Energie einer Eigenschwingung ein ganzzahliges Vielfaches von $h\nu$ sein sollte, eine formale Ähnlichkeit mit den Ansätzen der Lichtquantentheorie auf, und man hoffte deshalb durch die Behandlung der Hohlraumstrahlung Einblick in das Wesen der Lichtquanten zu bekommen. Allerdings ist es von vornherein klar, daß der eben geschilderte Angriff auf das Problem der Lichtquanten von der wesentlichsten Seite dieses Problems, nämlich von dem Phänomen der Kopplung entfernter Atome keineswegs Rechenschaft geben kann. Denn dieses Problem geht überhaupt nicht in unsere Fragestellung nach den Schwingungen eines Hohlraums ein. Trotzdem kann zwischen den Eigenschwingungen des Hohlraums und den einmal postulierten Lichtquanten eine so enge Zuordnung durchgeführt werden, daß jeder Statistik der Eigenschwingungen des Hohlraums auch eine bestimmte Statistik der Lichtquanten entspricht und umgekehrt.

Debye[1]) hat versucht, durch eine Verteilung individueller Lichtquanten auf die Eigenschwingungen des Hohlraums eine solche Statistik zu geben, und es gelang ihm, auf diese Weise die Plancksche Formel abzuleiten. Uns scheint jedoch eine solche Mischung wellentheoretischer und lichtquantenmäßiger Begriffe kaum dem Wesen des Problems zu entsprechen. Vielmehr glauben wir, daß es konsequent sei, die wellentheoretische Seite des Problems ganz von der Lichtquantentheorie zu trennen, also die wellentheoretische Statistik der Hohlraumstrahlung durchaus nach den allgemeinen, z. B. für quantentheoretische Atomsysteme geltenden statistischen Gesetzen zu behandeln. Die zugeordnete Lichtquantenstatistik ist dann, wie wir zeigen werden, die Bosesche Statistik[2]); dieses Ergebnis scheint nicht unnatürlich, da diese Statistik hier nichts mit der Annahme unabhängiger Lichtkorpuskeln zu tun hat, sondern als Übertragung der Statistik der Eigenschwingungen aufzufassen ist — was nur zeigt, daß eben die Annahme statistisch unabhängiger Lichtkorpuskeln nicht das Richtige treffen würde.

Für jede derartige Behandlung der Hohlraumstrahlung in der bisherigen Quantentheorie ergab sich aber die grundsätzliche Schwierigkeit, daß sie zwar zum Planckschen Strahlungsgesetz, nicht aber zum richtigen Mittelwert des Schwankungsquadrates der Energie in einem Teilvolumen führte. Es zeigt sich also, daß eine konsequente Behandlung der Eigenschwingungen eines mechanischen Systems oder eines elektromagnetischen Hohlraums nach der bisherigen Theorie zu den schwersten Widersprüchen führt. Wir hatten deshalb die Hoffnung, daß die veränderte Kinematik, die der hier versuchten Theorie zugrunde liegt, den richtigen Wert für die Interferenzschwankungen liefert, so daß die genannten Widersprüche fortfallen und sich eine konsequente Statistik der Hohlraumstrahlung als möglich erweist.

Die Zustände des Oszillatorensystems können gekennzeichnet werden durch „Quantenzahlen" $n_1, n_2, n_3, \ldots$ der einzelnen Oszillatoren, so daß

---

[1]) P. Debye, Ann. d. Phys. **33**, 1427, 1910. Vgl. auch P. Ehrenfest, Phys. ZS. **7**, 528, 1906.

[2]) S. N. Bose, ZS. f. Phys. **26**, 178, 1924.

die Energien der einzelnen Zustände bis auf eine additive Konstante gegeben sind durch
$$E_n = h \cdot \sum_k \nu_k n_k. \qquad (36)$$
Die additive Konstante, die „Nullpunktsenergie", ist gleich
$$C = \tfrac{1}{2} h \sum_k \nu_k \qquad (36')$$
(sie wäre insbesondere im Grenzfall unendlich vieler Freiheitsgrade unendlich groß). Wir wollen die Größe E_n in (2), Kap. 4, weiterhin kurz als thermische Energie bezeichnen. Nach dem in Teil I Gesagten ist jedem der durch ein bestimmtes Wertesystem $n_1, n_2, n_3, \ldots$ gekennzeichneten Zustände des Systems das gleiche statistische Gewicht zuzuschreiben. Die Folgerungen, die sich hieraus ergeben, sind unmittelbar zu übersehen auf Grund der folgenden Bemerkung:

Pflanzen sich in einem s-dimensionalen isotropen Raumstück der Größe $V = l^s$ Wellen fort mit der Phasengeschwindigkeit v, so ist die Anzahl der Eigenschwingungen für den Frequenzbereich $d\nu$ gleich der Anzahl der „Zellen" im Bose-Einsteinschen Sinne für $d\nu$; und zwar gilt das für beliebige s, also auch etwa für schwingende Membranen oder Saiten. Denn wenn von Polarisationseigenschaften usw. abgesehen wird, so bestimmt sich die Anzahl der Eigenschwingungen für $d\nu$ durch Beantwortung der Frage, auf wieviele Weisen ganze positive Zahlen $m_1, \ldots m_s$ so gewählt werden können, daß das aus
$$\frac{2l}{v} \cdot \nu = \sqrt{m_1^2 + \cdots + m_s^2}$$
bestimmte ν in $d\nu$ fällt. Ist $K_s(a)$ das Volumen einer s-dimensionalen Kugel vom Radius a, so gibt es $\dfrac{V}{v^s} K_s(\nu)$ Eigenschwingungen einer Frequenz kleiner als ν. Andererseits ist die Anzahl der Zellen für $d\nu$ so zu bestimmen: Die Impulskomponenten $p_1, \ldots, p_s$ des Quants genügen der Gleichung
$$\frac{h\nu}{v} = \sqrt{p_1^2 + \cdots + p_s^2},$$
und die Größe der Zellen im $2s$-dimensionalen Phasenraum ist h^s. Daraus ersieht man, daß auch die Anzahl der zu Frequenzen kleiner als ν gehörigen Zellen gleich $\dfrac{V}{v^s} K_s(\nu)$ ist.

Es kann also, wie oben erwähnt, eine umkehrbar eindeutige Zuordnung der Zellen zu den Eigenschwingungen derart durchgeführt werden, daß die einzelnen Paare immer zum gleichen $d\nu$ gehören. Dabei kann übrigens diese Zuordnung noch derart durchgeführt werden, daß auch die Richtungen einer Eigenschwingung und der Lichtquanten der zugeordneten Zelle in den gleichen infinitesimalen Winkelbereich fallen. Nach (36), Kap. 4, ist dann die Quantenzahl eines Oszillators der Anzahl der Quanten in der zugehörigen Zelle gleichzusetzen. Jede Statistik der Lichtquanten ergibt eine zugeordnete Statistik der Eigenschwingungen und umgekehrt. Man sieht, daß die oben gemachte Feststellung über die Gewichte der Zustände des Oszillatorensystems durch diese Zuordnung unmittelbar in die Grundannahme der Bose-Einsteinschen Statistik übergeht. Die gleichwahrscheinlichen Komplexionen sind dadurch definiert, daß angegeben wird, wieviele Quanten in jeder Zelle sitzen[1]).

Nach der Debyeschen Statistik ist die Anzahl der mit r Quanten behafteten Oszillatoren (bis auf einen nur von ν abhängigen Faktor) gleich

$$\frac{1}{r} \cdot e^{-r\frac{h\nu}{kT}}, \qquad (37)$$

und das Plancksche Gesetz kommt durch

$$\sum_{r=1}^{\infty} e^{-r\frac{h\nu}{kT}} = \frac{1}{e^{\frac{h\nu}{kT}} - 1}$$

zustande; unbefriedigenderweise gilt übrigens (37), Kap. 4, nur für $r > 0$ und gibt nicht auch die Anzahl der mit Null Quanten behafteten Oszillatoren an. Nach der neuen Auffassung tritt an Stelle von (37), Kap. 4, nach Bose der Ausdruck[2])

$$\left(1 - e^{-\frac{h\nu}{kT}}\right) e^{-r\frac{h\nu}{kT}}, \qquad (38)$$

der in der Sprache der Lichtquantentheorie die Anzahl der „r-fach besetzten Zellen" gibt, und die Plancksche Formel folgt aus

$$\sum_{r=0}^{\infty} r \left(1 - e^{\frac{h\nu}{kT}}\right) e^{-r\frac{h\nu}{kT}} = \frac{1}{e^{\frac{h\nu}{kT}} - 1}.$$

---

[1]) A. Einstein, Sitzungsber. d. Preuß. Akad. d. Wiss. 1925, S. 3. Für die Beurteilung der Einsteinschen Hypothese, daß auch auf das ideale Gas diese Form der Statistik anzuwenden sei, können unsere Betrachtungen natürlich keinen neuen Gesichtspunkt ergeben.

[2]) Natürlich muß dieser Ausdruck auch beispielsweise für die elastischen Wellen in einem Kontinuum angenommen werden, wodurch eine gewisse Abänderung an einer von Schrödinger (Phys. ZS. 25, 89, 1924) gegebenen Betrachtung über das thermische Gleichgewicht zwischen Licht- und Schallstrahlen nötig wird. Diese Abänderung ist leicht auszuführen in Analogie zum Wahrscheinlichkeitsansatz für den Comptoneffekt unter Annahme der Einsteinschen Gastheorie, wie er früher (P. Jordan, ZS. f. Phys. 33, 649, 1925) mitgeteilt wurde.

610   M. Born, W. Heisenberg und P. Jordan,

Die zugeordnete Lichtquantenstatistik zur Debyeschen Schwingungsstatistik wird durch die von Wolfke[1]) und Bothe[2]) entwickelte Theorie dargestellt. Allerdings sprechen diese Verfasser nicht von r-fach besetzten Zellen, sondern bezeichnen (37), Kap. 4, als Anzahl der „r-quantigen Lichtquantenmoleküle".

Die erwähnte Unzulänglichkeit der klassischen Wellentheorie tritt bekanntlich bei der Untersuchung der Energieschwankungen im Strahlungsfeld folgendermaßen zutage. Kommuniziert ein Volumen V mit einem sehr großen Volumen derart, daß die Wellen eines schmalen Bereichs $\nu, \nu + d\nu$ ungehindert von einem ins andere laufen können, während für alle anderen Wellen die Volumina getrennt bleiben, und ist E die Energie der Wellen mit der Frequenz ν in V, so kann das Schwankungsquadrat $\overline{\varDelta^2} = \overline{(E - \overline{E})^2}$ nach Einstein durch eine Umkehrung des Boltzmannschen Prinzips berechnet werden. Ist $z_\nu d\nu$ die auf die Volumeneinheit bezogene Anzahl der Eigenschwingungen (Zellen) für $d\nu$, so daß

$$\overline{E} = \frac{z_\nu h \nu}{e^{\frac{h\nu}{kT}} - 1} \cdot v \qquad (39)$$

gilt, so ergibt sich

$$\overline{\varDelta^2} = h\nu \overline{E} + \frac{\overline{E}^2}{z_\nu V}. \qquad (40)$$

Berechnet man jedoch die Energieschwankungen aus den Interferenzen im Wellenfeld, so ergibt die klassische Theorie, wie Lorentz[3]) ausführlich nachgerechnet hat, nur den zweiten Summanden in (40), Kap. 4. Dieser Widerspruch besteht natürlich ganz allgemein auch für die Wellen etwa in einem Kristallgitter oder einem elastischen Kontinuum. Sein Ursprung ist nach Ehrenfest[4]) darin zu suchen, daß in der Einsteinschen Überlegung Additivität der Entropien von V und dem großen Volumen vorausgesetzt wurde. Diese Additivität der Entropien besteht aber nach der klassischen Theorie der Eigenschwingungen nur im Gültigkeitsbereich des Rayleigh-Jeansschen Gesetzes. Eben das Nichtbestehen statistischer Unabhängigkeit der Teilvolumina im allgemeinen Falle ist ein so unnatürliches Ergebnis der bisherigen Theorie der Hohl-

---

[1]) M. Wolfke, Phys. ZS. **22**, 375, 1921.
[2]) W. Bothe, ZS. f. Phys. **20**, 145, 1923; **28**, 214, 1924.
[3]) H. A. Lorentz, Les Théories Statistiques en Thermodynamique (Leipzig, 1916), S. 59.
[4]) P. Ehrenfest, Vortrag im Göttinger Seminar über Struktur der Materie, Sommer 1925. Der Inhalt dieses Vortrages ist uns bei unseren Überlegungen eine wertvolle Hilfe gewesen. Inzwischen veröffentlicht, ZS. f. Phys. **34**, 362, 1925.

raumstrahlung, daß man auf ein Versagen dieser Theorie schon beim einfachen Problem des harmonischen Oszillators schließen muß.

Wir wollen nun das Schwankungsquadrat $\overline{\varDelta^2}$ aus den Interferenzen gemäß der Quantenmechanik berechnen. Zur Vermeidung rechnerischer Komplikationen, die das Wesen der Sache nicht berühren, beziehen wir uns auf den denkbar einfachsten Fall, nämlich eine eingespannte schwingende Saite. Es können übrigens alle wesentlichen Punkte der Rechnung ohne weiteres auf allgemeinere Fälle übertragen werden. Zunächst werde die klassische Behandlungsweise erläutert.

Die Länge der Saite sei l und $u(x, t)$ die seitliche Auslenkung. Bei Einführung der durch

$$u(x, t) = \sum_{k=1}^{\infty} q_k(t) \sin k \frac{\pi}{l} x, \qquad (41)$$

oder

$$q_k(t) = \frac{2}{l} \int_0^l u(x, t) \sin k \frac{\pi}{l} x \cdot dx \qquad (41')$$

gegebenen Fourierkoeffizienten $q_k(t)$ als Koordinaten geht die Energie der Saite in eine Quadratsumme über. Es wird nämlich bei geeigneter Wahl der Einheiten

$$H = \frac{1}{2} \int_0^l \left\{ \dot{u}^2 + \left(\frac{\partial u}{\partial x}\right)^2 \right\} dx = \frac{l}{4} \sum_{k=1}^{\infty} \left\{ \dot{q}_k(t)^2 + \left(k\frac{\pi}{l}\right)^2 q_k(t)^2 \right\}. \qquad (42)$$

Für die Energie E auf einem Abschnitt $(0, a)$ der Saite erhalten wir allgemeiner

$$E = \frac{1}{2} \int_0^a \sum_{j,k=1}^{\infty} \left\{ \dot{q}_j \dot{q}_k \sin j \frac{\pi}{l} x \sin k \frac{\pi}{l} x \right.$$
$$\left. + q_j q_k j k \left(\frac{\pi}{l}\right)^2 \cos j \frac{\pi}{l} x \cos k \frac{\pi}{l} x \right\} dx. \qquad (43)$$

Nehmen wir in (43), Kap. 4, nur die Glieder mit $j = k$, so erhalten wir unter der ausdrücklichen Voraussetzung, daß alle in Betracht kommenden Wellenlängen klein gegen a seien, gerade den Wert $\frac{a}{l} H$. Man sieht daraus: Die Differenz

$$\varDelta = E - \overline{E},$$

worin der Querstrich die Mittelung über die Phasen φ_k in

$$q_k = a_k \cos(\omega_k t + \varphi_k); \quad \omega_k = k \frac{\pi}{l} \qquad (44)$$

bedeutet, geht aus (43), Kap. 4, hervor, indem die Summanden mit $j = k$ ausgelassen werden. Dieses Phasenmittel ist mit dem Zeitmittel identisch. Man erhält dann durch Ausführung der Integration

$$\Delta = \frac{1}{4} \sum_{\substack{j,k=1 \\ j \neq k}}^{\infty} \left\{ \dot{q}_j \dot{q}_k K_{jk} + jk q_j q_k \left(\frac{\pi}{l}\right)^2 K'_{jk} \right\} \quad (45)$$

mit

$$\left.\begin{aligned} K_{jk} &= \frac{\sin(j-k)\frac{\pi}{l}a}{(j-k)\frac{\pi}{l}} - \frac{\sin(j+k)\frac{\pi}{l}a}{(j+k)\frac{\pi}{l}} \\ &= \frac{\sin(\omega_j - \omega_k)a}{\omega_j - \omega_k} - \frac{\sin(\omega_j + \omega_k)a}{\omega_j + \omega_k}, \\ K'_{jk} &= \frac{\sin(j-k)\frac{\pi}{l}a}{(j-k)\frac{\pi}{l}} + \frac{\sin(j+k)\frac{\pi}{l}a}{(j+k)\frac{\pi}{l}} \\ &= \frac{\sin(\omega_j - \omega_k)a}{\omega_j - \omega_k} + \frac{\sin(\omega_j + \omega_k)a}{\omega_j + \omega_k}. \end{aligned}\right\} \quad (45')$$

Das Quadrat $\overline{\Delta^2}$ soll in Rücksicht auf die spätere quantenmechanische Rechnung ausführlich angeschrieben werden. Es ist

$$\Delta^2 = (\Delta_1 + \Delta_2)^2 = \Delta_1^2 + \Delta_2^2 + \Delta_1 \Delta_2 + \Delta_2 \Delta_1 \quad (46)$$

mit

$$\begin{aligned} \Delta_1^2 + \Delta_2^2 = \frac{1}{16} \sum_{\substack{j,k=1 \\ j \neq k}}^{\infty} \sum_{\substack{\iota, \varkappa=1 \\ \iota \neq \varkappa}}^{\infty} \Big\{ & \dot{q}_j \dot{q}_k \dot{q}_\iota \dot{q}_\varkappa K_{jk} K_{\iota\varkappa} \\ &+ jk\iota\varkappa \left(\frac{\pi}{l}\right)^4 q_j q_k q_\iota q_\varkappa K'_{jk} K'_{\iota\varkappa} \Big\}; \end{aligned} \quad (46')$$

$$\begin{aligned} \Delta_1 \Delta_2 + \Delta_2 \Delta_1 = \frac{1}{16} \sum_{\substack{j,k=1 \\ j \neq k}}^{\infty} \sum_{\substack{\iota, \varkappa=1 \\ \iota \neq \varkappa}}^{\infty} \left(\frac{\pi}{l}\right)^2 \Big\{ & jk q_j q_k \dot{q}_\iota \dot{q}_\varkappa K'_{jk} K_{\iota\varkappa} \\ &+ \iota\varkappa \dot{q}_j \dot{q}_k q_\iota q_\varkappa K_{jk} K'_{\iota\varkappa} \Big\}. \end{aligned} \quad (46'')$$

Aus (44), Kap. 4, folgt $\overline{\Delta_1 \Delta_2 + \Delta_2 \Delta_1} = 0$ und

$$\overline{\Delta^2} = \overline{\Delta_1^2} + \overline{\Delta_2^2} = \frac{1}{8} \sum_{j,k=1}^{\infty} \left\{ \overline{\dot{q}_j^2} \, \overline{\dot{q}_k^2} K_{jk}^2 + j^2 k^2 \left(\frac{\pi}{l}\right)^4 \overline{q_j^2} \, \overline{q_k^2} K'^2_{jk} \right\}. \quad (47)$$

Lassen wir nun die Seitenlänge l sehr groß werden, so rücken die ω_k nach (44), Kap. 4, immer enger zusammen, so daß die Summe (47) in ein Integral übergeht:

$$\overline{\Delta^2} = \overline{\Delta_1^2} + \overline{\Delta_2^2} = \frac{1}{8} \int_0^\infty \int_0^\infty d\omega_j\, d\omega_k \frac{l^2}{\pi^2} \left\{ \overline{\dot{q}_j^2} \, \overline{\dot{q}_k^2} K_{jk}^2 + j^2 k^2 \left(\frac{\pi}{l}\right)^4 \overline{q_j^2} \, \overline{q_k^2} K'^2_{jk} \right\}. \quad (47')$$

Endlich nehmen wir auch das „Volum" a als sehr groß an und machen Gebrauch von der Beziehung

$$\lim_{a \to \infty} \frac{1}{a} \int_{-\Omega}^{\Omega'} \frac{\sin^2 \omega \alpha}{\omega^2} f(\omega)\, d\omega = \pi f(0) \quad \text{für} \quad \Omega, \Omega' > 0. \tag{48}$$

Man sieht dann, daß nur die ersten Summanden $\dfrac{\sin(\omega_j - \omega_k)a}{\omega_j - \omega_k}$ in (45) einen in Betracht kommenden Beitrag liefern; und zwar ergibt sich in (47'):

$$\overline{\varDelta^2} = \frac{a\,l}{8\,\pi} \int_0^\infty d\omega \,\{(\overline{\dot{q}_\omega^2})^2 + (\omega^2 \overline{q_\omega^2})^2\}. \tag{49}$$

Andererseits wird die mittlere Energie im Volumen a nach (42), Kap. 4, gleich

$$\overline{E} = \frac{a}{l} \cdot \frac{l}{4} \cdot \int_0^\infty d\omega\, \frac{l}{\pi} \cdot \{\overline{\dot{q}_\omega^2} + \omega^2 \overline{q_\omega^2}\} = \frac{a\,l}{4\,\pi} \int_0^\infty d\omega\, \{\overline{\dot{q}_\omega^2} + \omega^2 \overline{q_\omega^2}\}. \tag{50}$$

Dabei gilt

$$\overline{\dot{q}_\omega^2} = \omega^2 \overline{q_\omega^2}, \tag{51}$$

eine Beziehung, die — woran gleich hier erinnert sei — nach Kap. 1 auch in der Quantenmechanik gültig bleibt. Um zu den in (39), (40), Kap. 4, gebrauchten Größen $\overline{\varDelta^2}$, $\overline{E}$ überzugehen, haben wir in (49), (50), Kap. 4 nur die auf $d\nu = \dfrac{d\omega}{2\pi}$ bezüglichen Anteile zu entnehmen und diese durch $d\nu$ zu dividieren. Dann ergibt sich mit $v = a$:

$$\overline{\varDelta^2} = \frac{\overline{E}^2}{2\,v} \tag{52}$$

Aus (44), Kap. 4, entnimmt man, daß in unserem Falle $z_\nu = 2$ ist; denn es wird

$$d\omega_k = 2\pi\, d\nu_k = \frac{\pi}{l}\, dk.$$

Daher gibt also (52), Kap. 4, in der Tat gerade das zweite Glied in (40), Kap. 4.

Beim Übergang zur Quantenmechanik sind (41), (41'), (42), (43), Kap. 4, als Matrizengleichungen für **u, H, q, E** aufzufassen. Dabei bleibt jedoch x eine Zahl; denn betrachten wir statt der kontinuierlichen Saite eine elastische Punktreihe, so bedeutet x die (mit der Gitterkonstanten multiplizierte) Nummer jeweils eines bestimmten Punktes.

Die Matrix q_k hat $2f$ Dimensionen, wenn f die Anzahl der Eigenschwingungen ist; bei der elastischen Saite also unendlich viele. Die Komponenten $q_k(nm)$ von q_k verschwinden sämtlich, außer denen mit

$$n_j - m_j = 0 \text{ für } j \neq k, \atop n_k - m_k = \pm 1. \quad \quad (53)$$

Das Phasenmittel einer Matrix ist diejenige Diagonalmatrix, die mit der Diagonale der betreffenden Matrix übereinstimmt. Aus (53), Kap. 4, können zum Teil ähnliche Folgerungen gezogen werden, wie aus (44), Kap. 4. Die Überlegungen, die früher zu (46), 46'), (46") führten, bleiben für die Quantenmechanik erhalten. Auch gelten für die Diagonalmatrix $\overline{\varDelta_1^2 + \varDelta_2^2}$ die Formeln (47), (47'), Kap. 4, mit Matrizen q_k und endlich wird entsprechend (52), Kap. 4, wenn wir die zu einem bestimmten ν gehörigen Teile von $\overline{\varDelta^2}$ als $\overline{\varDelta^2}$ bezeichnen:

$$\overline{\varDelta_1^2 + \varDelta_2^2} = \frac{\overline{E^{*2}}}{2\nu}. \quad (52')$$

Darin ist gemäß (49), (50), (51), Kap. 4, E^* nicht mehr die mittlere thermische Energie, sondern die Summe von dieser und **der Nullpunktsenergie**; nach den elementaren Oszillatorformeln ist

$$\overline{E^*} = h\nu \cdot \nu + \overline{E},$$

$$\overline{\varDelta_1^2 + \varDelta_2^2} = \frac{1}{2}(h\nu)^2 \nu + h\nu \overline{E} + \frac{\overline{E^2}}{2\nu}; \quad (54)$$

denn die Nullpunktsenergie für $d\nu$ wird gleich

$$\frac{\nu}{l} \cdot \frac{h\nu}{2} \cdot l z_\nu d\nu = h\nu \cdot V d\nu.$$

Wir haben nun noch $\varDelta_1 \varDelta_2 + \varDelta_2 \varDelta_1$ zu betrachten. Indem wir diese Größe ganz entsprechend behandeln wie $\overline{\varDelta_1^2 + \varDelta_2^2}$, erhalten wir entsprechend zu (49), Kap. 4, den Ausdruck

$$\overline{\varDelta_1 \varDelta_2 + \varDelta_2 \varDelta_1} = \frac{a l^2}{8\pi} \int_0^\infty d\omega \cdot \omega^2 \{(q_\omega \dot{q}_\omega)^2 + (\dot{q}_\omega q_\omega)^2\}.$$

Nach den Vertauschungsregeln wird nun aber, da zufolge (42), Kap. 4, die Größe $l/2$ als „Masse" der Resonatoren anzusehen ist:

$$- q_j \dot{q}_j (nn) = \dot{q}_j q_j (nn) = \frac{1}{2} \cdot \frac{2}{l} \cdot \frac{h}{2\pi i} = \frac{h}{2 l \pi i}.$$

Folglich wird der zu $d\nu$ gehörige Anteil $\overline{\varDelta_1 \varDelta_2 + \varDelta_2 \varDelta_1}$ von $\overline{\varDelta_1 \varDelta_2 + \varDelta_2 \varDelta_1}$ nach Division durch $d\nu$ gleich

$$\overline{\varDelta_1 \varDelta_2 + \varDelta_2 \varDelta_1} = -\tfrac{1}{2}(h\nu)^2 V,$$

und mit (54) folgt in der Tat

$$\overline{\varDelta^2} = h\nu \overline{E} + \frac{\overline{E^2}}{z_\nu V} \qquad (55)$$

in Übereinstimmung mit (40), Kap. 4.

Wenn man bedenkt, daß die hier behandelte Frage doch ziemlich weit entfernt liegt von den Problemen, aus deren Untersuchung die Quantenmechanik erwachsen ist, so wird man das mit (55), Kap. 4, erzielte Ergebnis als besonders ermutigend für den weiteren Ausbau der Theorie betrachten.

Man würde nach dem oben erwähnten Ergebnis von Ehrenfest die interferenzmäßige Berechnung der Schwankungen ersparen können — und zugleich die Gewißheit gewinnen, daß auch bei anderen, ähnlichen Fragestellungen keine Widersprüche möglich sind —, wenn man unmittelbar die Additivität der Entropien der Teilvolumina in der Quantenmechanik der Wellenfelder nachweisen könnte. Daß die Additivität wirklich allgemein besteht, möchten wir nach unserem obigen Ergebnis vermuten.

Die Gründe für das Auftreten des von der klassischen Theorie nicht gelieferten Gliedes in (55), Kap. 4, sind offenbar mit den Gründen für das Auftreten der Nullpunktsenergie eng verwandt. In beiden Fällen liegt der wesentliche Unterschied der hier versuchten Theorie von der bisherigen nicht in einer Verschiedenheit der mechanischen Gesetze, sondern in der für diese Theorie charakteristischen Kinematik. Man könnte sogar in der Formel (55), Kap. 4, in die ja gar keine mechanischen Prinzipien eingehen, eines der anschaulichsten Beispiele für die Verschiedenheit der quantentheoretischen Kinematik von der bisherigen erblicken.

Wenn sich die hier versuchte Quantenmechanik als schon in wesentlichen Zügen richtig erweisen sollte, so wäre wohl ganz allgemein als der wichtigste Fortschritt gegenüber der bisherigen Theorie eben dies zu bezeichnen: daß in dieser Theorie Kinematik und Mechanik wieder in eine so enge Verbindung gebracht sind, wie etwa Kinematik und Mechanik in der klassischen Theorie, und daß die fundamentalen neuen Gesichtspunkte, welche aus den Grundpostulaten der Quantentheorie für die mechanischen Begriffe und die Begriffe von Raum und Zeit folgen, in der Kinematik ebenso wie in der Mechanik und in der Verbindung von Kinematik und Mechanik einen adäquaten Ausdruck finden.

Literaturverzeichnis

Bacciagaluppi, G., E. Crull, and O. J. Maroney (2017). Jordan's Derivation of Blackbody Fluctuations. *Studies In History and Philosophy of Modern Physics 60*, 23–34.

Beller, M. (1999). *Quantum Dialogue. The Making of a Revolution*. Chicago: University of Chicago Press.

Blum, A. S. (2017). The state is not abolished, it withers away: How quantum field theory became a theory of scattering. *Studies in History and Philosophy of Modern Physics 60*, 46–80.

Blum, A. S. and M. Jähnert (2022). The Birth of Quantum Mechanics from the Spirit of Radiation Theory. *Studies In History and Philosophy of Modern Physics 99*, 125–147.

Blum, A. S., M. Jähnert, J. Renn, and C. Lehner (2017). Translation as Heuristics. Heisenberg's Turn to Matrix Mechanics. *Studies In History and Philosophy of Modern Physics 60*, 3–22.

Born, M. (1924). Über Quantenmechanik. *Zeitschrift für Physik 26*, 379–395.

Born, M. (1926). Quantenmechanik der Stossvorgänge. *Zeitschrift für Physik 38*, 803–827.

Born, M. (1975). *Mein Leben. Die Erinnerungen des Nobelpreisträgers*. München: Nymphenburger Verlagshandlung.

Born, M. and P. Jordan (1925). Zur Quantentheorie aperiodischer Vorgänge. *Zeitschrift für Physik 33*(1), 479–505.

Borrelli, A. (2009). The Emergence of Selection Rules and their Encounter with Group Theory: 1913–1927. *Studies in the History and Philosophy of Modern Physics 40*, 327–337.

Burger, H. C. and H. B. Dorgelo (1924). Beziehung zwischen inneren Quantenzahlen und Intensitäten von Mehrfachlinien. *Zeitschrift für Physik 23*, 258–266.

Carson, C. (2010). *Heisenberg in the Atomic Age*. Cambridge University Press.

Cassidy, D. C. (1979). Heisenberg's first core model of the atom: The formation of a professional style. *Historical Studies in the Physical Sciences 10*, 187–224.

Cassidy, D. C. (1992). *Uncertainty: The Life and Science of Werner Heisenberg*. New York: Freeman.

Chandrasekhar, S. (1985). Hydrodynamic Stability and Turbulence (1922–1948). In W. Blum, H. Rechenberg, and H.-P. Dürr (Eds.), *Heisenberg: Gesammelte Werke*, Volume A1, S. 19–24. Berlin: Springer.

Courant, R. and D. Hilbert (1924). *Methoden der mathematischen Physik*, Volume 12 of *Die Grundlehren der mathematischen Wissenschaften*. Berlin: Springer.

Dahn, R. W. (2019). *The Forgotten Founder of Quantum Mechanics: The Science and Politics of Physicist Pascual Jordan, 1902–1980*. Ph. D. thesis, University of Chicago.

Darrigol, O. (1992). *From c-Numbers to q-Numbers: The Classical Analogy in the History of Quantum Theory*. Berkeley: University of California Press.

Dirac, P. A. M. (1927). The Quantum Theory of Dispersion. *Proceedings of the Royal Society, Series A 114*(769), 710–728.
Dirac, P. A. M. (1989). When a golden age started. In *From a Life of Physics*, S. 32. World Scientific.
Duncan, A. and M. Janssen (2007). On the Verge of *Umdeutung* in Minnesota: Van Vleck and the Correspondence Principle. Parts I and II. *Archive for History of Exact Sciences 61*, 553–624, 625–671.
Duncan, A. and M. Janssen (2008). Pascual Jordan's Resolution of the Conundrum of the Wave-Particle Duality of Light. *Studies in History and Philosophy of Modern Physics 39*, 634–666.
Duncan, A. and M. Janssen (2009). From Canonical Transformations to Transformation Theory, 1926–1927: The Road to Jordan's *Neue Begründung*. *Studies in History and Philosophy of Modern Physics 40*, 352–362.
Duncan, A. and M. Janssen (2023). *Constructing Quantum Mechanics Volume 2: The Arch: 1923-1927*. Oxford: Oxford University Press.
Eckert, M. (2013a). *Die Atomphysiker*. Vieweg.
Eckert, M. (2013b). *Die Bohr-Sommerfeldsche Atomtheorie. Sommerfelds Erweiterung des Bohrschen Atommodells 1915/16*. Springer.
Eckert, M. (2020). *Establishing Quantum Physics in Munich: Emergence of Arnold Sommerfeld's Quantum School*. Springer.
Fantino, E. (2023). *Je näher ihm, desto vortrefflicher*. De Gruyter.
Fuchs, C. (2010). Qbism, the perimeter of quantum bayesianism. https://arxiv.org/abs/1003.5209.
Goudsmit, S. and R. d. L. Kronig (1925). Die Intensität der Zeemankomponenten. *Die Naturwissenschaften 13*, 90.
Greenspan, N. T. (2005). *The End of the Certain World: The Lie and Science of Max Born*. Basic Books.
Gyeong Soon Im (1996). Experimental Constraints on Formal Quantum Mechanics: The Emergence of Born's Quantum Theory of Collision Processes in Göttingen, 1924–1927. *Archive for History of Exact Sciences 50*, 73–101.
Heilbron, J. L. and C. Rovelli (2023). Matrix Mechanics mis-prized: Max Born's belated nobelization. *European Physical Journal H 48*.
Heisenberg, A. (1913). Autobiographische Skizze. In *Geistiges und Künstlerisches München in Selbstbiographien*, S. 156–160. München: Max Kellerers Verlag.
Heisenberg, J. (2001). Die Vorfahren von Werner Heisenberg. In H. R. und Gerald Wiemers (Ed.), *Werner Heisenberg. Schritte in die neue Physik.*, S. 11–15. Beucha: Sax-Verlag.
Heisenberg, W. (1925). Über eine Anwendung des Korrespondenzprinzips auf die Frage nach der Polarisation des Fluoreszenzlichtes. *Zeitschrift für Physik 31*, 617–626.
Hermann, A. (2008). Born, Max. In *Complete Dictionary of Scientific Biography*, Volume 15, S. 39–44. Charles Scribner's Sons.
Hermann, A., K. von Meyenn, and V. F. Weisskopf (Eds.) (1979). *Wissenschaftlicher Briefwechsel mit Bohr, Einstein, Heisenberg u.a.*, Volume 1: 1919-1929. New York, Heidelberg, Berlin: Springer.
Hoffmann, D. (2006). Peter Debye (1884–1966). Ein Dossier. Preprint 314, Max Planck Institute for the History of Science, Berlin.
Jähnert, M. (2015). Practising the correspondence principle in the Old Quantum Theory: Franck, Hund and the Ramsauer Effect. In F. Aaserud and H. Kragh (Eds.), *One Hundred Years of the Bohr Atom: Proceedings from a Conference*, Copenhagen, S. 198–214. Royal Danish Academy of Sciences and Letters.
Jähnert, M. (2019). *Practicing the Correspondence Principle in the Old Quantum Theory: A Transformation Through Application*. Archimedes. Dordrecht: Springer.

Literaturverzeichnis

Jähnert, M. (2025). The formation of a paper tool: intensity schemes in the old quantum theory. *Archive for History of Exact Sciences, 79*(1), 7.

Janas, M., M. E. Cuffaro, and M. Janssen (2022). *Understanding Quantum Raffles*. Springer.

Kojevnikov, A. (2020). *The Copenhagen Network: The Birth of Quantum Mechanics from a Postdoctoral Perspective*. Springer.

Kragh, H. (2022). *Niels Bohr: On the Constitution of Atoms and Molecules*. Birkhäuser.

Kramers, H. A. (1924). The Quantum Theory of Dispersion. *Nature 114*, 310–311.

Kramers, H. A. and W. Heisenberg (1925). Über die Streuung von Strahlung durch Atome. *Zeitschrift für Physik 31*, 681–708.

Kuhn, T. S. (1978). *Black-Body Theory and the Quantum Discontinuity, 1894-1912*. Oxford: Oxford University Press.

Kuhn, T. S. (1996). *The Structure of Scientific Revolution* (3 ed.). Chicago: The University of Chicago Press.

Lehner, C. (2011). Mathematical Foundations and Physical Visions: Pascual Jordan and the Field Theory Programm. In *Mathematics Meets Physics: A Contribution to their Interaction in 19th and the first half of the 20th century*, S. 272–292. Verlag Harri Deutsch.

Pauli, W. (1925). Quantentheorie. In K. Scheel (Ed.), *Handbuch der Physik*, S. 1–279. Berlin: Springer.

Rechenberg, H. (2009). *Werner Heisenberg: Die Sprache der Atome*. Berlin, Heidelberg: Springer.

Schirrmacher, A. (2019). *Establishing Quantum Physics in Göttingen: David Hilbert, Max Born, and Peter Debye in Context, 1900–1926*. Springer.

Sommerfeld, A. (1915). Zur Theorie der Balmerschen Serie. *Sitzungsberichte der mathematisch-physikalischen Klasse der Bayerischen Akademie der Wissenschaften zu München* (III), 425–458.

Sommerfeld, A. (1922). Quantentheoretische Umdeutung der Voigtschen Theorie des anomalen Zeemaneffektes vom D-Linientypus. *Zeitschrift für Physik 8*, 257–297.

Sommerfeld, A. and W. Heisenberg (1922). Die Intensität der Mehrfachlinien und ihrer Zeemankomponenten. *Zeitschrift für Physik 11*, 131–154.

Van der Waerden, B. L. (Ed.) (1967). *Sources of Quantum Mechanics: With a Historical Introduction*. Amsterdam: North-Holland.

von Meyenn, K. (Ed.) (2005). *Wolfgang Pauli: Wissenschaftlicher Briefwechsel mit Bohr, Einstein, Heisenberg u.a.*, Volume IV/Part IV: 1957-1958. Berlin: Springer.

Weinberg, S. (1993). *Dreams of a Final Theory*. London: Vintage.

MIX
Papier aus verantwortungsvollen Quellen
Paper from responsible sources
FSC® C105338

If you have any concerns about our products,
you can contact us on
ProductSafety@springernature.com

In case Publisher is established outside the EU,
the EU authorized representative is:
**Springer Nature Customer Service Center GmbH
Europaplatz 3, 69115 Heidelberg, Germany**

Printed by Libri Plureos GmbH
in Hamburg, Germany